AF240683

CHIMIE PYROTECHNIQUE

OU

TRAITÉ PRATIQUE

DES

FEUX COLORÉS

DEUXIÈME ÉDITION

ENTIÈREMENT REFONDUE, ET AUGMENTÉE DE QUELQUES

NOUVEAUX ARTIFICES

PAR

Paul TESSIER.

PARIS

LIBRAIRIE MILITAIRE DE L. BAUDOIN ET Cⁱᵉ

LIBRAIRES-ÉDITEURS

SUCCESSEURS DE J. DUMAINE

30, Rue et Passage Dauphine

1883

CHIMIE PYROTECHNIQUE

OU

TRAITÉ PRATIQUE

DES

FEUX COLORÉS

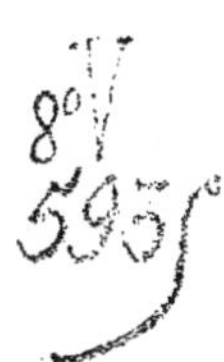

CHIMIE PYROTECHNIQUE

OU

TRAITÉ PRATIQUE

DES

FEUX COLORÉS

DEUXIÈME ÉDITION

ENTIÈREMENT REFONDUE, ET AUGMENTÉE DE QUELQUES

NOUVEAUX ARTIFICES

PAR

Paul TESSIER.

PARIS

LIBRAIRIE MILITAIRE DE L. BAUDOIN ET CIE

LIBRAIRES-ÉDITEURS

SUCCESSEURS DE **J. DUMAINE**

30, Rue et Passage Dauphine

—

1883

INTRODUCTION

Nous avions depuis longtemps renoncé à donner une deuxième édition à notre *Traité de chimie pyrotechnique*, et nous ne songions nullement à revenir sur cette détermination, lorsque les instances réitérées de personnalités très compétentes dans l'art dont nous nous sommes tant occupé ont fini par ébranler notre résolution.

Nous nous sommes donc décidé à rentrer dans l'arène, ce que nous n'eussions certainement pas fait si les auteurs de la plupart des écrits pyrotechniques publiés dans le cours des vingt dernières années, au lieu d'être entrés dans la voie de progrès tracée par M. Chertier et suivie par nous avec persévérance, ne nous avaient plutôt semblé avoir été animés d'un esprit rétrograde et incompréhensible, soit en répétant de vieilles formules absolument insuffisantes aujourd'hui, soit en revenant à l'emploi de corps rejetés avec raison de tous les ateliers d'artifices. On pourrait même être tenté de croire que si ces auteurs ont pris la plume, c'est avec une ignorance à peu près complète du sujet qu'ils avaient à traiter ; mais ce qu'on peut affirmer, c'est que leur mobile n'a été ni l'amour de l'art ni ses progrès (*).

A quoi bon proposer au public un nouveau livre sur une matière quelconque, s'il ne s'agit dans ce livre que de compilations plus ou moins heureuses, et s'il n'offre pas à ceux pour qui il a été écrit quelques perfectionnements nouveaux ?

Nous n'ignorons pas que les artificiers de profession tiennent de tels ouvrages pour ce qu'ils valent, n'ayant rien à y puiser ; mais sont-ils donc les seuls qu'intéresse l'art pyrotechnique ?

D'un autre côté, l'étude des feux colorés proprement dits, auxquels la pyrotechnie moderne doit, avec ses nouvelles splendeurs, d'avoir reconquis la faveur du public, nous semble, si l'on considère son importance, ne serait-ce qu'au point de vue de la sécurité des ateliers, avoir été beaucoup trop et très à tort négligée.

S'il n'est pas possible de bannir encore l'empirisme de la presque totalité des formules pyrotechniques, en ce qui concerne le groupement des matériaux qui les composent, — problème que de longues années d'études parviendront peut-être à

(*) Nous devons cependant excepter d'une telle critique l'ouvrage récemment publié par M. A. Denisse et comprenant la pratique complète de l'art pyrotechnique. Le lecteur qui a ce livre consciencieux entre les mains comprendra quelle doit être ici notre réserve au sujet d'un travail dans lequel notre nom est si fréquemment et si élogieusement cité.

permettre de résoudre dans un avenir qui nous semble encore très éloigné, — du moins est-il nécessaire de s'étayer sans cesse des lumières de la science et de ne jamais négliger d'y avoir recours.

Telle n'est pas la voie suivie depuis nous, ce que nous nous permettons de blâmer énergiquement et de déplorer.

Les artificiers se divisent en deux catégories : l'une comprend ceux qui font de la pyrotechnie par état, l'autre les personnes qui y consacrent leurs loisirs.

Aux premiers, il faut surtout, autant que possible, des matières économiques, d'un emploi facile, pouvant, mélangées, rester inaltérées par le fait des influences atmosphériques, et d'une conservation pour ainsi dire indéfinie.

Les seconds, qu'excite surtout l'amour de l'art et non le besoin d'un lucre quelconque, qu'aucune nécessité n'oblige à avoir des approvisionnements d'artifices longtemps préparés d'avance, peuvent avoir recours à l'emploi de substances beaucoup plus nombreuses et, en général, fort intéressantes à connaître et à étudier.

Pour tous, ce qui est indispensable, nous ne saurions trop le répéter, c'est le choix de substances dont les manipulations puissent s'effectuer sans danger, à la condition sous-entendue qu'aucun des moyens de sécurité nécessaires à toutes les salles d'artifices ne soit jamais négligé.

Un livre écrit d'après les considérations qui précèdent a sa raison d'être : il apporte des jalons à l'art dont il s'occupe, il aide à ses progrès.

Tels sont les mobiles qui nous ont engagé à offrir à l'artificier les nouveaux résultats de nos nombreuses et patientes recherches.

Sans renier les anciennes formules de notre *Traité*, nous avons pu en modifier heureusement quelques-unes, en trouver de nouvelles et de plus économiques. De toutes celles consignées dans ce recueil, il n'en est aucune qui n'ait été éprouvée à maintes reprises et à laquelle on ne puisse se fier avec toute certitude de succès.

Au reste, ce que nous offrons encore aujourd'hui au lecteur, c'est un traité pratique dans toute l'acception du mot.

Cette dernière raison nous a empêché de grossir notre volume de la nomenclature et des procédés de fabrication d'un assez grand nombre de corps explosifs peu connus, si ce n'est du chimiste, tels que les fulminates, la nitroglycérine, le bromate de mercure ammoniaqué, la xyloïdine, la dextrine dinitrique, la combinaison de chlorate de cuivre et de cyanure de mercure de M. Nylander, etc., etc., ces corps ne pouvant être utilisés dans les artifices d'une fabrication courante, mais considérés seulement comme objets de curiosité, l'instabilité de leurs éléments constitutifs en rendant généralement l'emploi des plus dangereux.

Cependant, nous n'avons pas cru devoir passer

sous silence un des plus importants corps explosifs de notre époque, la pyroxyline. En donnant à l'artificier quelques notions sur une substance qui, déjà, se rattache à l'exercice de son art par la fabrication des mèches ou étoupilles azotiques, et qui est peut-être appelée à s'y appliquer d'une manière assez générale, nous ne faisons que poursuivre notre but, lequel est de contribuer autant que possible à l'instruction de toutes les personnes qui, par état ou autrement, s'occupent de pyrotechnie.

On avait jusqu'ici considéré les picrates, — sans doute faute de travaux spéciaux sur ces sels, — comme dangereux pour les ateliers d'artifices. Une étude toute récente, faite par nous avec le plus grand soin sur ces composés, nous a donné une opinion contraire.

Le lecteur trouvera, dans cette deuxième édition, le détail de nos expériences accompagné de formules de feux de Bengale picratés de diverses nuances, possédant des splendeurs admirables, et dont l'emploi est à nos yeux tout à fait sans danger, si l'on se borne à ces formules ou à leurs éléments. Sur le titre même de cet ouvrage, nous avons déjà signalé sommairement les précieuses qualités de nos nouveaux feux de Bengale picratés.

Nous avons la satisfaction d'enrichir encore une fois le domaine pyrotechnique d'un certain nombre de substances nouvelles pour l'artificier; nous n'en citerons ici que deux : 1° le sulfate de cuivre quadribasique, que nous avons fait connaître à quelques praticiens, et dont on verra les nombreux emplois dans les feux bleus et violets; 2° un composé cuivrique dû à nos propres recherches, dont nous avons obtenu également de fort bons résultats dans les feux bleus, lilas et violets. Ces corps, qui possèdent à peu près les mêmes propriétés que l'oxychlorure de cuivre, dont nous avons déjà doté la pyrotechnie, ont l'avantage d'être d'une préparation extrêmement facile au moyen d'éléments que le commerce a répandus partout.

Nous avions, dans notre première édition, recommandé le fluorure double de sodium et d'aluminium (kryolithe) pour la production des feux jaunes. Depuis lors, nous avons généralisé l'emploi de ce sel précieux en l'appliquant à la fabrication des lances, étoiles et feux de Bengale.

Nous insistons aujourd'hui plus que jamais sur l'utilité de ce composé pour les artifices destinés à être longtemps préparés d'avance et pouvant être exposés aux plus fâcheuses influences atmosphériques.

On a souvent regretté devant nous que, dans notre premier traité, nous ayions passé sous silence les petits artifices de salon généralement compris sous le nom de *feux Japonais*. Nous comblons cette lacune, bien que de tels artifices ne soient réellement pas compris dans le cadre que nous nous sommes tracé, et nous donnons, pour leur préparation, des formules absolument inédites et qui nous sont propres.

Enfin, comme nous ne saurions trouver à propos de surcharger cette *Introduction* de détails plus nombreux sur l'ensemble de notre nouvelle édition, nous nous bornons à ajouter que nous avons fait de notre mieux pour rendre ce volume digne de l'intérêt qu'on a bien voulu accorder à notre premier traité.

La p
et, apr
guissai
nouvea
l'azota
ans, ur
Le pub
pourp
et resp
lumiè
vèrent
qui oli
jours
M. C
explor
cier, e
ses ré
nique
sultats
à regr
tions

PRÉFACE

DE LA PREMIÈRE ÉDITION

La pyrotechnie sommeillait sur ses vieilles bases, et, après avoir jeté quelques splendides lueurs, languissait presque dans l'oubli, quand l'emploi de deux nouveaux agents chimiques, le chlorate de potasse et l'azotate de strontiane, ouvrit, il y a environ trente ans, une ère nouvelle à cet art presque abandonné. Le public se passionna pour ces magnifiques étoiles pourpres, jaillissant du sein des fusées et des bombes, et resplendissant dans l'espace comme des météores lumineux. Les salles de spectacle elles-mêmes trouvèrent de puissants auxiliaires dans ces feux éclatants qui offrent aux yeux des spectateurs un charme toujours nouveau.

M. *Chertier* est, à notre connaissance, le premier explorateur de cette voie nouvelle ouverte à l'artificier, et, jusqu'à l'année 1855, il a continué à publier ses recherches sur les feux colorés. L'art pyrotechnique lui doit beaucoup ; aussi, en présence des résultats obtenus par ce patient expérimentateur, est-il à regretter qu'il n'ait possédé en chimie que des notions tout à fait superficielles.

Quant aux autres travaux, de peu d'importance d'ailleurs, ou même entièrement nuls, sur cette matière, ils nous ont paru n'être généralement que des emprunts à l'auteur précité, et on les rencontre épars dans les divers ouvrages qui ont été écrits sur l'ensemble de l'art pyrotechnique.

Pendant de longues années nous avons employé la plus grande partie de nos loisirs à nous occuper de cet art si séduisant, et nous avons fait bien des feux d'artifice depuis la découverte des feux colorés.

Comme la plupart des artificiers, — artistes ou simples amateurs, — nous avons vu plusieurs fois se manifester chez nous des combustions spontanées, avant que nos études et nos observations nous aient mis en mesure de nous en préserver.

Frappé du danger que fait incessamment planer sur le laboratoire de l'artificier l'emploi de quelques-uns des moyens suivis pour la production des feux colorés ; comprenant toute l'importance de la pyro-technie nouvelle (*) ; stimulé enfin par l'amour de l'art, nous avons résolu de faire servir nos connais-sances acquises à compléter les recherches accom-

---

(*) L'importance de la pyrotechnie est, aujourd'hui, beaucoup plus réelle qu'elle ne le paraît et qu'on ne le croit communément. Pour ne citer qu'un fait à l'appui de cette assertion, nous rappel-lerons au lecteur que la fabrication des artifices colorés, pour les fusées de signaux, fait partie d'une des branches de l'art militaire. A ce titre seul, elle eût mérité d'être mieux étudiée.

plies jusqu'à ce jour et à les mettre au niveau des progrès de la science.

Nous avons été d'autant plus disposé à accomplir notre travail et à y donner tous nos soins, qu'on n'a pas paru comprendre jusqu'ici le côté le plus sérieux de notre sujet, celui qui concerne la sécurité des ateliers. Tant de déplorables désastres ont eu pour cause des formules dans lesquelles l'inexpérience a fait entrer des substances dont la nature et les propriétés n'étaient pas suffisamment connues, que nous avons même considéré comme un devoir de publier nos observations et nos résultats. Peut-être nous aura-t-il été donné ainsi de faire faire quelques pas à l'art pyrotechnique; mais du moins avons-nous pu tracer des limites que, dans l'état actuel de la science, il ne serait pas prudent d'enfreindre pour éviter le retour de malheurs qu'on déplore encore.

Nous avons aussi essayé d'arriver au plus bas prix de revient possible dans la préparation des artifices colorés, tentative qui nous a semblé également avoir été négligée. Que doivent en effet rechercher ceux qui s'occupent de pyrotechnie, tout en ayant pour but la beauté des résultats, si ce n'est l'économie?

Pour tâcher d'atteindre ce but, nos investigations se sont étendues à tout le domaine de la chimie, et ont exigé de nous beaucoup de temps, de travail et de patience. Il nous a fallu tour à tour essayer tous les produits chimiques susceptibles de brûler avec une couleur qui leur fût particulière, et ceux propres à entrer dans un mélange combustible, soit en en diminuant le prix de revient, soit en atténuant la vivacité de la combustion sans en altérer l'éclat, cette dernière propriété étant précieuse à double titre. Nous avons pu, ainsi, augmenter la liste des matières pyrotechniques de quelques substances encore inusitées, et arriver à réduire du cinquième, du tiers même, les prix de revient de plusieurs feux colorés.

Nous espérons donc que nos recherches offriront à l'artificier quelques ressources nouvelles ; mais ce qu'elles lui donneront certainement c'est une complète sécurité, et en cela consiste leur mérite le plus réel.

Au reste, que le lecteur ne se méprenne pas sur notre intention. Nous sommes loin de croire avoir tout dit sur le sujet par nous traité. Ce que nous avons voulu avant tout, c'est être utile.

Telle est la raison d'être de notre livre.

Qu'on nous permette maintenant quelques explications sur le plan que nous avons suivi.

La première partie de ce volume traite des matières employées en pyrotechnie. Leur description, lorsqu'il y a lieu, est suivie des indications utiles pour les préparer avec facilité. Il ne sera même pas nécessaire d'être familier avec les manipulations chimiques pour obtenir dans ces préparations des résultats satisfaisants ; il suffira de suivre nos indications avec exactitude.

Nous avons cru devoir faire accompagner chaque

substance des signes et des formules qui les représentent chimiquement. A celles de ces substances qui
ne se trouvent pas dans la nature, nous joignons le
tableau des réactions qui servent à les produire, en
exprimant les signes chimiques ordinaires par des
nombres destinés à en faire connaître la valeur. Et
cela, parce qu'il nous a semblé que l'artificier ne devait pas être réduit à un simple rôle de manœuvre ;
que ses travaux ne pourraient que se perfectionner si
on lui offrait les moyens de se rendre compte des diverses opérations qu'il doit exécuter ; et que, enfin,
dans un art quelconque, à côté de la partie pour ainsi
dire mécanique, il en est une qu'il ne faut jamais négliger, celle qui s'adresse à l'intelligence.

Par ces mêmes motifs, nous ne nous sommes point
borné à traiter exclusivement des matières d'un emploi usuel ; nous mentionnons également quelques
substances soumises à des essais réitérés, mais infructueux, de tels renseignements pouvant éviter aux
artificiers des recherches vaines, et devant leur permettre d'employer plus utilement le temps qu'ils
consacrent à leur art.

Enfin, nous signalons à l'attention de nos lecteurs
plusieurs matières d'un emploi excessivement dangereux, et cependant en usage dans le plus grand nombre des salles d'artifices. Nous espérons, en faisant
connaître leurs funestes propriétés, que, désormais,
on les proscrira entièrement des ateliers.

Qu'un artificier, en parcourant la table des matières de cet ouvrage, ne s'étonne donc pas du nombre des substances qu'elle comprend, mais qu'il lise avec soin chaque article en particulier. Il saura ainsi quelles sont celles de ces substances dont il pourra se servir avec le plus de succès, et celles qu'il devra absolument exclure de ses manipulations.

La deuxième partie renferme de nombreuses et nouvelles formules pour la confection des lances, des étoiles et des feux de Bengale de toutes les couleurs. On y trouvera donc ce qui pique toujours la curiosité des amateurs, c'est-à-dire la nouveauté. Ce sont d'ailleurs des résultats pratiques que nous offrons au lecteur, et nous ne décrivons ni une manipulation chimique, ni un dosage quelconque, sans les avoir éprouvés.

A la suite de chaque formule nous donnons des prix de revient détaillés qui seront probablement appelés à fournir journellement à l'artificier des renseignements utiles pour la pratique de son art.

Pour ce qui concerne les lances en particulier, nous ne nous bornons pas à donner des formules sans indications, ou simplement avec celle-ci : — *elles sont lentes, — elles sont vives.* — Nous donnons en même temps toutes les notions nécessaires à leur bonne confection. Nous indiquons à la fois : la force de résistance que doit avoir le tube, — le degré de compression à donner à la matière, — le diamètre dans lequel la composition brûle le mieux. Enfin, nous ramenons toutes les lances à une même durée, en indiquant les longueurs qu'elles doivent avoir pour que, après s'être enflammées simultanément, elles cessent de brûler en même temps.

Au reste, parmi les compositions nombreuses que nos essais nous ont fait obtenir, nous avons soigneusement supprimé toutes celles ne produisant que des flammes ternes et sans reflet, bien que colorées avec intensité, comme on en voit figurer dans certains ouvrages ; ce qui fait le principal charme des feux d'artifice étant l'éclat, le reflet, le brillant. Il nous est arrivé quelquefois, en voulant nous rendre compte de l'effet de certains dosages, de garnir des pièces d'artifice de quelques lances à l'égard desquelles ces conditions n'avaient pas été observées ; rien n'était plus disgracieux : tandis que les unes répandaient un vif éclat, les autres se trouvaient tellement amoindries, affaiblies, par le défaut de brillant, que toute l'harmonie de l'illumination en était détruite. Nous avons donc tâché d'obtenir un résultat tel que, plusieurs compositions diversement colorées brûlant en même temps, les unes et les autres flattassent également l'œil du spectateur.

Dans la troisième partie, les pastilles *simples* et les pastilles *diamant* ont été, de notre part, l'objet de soins tout particuliers. Ces charmants petits artifices, si négligés depuis longtemps, et devenus si intéressants, grâce aux modifications dont les feux colorés ont permis de les doter, nous paraissent appelés à recouvrer la place qui leur appartient en pyrotechnie.

Nous donnons des notions très précises sur leur préparation pour différents calibres, avec une foule de compositions méthodiquement classées pour en varier les effets, qui sont vraiment délicieux.

Que le lecteur veuille bien nous pardonner cette longue préface ! Nous ajouterons, pour terminer, que si nous nous sommes décidé à publier notre livre, c'est seulement après avoir considéré qu'il pouvait offrir à l'artificier le triple avantage de l'intérêt, de l'économie et de la sécurité. Puissent les motifs qui nous ont déterminé le faire accueillir favorablement des amis de la pyrotechnie ! Nous serons ainsi dédommagé de tous les soins qu'il nous a coûtés.

NOTIONS PRÉLIMINAIRES. — DES ÉQUIVALENTS CHIMIQUES.

---

§ 1er.

NOTIONS PRÉLIMINAIRES.

Au nombre des opérations que l'artificier est appelé à exécuter dans son laboratoire, il en est qui sont tout à fait du ressort de la chimie, et qu'il pratique, en général, sans posséder les moindres éléments de cette science. C'est afin de remédier à un état de choses anormal, souvent grave dans ses conséquences et toujours regrettable, que ce chapitre préliminaire a été écrit.

Les simples notions chimiques qu'il renferme suffiront pour mettre en mesure les personnes qui s'occupent de pyrotechnie, de se rendre compte de leurs divers travaux, et pour leur faciliter les moyens de les réaliser avec succès.

Il importe d'abord de bien fixer l'esprit du lecteur sur le sens de quelques dénominations qui se reproduiront fréquemment dans le cours de cet ouvrage.

Les *éléments* ou *corps simples* sont ceux qui, dans l'état actuel de nos connaissances, résistent à toute tentative de décomposition et ne peuvent jamais fournir qu'une seule et même substance. Ainsi le *plomb*, le *cuivre*, l'*or*, quels que soient le traitement auquel on les soumette et la forme à laquelle on les réduise, ne seront jamais que du plomb, du cuivre, de l'or.

Lorsque deux ou plusieurs corps, après avoir été réunis, ont conservé leurs propriétés particulières, ils ne constituent qu'un *mélange*.

Il y a *combinaison* entre les corps quand leurs propriétés primitives disparaissent pour donner lieu à des propriétés nouvelles.

Il suit de là que les corps simples produisent, par leur mélange et leur combinaison, la masse considérable des *corps composés*, si divers de formes, d'aspects, de propriétés, et dont l'ensemble constitue la nature.

Le mot *décomposition* désigne l'action par laquelle un composé est réduit en ses éléments ou transformé en des combinaisons nouvelles.

Simples ou composés, les corps sont *solides*, *liquides* ou *gazeux*.

Au nombre des corps simples se trouvent les *métaux*, qui, combinés avec l'élément gazeux nommé *oxygène*, deviennent des *oxydes*.

Le premier degré d'oxydation d'un corps a reçu le nom de *protoxyde*.

Les noms de *bioxyde* ou *deutoxyde* et de *trioxyde* ont été donnés aux oxydes contenant une proportion d'oxygène double ou triple de celle nécessaire pour former le protoxyde.

Le dernier degré d'oxydation est ordinairement appelé *peroxyde*.

Les oxydes sont sans action sur la teinture *bleue* de tournesol.

Lorsque les oxydes peuvent s'unir aux *acides* pour former des *sels*, on leur donne le nom de *bases métalliques*, ou simplement celui de *bases*.

On comprend sous la dénomination générale d'*acides* des composés caractérisés par la propriété de rougir la teinture de tournesol et de constituer des *sels* en se combinant avec les bases.

Les bases ramènent au bleu le tournesol rougi par les acides.

Il existe des sels neutres, des sels acides et des sels basiques. Une dissertation sur les caractères qui différencient ces trois classes de sels serait hors de toute proportion avec le cadre dans lequel nous sommes obligé de nous renfermer ici. Nous devons nous borner à dire qu'un sel acide est celui qui contient plus d'acide que le sel neutre composé des mêmes éléments, et le sel basique celui qui en contient moins. Parmi les sels basiques il en est qui renferment plusieurs équivalents de base pour un seul équivalent d'acide. On les nomme bibasique, tribasique, quadribasique, etc.

De ce que les bases bleuissent et les acides rougissent le papier de tournesol, il ne faudrait pas en conclure qu'une dissolution saline rougissant le papier réactif contînt un sel acide, car il existe un certain nombre de sels que la nature de leur composition a dû faire ranger dans la catégorie des sels neutres, et qui cependant ont une réaction énergique et instantanée sur le tournesol. Une telle réaction, si elle paraît être sans danger par l'emploi de certains corps tels que l'azotate de plomb, par exemple, cn offre un certainement lorsqu'elle est produite par des sels contenant l'acide sulfurique au nombre de leurs éléments.

Les *sels* ne proviennent pas seulement de la combinaison des bases avec les acides; ils peuvent aussi prendre naissance par la combinaison de deux corps simples.

Comme exemple de ces divers sels, nous citerons: 1° le *sulfate de protoxyde de zinc*, nommé, par abréviation, *sulfate de zinc*, produit par la combinaison de l'acide sulfurique et de l'oxyde de zinc; 2° le *chlorure de cuivre*, combinaison de *chlore* et de *cuivre*.

Quand deux sels peuvent se combiner entre eux, le composé qui en résulte porte le nom de *sel double*. Ainsi la combinaison du *sulfate de potasse* avec le *sulfate d'ammoniaque* produit le sel double nommé *sulfate de potasse et d'ammoniaque*.

Un sel est dit hygrométrique lorsqu'il condense facilement la vapeur aqueuse répandue dans l'atmosphère et s'humecte : tels sont l'*azotate de strontiane*, l'*azotate de soude*.

Lorsqu'un sel, exposé au contact d'un air humide, absorbe assez d'eau pour se résoudre en liquide, il est *déliquescent*. Au nombre des sels déliquescents, se trouvent le *chlorure de calcium, le chlorure de zinc*.

Un sel *efflorescent* est celui qui abandonne à l'air tout ou partie de son eau de cristallisation, et peut, de la sorte, se réduire en poussière. Le *sulfate de soude* est un sel efflorescent.

Solides, liquides et gazeux, les corps sont *solubles* ou

insolubles. Toutefois la solubilité et l'insolubilité ne sont pas absolues, mais dépendent, au contraire, de la nature du dissolvant, de la température, de la pression.

Le mot *solubilité*, appliqué aux corps solides et gazeux, désigne d'une manière générale le nouvel état de ces corps tenus sous forme de liquide à l'aide d'un dissolvant.

La dissolution d'un liquide dans un autre liquide est caractérisée principalement, ainsi que celle des corps solides et gazeux, par l'aspect uniforme et homogène du mélange, et, ordinairement, par sa transparence.

Exemples de corps solides en dissolution. — *Azotate de strontiane* et *eau;* — *sucre* et *eau;* — *résine laque* et *alcool.* — Ces différents corps solides, mis en contact avec le dissolvant, disparaissent au bout de peu de temps ; ils sont alors dissous.

Exemples de corps gazeux en dissolution. — *Gaz ammoniac* et *eau;* — *gaz acide chlorhydrique* et *eau.* — Ces deux gaz sont rapidement absorbés par le liquide, qui en retient des quantités considérables pour former l'ammoniaque liquide et l'acide chlorhydrique du commerce.

Exemple d'un liquide dissous dans un autre liquide. — *Alcool* et *eau.* — Lorsqu'on verse l'un de ces corps dans l'autre, la dissolution s'effectue immédiatement; il en résulte, non un composé nouveau, mais un simple mélange dans lequel on retrouve facilement les caractères particuliers aux deux corps primitifs.

Une dissolution est *saturée* lorsque, la température restant la même, le liquide dissolvant ne peut plus se charger d'une nouvelle quantité de la *substance dissoute,* même par l'agitation et par un contact prolongé pendant plusieurs jours.

Nous soulignons les mots — *substance dissoute,* — car il est utile de faire remarquer que, dans une foule de cas, un liquide, saturé par un corps salin, peut dissoudre une certaine quantité d'un nouveau sel.

Quelques corps ont pour dissolvant l'éther, les huiles grasses ou volatiles, différents carbures d'hydrogène ; mais les liquides le plus généralement employés comme tels, dans les manipulations chimiques, sont l'alcool et surtout l'eau.

La solubilité des corps varie considérablement avec le liquide employé.

Tels composés, que l'eau dissout en grande quantité, sont souvent insolubles dans l'alcool.

D'autres, très solubles, au contraire, dans ce dernier véhicule, ne peuvent être dissous par l'eau.

Dans la plupart des cas, la température influe d'une manière remarquable sur la faculté dissolvante des liquides.

C'est ainsi que l'eau à $+74,89$ degrés peut tenir en dissolution $35,40$ parties de chlorate de potasse, tandis qu'à $+15,37$ degrés elle n'en dissout que $6,03$ parties.

On peut citer cependant des sels dont la solubilité est à peu près la même à chaud qu'à froid : le chlorure de sodium, par exemple. A $+15$ degrés, 100 parties d'eau dissolvent $35,81$ parties de sel ; elles n'en dissolvent que $40,38$ parties à $109,07$ degrés.

Enfin il se rencontre des composés salins qui, par une exception fort remarquable, se dissolvent en plus grande quantité à froid qu'à chaud.

Le butyrate de chaux est dans ce cas. Lorsqu'on chauffe sa dissolution aqueuse, elle se trouble, et laisse déposer une partie du sel si l'on élève suffisamment la température.

Lorsque, par le mélange de deux dissolutions salines, il peut y avoir production d'un composé insoluble, ce composé se manifeste plus ou moins rapidement, se rassemble peu à peu au fond du vase où se fait l'opération, et porte le nom de *précipité*.

En passant lentement de l'état liquide ou gazeux à l'état solide, les corps peuvent souvent prendre des formes régulières auxquelles on a donné le nom de *cristaux*.

On comprend, d'après ce qui précède, que la *cristallisation* des sels a lieu, le plus ordinairement, par la vaporisation ménagée des liquides qui les tiennent en dissolution. Ainsi, *concentration*, *saturation* et *évaporation*, sont des mots qui expriment parfaitement les conditions nécessaires pour effectuer la cristallisation des composés salins au moyen de leur *dissolution* préalable.

§ 2.

DES ÉQUIVALENTS CHIMIQUES.

Les combinaisons des corps s'effectuent d'après des règles invariables et en des proportions déterminées qui ont donné lieu à la théorie des *équivalents* ou *nombre proportionnels*.

On appelle *équivalents* les nombres représentant les quantités pondérables suivant lesquelles les corps se combinent entre eux et peuvent se substituer les uns aux autres dans les combinaisons chimiques de même nature.

Nous donnerons quelques exemples à l'appui de cette définition.

Premier exemple :

Après avoir reconnu expérimentalement que 8 parties du corps gazeux nommé oxygène produisent du *protoxyde* de fer en se combinant avec 28 parties de fer métallique, on a trouvé aussi que

16 parties de soufre,

ou 35,5 p. de chlore,

pouvaient être substituées à l'oxygène dans cette combinaison, et former du *protosulfure* ou du *protochlorure* de fer ; donc, si l'on représente

l'équivalent de l'oxygène par le nombre   8

l'équivalent du soufre doit être représenté par le nombre. 16

et celui du chlore par le nombre. 35,5

On a trouvé également que

39 p. de potassium,

ou 33 p. de zinc,

pouvaient être substituées aux 28 p. de fer dans la combinaison précédente, et former invariablement,

avec 8 p. d'oxygène, des protoxydes.
avec 16 p. de soufre, des protosulfures
et avec 35,5 p. de chlore, des proto-
chlorures . . . .
} métalliques.

De même qu'on regarde le nombre 28 comme l'équivalent du fer, on a considéré aussi le nombre 39 comme l'équivalent du potassium, et le nombre 33 comme celui du zinc, puisque ces quantités différentes s'équivalent, se remplacent dans les combinaisons qui viennent d'être signalées.

Autre exemple :

Soit la *baryte*, dont l'équivalent est représenté par le nombre 76,5 (*). On a trouvé par l'expérience que 54 parties d'acide azotique sont nécessaires pour, en se combinant avec cette base, produire un sel neutre, l'*azotate de baryte*. Si, à la dissolution de ce sel, on ajoute de l'acide sulfurique, ce dernier expulsera l'acide azotique de sa combinaison avec la baryte, et prendra sa place pour constituer un nouveau sel, le *sulfate de baryte*. Mais 40 parties seulement d'acide sulfurique seront nécessaires pour opérer cette décomposition ; ces 40 parties équivalent donc, pour former un sel, à 54 parties d'acide azotique. Ainsi, le nombre 40 représente l'équivalent de l'acide sulfurique, de même que le nombre 54 représente celui de l'acide azotique. Enfin, quelle que soit la base que l'on combine avec ces acides, ce seront toujours 54 parties de l'un et 40 parties de l'autre qui entreront en combinaison pour produire un sel neutre.

On vient de le voir par ce dernier exemple, les équivalents sont simples ou composés. Les premiers représentent les éléments ou corps simples, tels que le soufre, le carbone, l'azote, le plomb, le cuivre, etc. La seconde dénomination s'applique aux composés résultant de la combinaison de plusieurs équivalents entre eux. Quelques exemples sont encore ici nécessaires.

1er *Exemple*. Le soufre a pour équivalent le nombre

(*) Voir plus loin le tableau des équivalents.

16. L'équivalent du fer est égal à 28. La combinaison du fer avec le soufre, dans ces proportions numériques, formera l'équivalent du *protosulfure de fer*, qui sera représenté par 16 + 28, c'est-à-dire par le nombre 44.

Qu'au lieu du soufre, on fasse agir le *chlore* sur le fer. Le nombre 16, qui représente le premier métalloïde, sera remplacé par 35,5, nombre qui représente l'équivalent du chlore, c'est-à-dire la quantité de ce dernier, qui, en se combinant avec le fer, forme l'équivalent du *protochlorure de fer*, égal à 63,5.

Si la combinaison de soufre et de fer était formée de *deux* équivalents du premier et d'*un* équivalent du second, elle prendrait le nom de *bisulfure* ou *deutosulfure* de fer ; son équivalent serait alors représenté par le nombre 60, composé de deux fois l'équivalent du soufre, soit 32, plus de l'équivalent du fer, soit 28.

2e *Exemple*. L'eau est formée d'un équivalent d'oxygène égal à 8, et d'un équivalent d'hydrogène égal à 1. L'équivalent de l'eau sera donc représenté par 8 + 1, c'est-à-dire par le nombre 9.

Afin d'être plus explicite encore, nous citons un dernier exemple.

L'équivalent de l'azotate de plomb se compose de

$$
\left.\begin{array}{ll}
\text{1 éq. oxyde de plomb} = 111,5 \\
\text{1 éq. acide azotique} \;\;= \;\;54,
\end{array}\right\} \; 165,5
$$

L'équivalent du sulfate de soude est formé de

$$
\left.\begin{array}{ll}
\text{1 éq. soude} \ldots \ldots = 31 \\
\text{1 éq. acide sulfurique} = 40
\end{array}\right\} \; 71,0
$$

La somme de ces deux sels est égale à 236,5

Que l'on dissolve séparément un équivalent de chacun dc ces deux corps ; qu'on mélange leurs dissolutions. Une réaction chimique aura aussitôt lieu ; elle déterminera la décomposition de l'azotate de plomb et du sulfate de soude, et le groupement de leurs équivalents constitutifs dans un ordre différent, d'où résultera la formation de deux sels nouveaux. On aura pour produits :

1° Une dissolution contenant un équivalent d'azotate de soude composé de

$$\left. \begin{array}{lr} 1 \text{ éq. soude} \dots\dots & 31 \\ 1 \text{ éq. acide azotique} \ .\ . & 54 \end{array} \right\} 85$$

2° ct un équivalent de sulfate de plomb, sel qui, à raison de son insolubilité dans l'eau, se précipitera sous forme d'une poudre blanche, composée de

$$\left. \begin{array}{lr} 1 \text{ éq. oxyde de plomb} \ .\ & 111,5 \\ 1 \text{ éq. acide sulfurique} \ .\ & 40 \end{array} \right\} 151,5$$

Poids total des deux nouveaux sels **236,5**

Ce dernier nombre représentant exactement le poids des deux sels primitivement employés, il est facile de voir que, dans cette opération, il n'y a eu qu'un simple déplacement des équivalents des corps mis d'abord en présence.

A ces explications, que nous cherchons à rendre claires et précises à la fois, nous devons encore ajouter les suivantes.

Les chimistes sont convenus d'indiquer par des signes ou symboles les équivalents des corps simples, et par des formules le nombre des équivalents qui entrent dans les composés chimiques.

Dans les formules, chaque corps simple est représenté par son symbole. Ainsi, O signifie un équivalent d'*oxygène;* S un équivalent de *soufre;* Fe un équivalent de *fer*. Deux, trois, etc., etc., équivalents de ces mêmes corps, s'écriront : 2O, 2S, 2Fe ; 3O, 3S, 3Fe, etc., etc.

Une combinaison formée de deux équivalents s'écrit en mettant leurs symboles à côté l'un de l'autre. *Ex.*: ZnO représente l'*oxyde de zinc*, c'est-à-dire le résultat de la combinaison du zinc avec l'oxygène.

Pour formuler plusieurs équivalents d'un corps composé, on les écrit de l'une des deux manières qui suivent. Soient deux équivalents d'oxyde de zinc : ils seront représentés par 2ZnO ou par $(ZnO)^2$.

Si l'on a à exprimer plusieurs équivalents dans un corps composé, on place le chiffre qui indique le nombre de ces équivalents à côté du signe représentatif, et de la manière suivante : *Ex.*: SO^3 représente un équivalent d'*acide sulfurique* produit par la combinaison d'*un* équivalent de soufre avec *trois* équivalents d'oxygène. Cu^2O représente un équivalent de protoxyde de cuivre résultant de la combinaison de *deux* équivalents de cuivre métallique avec *un* équivalent d'oxygène.

Pour formuler les combinaisons de deux corps composés, par exemple celle d'une base et d'un acide formant un sel, on écrit, à la suite l'une de l'autre la formule représentant la base et celle qui représente l'acide, en les séparant par une virgule. Soit l'azotate de strontiane anhydre. Ce sel est formé d'oxyde de strontium ou strontiane, StO, et d'acide azotique, AzO^5 ; il s'écrira ainsi : StO,AzO^5. S'il s'agissait d'azotate de strontiane cristallisé, contenant cinq équivalents d'eau, sa formule serait celle-ci : $StO,AzO^5, 5HO$. Enfin, si l'on avait à représenter deux équivalents de ce même azotate de strontiane, d'après ce que nous venons de voir plus haut, on écrirait : $(StO,AzO^5,5HO)^2$.

Un lecteur absolument étranger à la chimie pourrait ne pas saisir de suite avec une entière lucidité les explications qui viennent d'être données. Il ne faudrait pas néanmoins qu'il se décourageât. A mesure qu'il avancera dans la lecture de ce livre, ses idées se fixeront peu à peu ; elles se compléteront d'ailleurs par les descriptions des diverses préparations qu'il renferme, et ce qui, en premier lieu, lui aura peut-être semblé couvert d'un voile difficile à soulever, lui apparaîtra alors accompagné de toute la clarté désirable.

La connaissance des équivalents de tous les corps simples n'étant pas nécessaire ici, nous nous bornons à transcrire ceux de ces équivalents qui ont un rapport direct avec le sujet que nous traitons.

Tableau des équivalents de quelques corps simples.

Dans ce tableau, les équivalents sont tous rapportés à celui de l'hydrogène considéré comme étant égal au nombre 1.

Noms.	Signes.	Équivalents.
Antimoine	Sb	120
Arsenic	As	75
Azote	Az	14
Baryum	Ba	68,50
Calcium	Ca	20
Carbone	C	6

Noms.	Signes.	Équivalents.
Chlore	Cl	35,50
Cuivre	Cu	31,50
Fer	Fe	28
Fluor	Fl	19
Hydrogène	H	1
Mercure	Hg	100
Phosphore	Ph	31
Plomb	Pb	103,50
Potassium	K	39
Sodium	Na	23
Soufre	S	16
Strontium	St	43,75
Zinc	Zn	33

Pour arriver à faire mieux comprendre tout ce qui précède, nous joignons ici un tableau des équivalents de quelques corps composés :

Noms.	Signes.	Équivalents.
Oxyde de baryum ou baryte	BaO	76,50
— de calcium ou chaux	CaO	28
Bioxyde de cuivre	CuO	39,50
Protoxyde plomb	PbO	111,50
Oxyde de potassium ou potasse	KO	47
Oxyde de sodium ou soude	NaO	31
— de strontium ou strontiane	StO	51,75
— de zinc	ZnO	41
Ammoniaque	AzH^3	17
Acide azotique	AzO^5	54
— carbonique	CO^2	22
— chlorique	ClO^5	75,50
— sulfurique	SO^3	40
Eau	HO	9
Sulfure de baryum	BS	84,50
— de strontium	StS	59,75

Noms.	Signes.	Équivalents.
Protosulfure de cuivre........	Cu^2S..............	79
Protochlorure de cuivre.......	Cu^2Cl..............	98,50
Bichlorure de cuivre.........	$CuCl$..............	67
Protochlorure de mercure....	Hg^2Cl..............	235,50
Chlorure de plomb..........	$PbCl$..............	139
Azotate de baryte..........	BaO,AzO^5..........	130,50
— de potasse.........	KO,AzO^5..........	101
Carbonate de chaux........	CaO,CO^2..........	50
— de strontiane......	StO,CO^2..........	73,75
— de soude anhydre..	NaO,CO^2..........	53
— — cristallisé.	$NaO,CO^2,10HO$.......	143
Bicarbonate de soude........	$NaO(CO^2)^2,HO$........	84
Chlorate de potasse.........	KO,ClO^5..........	122,50
— de baryte..........	BaO,ClO^5,HO........	161
Sulfate de strontiane.........	StO,SO^3..........	99,75
— de cuivre cristallisé...	$CuO,SO^3,5HO$........	124,50

Ce tableau, qui comprend la plupart des produits chimiques usités en pyrotechnie, sera suffisant pour compléter les notions auxquelles il fait suite, et son étude permettra d'apprécier convenablement les diverses manipulations dans le détail desquelles nous entrerons successivement.

Ainsi, veut-on, par exemple, se rendre compte du nombre 161, placé à la suite de la formule BaO,ClO^5,HO, qui représente l'équivalent du chlorate de baryte cristallisé, on n'a qu'à décomposer cette formule de la manière suivante :

BaO représente le protoxyde de baryum ou baryte, formé de...	1 éq. baryum.... 168,5 1 éq. oxygène.... 8	=	76,5
ClO⁵ représente l'acide chlorique formé de..	1 éq. chlore..... 35,5 5 éq. oxygène... 40	=	75,5

$$A\ reporter \quad 152,0$$

Report 152,0

HO est l'équivalent de ⎱ 1 éq. hydrogène. 1
l'eau, composé de.. ⎰ 1 éq. oxygène... 8 = 9,0

Donc BaO,ClO⁵,HO représente exactement l'équivalent du chlorate de baryte cristallisé, exprimé par le nombre....................... 161,0

CHIMIE PYROTECHNIQUE

ou

TRAITÉ PRATIQUE DES FEUX COLORÉS

LIVRE PREMIER.

Des matières servant à la préparation des feux d'artifice.

Les substances employées aujourd'hui à la préparation des feux d'artifice sont nombreuses; mais c'est surtout grâce à certains sels introduits depuis peu de temps en pyrotechnie, que cet art a pour ainsi dire été renouvelé et est devenu tout à fait digne d'intérêt.

Ces substances se divisent naturellement en deux classes : celles qui entrent directement dans les compositions, et celles qui servent à préparer les premières. La méthode que nous avons cru devoir suivre dans cet ouvrage ne nous a cependant pas permis de les séparer. Toutes ces matières sont d'ailleurs si étroitement liées les unes aux autres, que l'ordre que nous avons établi pour faire connaître leur composition chimique, décrire leur nature, leurs propriétés, et tracer leur histoire, nous a semblé préférable à toute autre manière de les présenter au lecteur.

Parmi les substances de la première classe, les unes servent d'élément comburant; les autres d'éléments combustibles, et quelques-unes de combustible et de comburant à la fois. Il en est enfin qui se manifestent d'une manière toute spéciale pendant la déflagration : telles sont les limailles de fer, d'acier, de zinc, etc., etc. Les plus remarquables sont celles qui communiquent à la flamme une couleur spéciale. C'est ainsi que les sels de strontiane la colorent en rouge ; ceux de chaux en rouge moins vif et un peu carminé ; ceux de soude en jaune ; ceux de baryte en vert ; ceux de cuivre en bleu, etc., etc. Toutes ces matières ont leur utilité, leur emploi ; et la réunion de leurs diverses propriétés fournit à l'artificier une source précieuse d'effets admirables et merveilleux.

Pour faciliter leur étude, nous les avons divisées en quatre sections.

La première comprend les corps élémentaires, les substances métalliques, simples ou à l'état d'alliage, les matières minérales.

La deuxième a pour objet les produits chimiques proprements dits ; c'est-à-dire les acides, les bases, les composés binaires, et la classe nombreuse des sels métalliques.

La troisième traite des substances diverses tirées du règne végétal et du règne animal.

La quatrième renferme les corps comburants et fulminants qui, en raison de leur composition, ne pouvaient trouver place dans aucune des trois précédentes sections, tels que les divers poussiers, le pyroxyle, etc. Elle se termine par des observations générales sur les matières traitées dans le livre premier. Ces observations ont une importance réelle ; l'artificier amoureux de son art ne devra pas négliger d'en prendre connaissance, de les méditer, et de ne les jamais oublier.

SECTION PREMIÈRE.

MATIÈRES MINÉRALES. — POUDRES ET LIMAILLES MÉTALLIQUES.

CHAPITRE PREMIER.

Soufre. — Carbone.

---

§ 1ᵉʳ. — SOUFRE.

Symbole...................... S.
Équivalent.................. 16

Le soufre est depuis si longtemps connu, qu'il semble superflu d'en parler autrement que pour mémoire. Cependant il est de toute nécessité d'en faire le sujet d'observations de la plus sérieuse importance.

En effet, ce métalloïde entre dans un très grand nombre de mélanges; il est pour ainsi dire indispensable aux besoins de la pyrotechnie. Le soufre est une des trois matières constitutives de la poudre à tirer. Sans ce combustible, il est difficile d'obtenir des feux colorés doués d'un vif éclat : aussi l'emploie-t-on avec succès dans les compositions d'étoiles destinées à la garniture des fusées volantes, ces étoiles ne s'enflammant qu'à de grandes hauteurs, et devant être, par conséquent, plus brillantes que les compositions faites pour être brûlées plus près des spectateurs. C'est surtout au moyen du soufre qu'on obtient des combustions rapides, utiles dans une foule de cas.

Ce corps a l'avantage d'être absolument inaltérable à l'air sec ou humide, à la température ordinaire. Il commence à se volatiliser d'une manière très sensible vers + 45 degrés; mais sa volatilité est surtout manifeste à + 100 degrés. Le soufre, ainsi vaporisé, est réduit à un état de division extrême, et possède une odeur *sui generis* qu'on ne saurait confondre avec celle du gaz acide sulfureux.

Des expériences thermométriques, exécutées sur des mélanges de différents chlorates et de soufre, nous avaient fait reconnaître, depuis longtemps, que le soufre, chauffé au contact de l'air, ne s'enflamme point à + 150 degrés, comme l'indiquent tous les traités de chimie, mais à une température beaucoup plus élevée; nous nous proposions de faire connaître nos observationsà ce sujet, lorsque nous vîmes consigné dans le *Précis de chimie industrielle* de M. Payen, — édition 1855, — le résultat des expériences de M. Violette, répétées par M. Payen lui-même, et concordant avec les nôtres propres. Il a été constaté par ces chimistes que le soufre s'enflamme à l'air à + 250 degrés. Le produit de cette combustion est du gaz acide sulfureux, caractérisé par une odeur piquante et particulière que tout le monde connaît.

Le soufre, si précieux à tant de titres, peut devenir, entre des mains inexpérimentées, un agent fort dangereux. Plusieurs fois il a donné lieu à des combustions spontanées et, par suite, à des incendies dont le souvenir ne devrait jamais s'effacer. La cause de ces désastres, on peut aisément la faire disparaître, car elle réside dans l'un des deux états sous lesquels se trouve le soufre dans le commerce : nous voulons parler de la *fleur de soufre*. Cette substance est obtenue par la sublimation du soufre impur, et l'opération ne peut bien réussir qu'autant qu'on fait agir une température élevée : aussi se forme-t-il constamment un peu d'acide sulfureux dont la fleur de soufre reste imprégnée, et qui est dû à la combinaison d'une petite quantité du métalloïde avec l'oxygène contenu dans l'air de la chambre de condensation. Par son contact avec l'air atmosphérique, cet acide sulfureux absorbe de l'oxygène, et passe à l'état d'acide sulfurique : or, personne ne doit ignorer la réaction de cet acide sur les chlorates. Qu'arrive-t-il donc si l'on introduit un tel soufre dans un mélange chloraté? C'est que, tôt ou tard, la réaction a lieu inévitablement; il y a production de calorique et déflagration. Signaler ce fait, c'est en déduire à la fois toutes ses conséquences.

Il est facile de s'assurer de l'existence des acides sulfureux ou sulfurique dans la fleur de soufre. Il suffit, pour cela, de la mettre dans un vase avec assez d'eau pour qu'elle y soit bien immergée, d'agiter un instant le mélange, et de plonger dans l'eau une bandelette de papier bleui par la teinture de tournesol; à l'instant même, la couleur bleue passera au rouge. On pourrait, il est vrai, purger ce soufre de l'acide qui en rend l'usage si dangereux, en le lavant d'abord à l'eau chaude, puis, plusieurs fois de suite, à l'eau froide. Après cela, on le mettrait égoutter sur une toile, et on achèverait de le sécher à une douce chaleur. Il est prudent néanmoins d'en abandonner entièrement l'emploi.

Le soufre en canon est bien obtenu également par distillation ; toutefois la fusion en élimine la petite quantité d'acide sulfureux dont il se trouve un moment souillé, et il est ordinairement dans un état de pureté suffisant pour que l'artificier puisse l'employer sans crainte. A la vérité, il faut le pulvériser, et c'est une peine de plus ; mais cette peine n'est-elle pas compensée bien amplement par la sécurité dont elle est accompagnée ?

La fleur de soufre non lavée n'offrant de danger que par son mélange avec les chlorates, quelques artificiers ont conservé l'habitude de s'en servir dans les compositions ordinaires autres que celles des feux colorés. Il est utile de les en dissuader par ces deux motifs : premièrement, parce que le soufre en canon brûle mieux et donne moins de fumée que la fleur de soufre non lavée, laquelle, d'ailleurs, attire toujours plus ou moins l'humidité de l'air ; en second lieu, parce que, ayant deux sortes de soufre sous la main, un ouvrier pourrait, par inadvertance, prendre l'une à la place de l'autre, et compromettre ainsi la sûreté de tout un atelier.

Pour les compositions des feux colorés, il est utile que le soufre soit en poudre très fine ; on le passera donc au tamis n° 1. La tamisation n° 3 suffit pour les feux blancs et les autres artifices.

Le soufre en canon le plus pur est d'un jaune citrin, tirant très légèrement sur le vert.

§ 2. — CARBONE.

Symbole...................... C.
Équivalent.................. 6

Le carbone, lorsqu'il est pur et cristallisé, constitue le diamant. Plus ou moins souillé de matières étrangeres, il forme le graphite, l'anthracite, le coke, le charbon animal, le noir de fumée et le charbon de bois. Sous ces deux derniers états, le dernier surtout, le carbone est un des corps dont on se sert le plus dans les salles d'artifices.

Charbon.

Préparé avec des bois légers, tels que le peuplier, le saule, le fusain, la bourdaine ; ou avec des bois lourds, c'est-à-dire le charme, le hêtre, le chêne, etc., etc., le charbon est, dans le premier cas, fragile, poreux, léger et très inflammable ; tandis que, dans le second, il est dur, compact, lourd et lent à brûler. Le charbon léger est le plus employé. Il sert exclusivement à faire le poussier et la totalité des compositions dans lesquelles on fait entrer le carbone pour donner lieu à une combustion vive. Le charbon lourd est utilisé particulièrement dans les pluies de feu en pâte, ainsi que dans les jets et les fusées volantes.

L'emploi du charbon est très restreint dans les compositions des feux colorés proprement dits, et, lorsqu'un dosage réclame l'introduction d'un combustible tel que le carbone, il n'est pas indifférent, comme on l'a conseillé à tort, de se servir indistinctement de charbon ou de noir de fumée, du moins dans un grand nombre de cas.

En traitant des compositions, nous indiquerons, dans les dosages où nous ferons entrer le carbone, sous lequel de ces deux états il conviendra de s'en servir.

Lourd ou léger, le charbon, quel que soit son emploi en pyrotechnie, sera avant tout trié avec soin et débarrassé des fumerons ainsi que des débris de son écorce. Lorsqu'il aura été nécessaire de le pulvériser au tonneau (*), il devra être ensuite passé aux tamis n°s 2 ou 3, afin qu'il ne reste pas souillé par les particules de bois non carbonisées et les autres impuretés qu'il contient toujours.

Les charbons lourds, généralement employés pour les besoins domestiques, sont faciles à se procurer; il n'en est pas de même des charbons légers. Les personnes qui n'auraient à employer que de faibles quantités de ces derniers pourraient aisément les préparer dans un four à cuire le pain, et même tout simplement dans l'âtre d'une cheminée, au moyen d'un simple tuyau de tôle, ainsi que nous le pratiquons depuis longtemps pour notre usage personnel.

On clôt ce tuyau à l'un de ses bouts en fendant la tôle longitudinalement et en repliant sur elles-mêmes les divisions obtenues. On munit l'autre extrémité d'un couvercle clos de la même manière et qui s'y emboîte à frottement doux.

On a ainsi une sorte de boîte cylindrique très imparfaitement fermée, ce qui est nécessaire pour permettre

---

(*) Voir l'article *Poussier de tonneau.*

aux composés gazeux produits par la carbonisation de
se dégager. On la remplit le plus complètement possible
de fragments de bois destinés à être convertis en charbon, puis on la met au four, ou bien on la dispose dans
un âtre où l'on a préalablement fait du feu. La flamme
qui lèche les parois du cylindre l'échauffe bien vite; des
vapeurs plus ou moins abondantes s'échappent par les
fissures de l'appareil, s'enflamment au bout d'un instant
et contribuent elles-mêmes à activer la carbonisation. —
On a soin, dans ce but, de retourner de temps à autre le
cylindre sur lui-même. — Dès que les vapeurs enflammées cessent de se produire, et même un peu avant ce
dernier moment, on retire l'appareil du foyer, on le place
dans un étouffoir quelconque, ou dans un trou creusé
dans le sol, auquel cas on le recouvre de terre, et on le
laisse en cet état jusqu'à parfait refroidissement.

Nous croyons devoir consigner ici les résultats d'un
travail très intéressant de M. Violette, commissaire des
poudres et salpêtres à Lille. Ce chimiste a constaté que
l'inflammabilité des divers charbons est d'autant plus
facile que leur carbonisation a été opérée à une plus
basse température.

La table suivante est empruntée à un mémoire de
M. Violette, inséré dans les *Annales de physique et de
chimie*, 3e série, t. XXXIX.

Température à laquelle brûlent les charbons d'un même bois préparés à des températures croissantes.

TEMPÉRATURE de la carbonisation des charbons.	TEMPÉRATURE à laquelle les charbons ont pris feu.
260°......................	340°
270......................	340 à 360°
280......................	
290......................	
300......................	
310......................	
320......................	370 à 380°
330......................	
340......................	
350......................	
432......................	
1023......................	
1260......................	600°
1300......................	
1500......................	
Température de la fusion du platine.	1250°

Quelle que soit l'espèce de bois qui a produit le charbon à la température de $+300°$, tous s'enflamment entre 360 et 380 degrés. Une exception fort remarquable a cependant été observée par M. Violette ; le charbon de l'agaric du saule s'enflamme à $+320°$.

Noir de fumée.

C'est par la combustion incomplète des matières résineuses que l'on produit généralement le noir de fumée, corps tellement connu que de longs détails à son sujet seraient superflus. Sur 100 parties, cette substance en contient environ 80 de carbone pur. Les 20 autres se composent de corps résineux, de différents sels et d'impuretés.

Le noir de fumée gras et lourd contient encore plus de matières étrangères; il doit être rejeté, parce qu'il brûle mal, et altère les couleurs produites par les compositions dans lesquelles il entre même en petites quantités. On recherchera, au contraire, le noir le plus léger et le plus pur possible. On trouve maintenant dans le commerce un noir d'excellente qualité, fait avec beaucoup de soin, et provenant de la combustion des huiles volatiles du goudron de houille. Il est d'un beau noir et excessivement léger.

Le noir de fumée est un excellent combustible. Il sert à régulariser, à activer, et souvent à déterminer la déflagration de certains mélanges, qui, sans cet ingrédient, brûleraient fort mal. De faibles proportions suffisent, en général, pour produire ces effets.

S'il arrivait, par quelque circonstance fortuite, qu'on ne pût se procurer que du noir de qualité inférieure, il faudrait, avant de l'employer, le délayer dans de l'eau alcalisée avec de la potasse, et porter cette eau à l'ébullition; les matières grasses seraient ainsi enlevées par l'alcali, et le noir, lavé ensuite à grande eau pour lui enlever toute trace de potasse, puis bien séché, pourrait alors être employé sans inconvénient.

CHAPITRE II.

Zinc. — Poudre de zinc vernie. — Fer ; acier ; fonte de fer. — Procédé pour rendre inoxydables les limailles de fer et d'acier, la filière et la fonte de fer.

***

§ 1er. — ZINC.

Symbole...................... Zn.
Équivalent................... 33

Le zinc est excessivement répandu aujourd'hui, et ses usages se multiplient de plus en plus. Ce métal est très difficile à réduire en limaille, parce qu'il est mou et adhère à la lime. Sa malléabilité augmente considérablement avec l'élévation de la température, jusqu'à environ + 150 degrés. A + 205 degrés, il devient très cassant ; à + 412 degrés, il entre en fusion et s'enflamme vers + 500 degrés au contact de l'air.

Le zinc est très combustible ; mais, jusqu'ici, son emploi en pyrotechnie a dû être très restreint, à cause de la facilité avec laquelle il s'oxyde à l'air, surtout à l'état de mélange dans les différentes compositions destinées à l'enflammer, lesquelles sont toutes à baze d'azotate de potasse. En très peu de jours, le zinc est réduit à l'état d'oxyde, et la matière ne brûle pas, même au contact soutenu d'un charbon incandescent ; ce qui est d'autant plus regrettable que, selon son mode d'emploi, ce métal produit une flamme bleue ou de belles perles de même couleur. Il a, de plus, l'avantage de ne pas exiger, pour brûler, l'intervention du chlorate de potasse, et de pouvoir, dès lors, être chargé soit en cartouches de jets ordinaires, soit dans les tubes tournants des pastilles.

Poudre de zinc vernie.

Désireux d'écarter une telle instabilité, nous avons fait plusieurs tentatives qui d'abord ont échoué, mais ont enfin donné le résultat attendu. Nous avons conservé, pendant plusieurs mois, dans un lieu exposé à toutes les influences atmosphériques, des compositions et des tubes chargés, contenant du zinc préparé par la méthode qui va être indiquée ; lorsque nous y avons mis le feu, l'effet a été le même que si ces préparations eussent été récentes.

Le moyen qui, seul, nous ait réussi pour garantir le zinc de l'oxydation est, avec quelque modification, celui qu'on trouvera relaté dans l'article qui traite des limailles de fer et d'acier. Après y avoir d'abord recouru, nous l'avions abandonné, parce que, n'ayant pas opéré convenablement, la plus grande partie du zinc soumis au traitement avait échappé à la vernissure. De nouvelles tentatives, exécutées avec plus de soin, nous ont fait arriver au but.

Il faut, au préalable, réduire le zinc en poudre. Pour cela, on le met, soit dans une petite marmite en fer, munie de son couvercle, soit, plus simplement, dans une cuiller de ce même métal, et on l'expose à l'action du feu. Il est préférable, cependant, d'employer un vase couvert, si on le peut, parce que, dans un vase non clos, une partie du zinc s'oxyde aisément par l'action simultanée de l'air et du calorique. Pendant ce temps-là, on met quelques charbons incandescents dans un mortier de fer, afin de l'échauffer ; puis, au moment où le zinc entre en fusion, et même avant qu'il ait atteint ce degré, on ôte le charbon du mortier, et on y verse le métal, qu'on triture aussitôt avec le pilon, afin de le diviser le plus possible. C'est vers le $+ 205^e$ degré centigrade que le zinc possède le moins de cohésion et se laisse le mieux pulvériser. On pourrait donc, si l'on maintenait le mortier à cette température, réduire la totalité du zinc en poudre très fine ; mais, lorsqu'on opère en petit et sans l'appareil nécessaire à cet effet, la température du métal baissant rapidement, on n'en peut pulvériser qu'une quantité variable, et on est obligé de recommencer plusieurs fois l'opération, après avoir séparé, au moyen du tamis n° 5, toute la portion qu'on destine à la vernissure.

Pour enduire la poudre zincique, on la pèse, on la met dans une poêle plate en tôle, et on y incorpore la dixième partie de son poids d'huile de lin non cuite ; puis, la poêle étant placée sur un feu assez vif, on agite sans cesse la masse avec une cuiller de fer. Bientôt elle s'échauffe ; la couleur du zinc, de grise qu'elle était, roussit peu à peu ; il se dégage une fumée âcre et nauséabonde ; le métal devient de plus en plus roux, en même temps qu'il forme avec l'huile une sorte de pâte très difficile ou même impossible à diviser avec la cuiller. C'est à ce moment-là qu'il faut retirer le vase du feu pour verser son contenu dans le mortier de fer. La masse, en se refroidissant, se laisse facilement diviser par le pilon, en triturant et en pilant alternativement.

En comparant cette opération avec celle dont il sera question dans le paragraphe suivant, on remarque qu'il

faut pousser l'action du feu bien moins loin que lorsqu'il
s'agit d'enduire les limailles de fer et d'acier, faute de
quoi l'on voit des globules de zinc se former et une foule
de parcelles métalliques échapper à la vernissure, ce
qu'on reconnaît à leur éclat et à leur couleur. Quel que
soit le soin que l'on prenne à effectuer cette préparation,
on ne peut guère empêcher une petite quantité de zinc,
ramollie par la chaleur, de se séparer de la masse et
d'enduire d'une couche métallique brillante le fond du
vase où l'on opère; mais cette quantité est très minime,
si l'on n'expose pas la matière à un feu trop ardent et si
on l'agite suffisamment.

Le poids du zinc ainsi traité augmente de plus de la
moitié de la quantité d'huile employée, c'est-à-dire d'un
peu plus de 5 pour 100, et l'agglomération des particules
métalliques les plus ténues diminue considérablement la
proportion de poudre fine obtenue précédemment par la
pulvérisation du zinc non enduit. Ainsi, pour en donner
un exemple, en traitant en deux fois 380 gr. de zinc
tamisé au n° 5, et contenant 190 parties de poudre n° 2,
nous avons eu après l'opération :

Zinc enduit n° 2	92 gr.
Zinc enduit n° 5 à n° 2	275
Zinc enduit plus gros	35
EN TOTALITÉ	402 gr.

Ces sortes de poudres n'offrent pas les mêmes phénomènes en brûlant, du moins dans les compositions où
nous sommes parvenu à les employer. Le n° 2 a constamment fourni, dans les tubes tournants des pastilles,

une flamme d'un assez beau bleu, formant une espèce de couronne dentelée ; tandis que la poudre n° 5 à n° 2 ne produit pas de flamme à l'orifice du tube, mais jaillit en perles bleues d'un très-joli effet, et sert ainsi à varier agréablement les compositions de ce charmant petit artifice.

Mais, il faut bien le dire, tout le travail qu'exige la préparation de la poudre zincique vernie n'a pas une compensation suffisante dans les résultats que donne le zinc en brûlant. La couronne et les perles bleues ont un faible éclat ; aussi les pastilles dans lesquelles on fait figurer les compositions à base de zinc nous semblent être plutôt des artifices d'amateur que des produits à avoir place dans les magasins des artificiers de profession. Notre désir de laisser le moins de lacunes possible dans ce livre nous a seul engagé à y faire figurer, comme dans la première édition, la poudre de zinc vernie.

§ 2. — FER.

Symbole.................... Fe.
Équivalent....... 28

Le fer s'emploie dans les artifices à l'état de limaille ; mais ce sont surtout les combinaisons de ce métal avec le carbone, connues sous le nom d'*acier*, de *fonte de fer*, de *filière*, qui produisent les effets les plus remarquables par le vif éclat qu'elles jettent en brûlant. L'acier contient de 6 à 10 millièmes de carbone ; la fonte en renferme des proportions variables qui peuvent s'élever de 2 à 3 pour 100.

Ces substances métalliques n'ont pas d'emploi dans les

feux colorés. Elles servent principalement dans les pastilles, ainsi que dans les pièces fixes et tournantes, qui leur doivent presque tout leur éclat. On se les procure dans les ateliers où se travaillent les métaux ; on les purge avec soin de leurs impuretés, puis on les divise en plusieurs numéros au moyen des tamis, après avoir préalablement pulvérisé la filière et la fonte de fer.

Les anciens artificiers, ne connaissant aucun moyen pour préserver les métaux de l'oxydation, étaient contraints de confectionner les pièces dans lesquelles entraient les limailles quelques jours seulement avant celui où ces pièces devaient être tirées. C'était un embarras réel qui devenait considérable lorsqu'il s'agissait de grands feux d'artifice. Grâce à la vernissure des limailles, ces difficultés ne sont plus à redouter. Nous avons conservé pendant près de deux ans, dans un lieu exposé à toutes les variations atmosphériques, des cartouches et des pastilles chargées avec de la fonte ainsi qu'avec des limailles de fer et d'acier préparées : lorsque nous y avons mis le feu, ces différents artifices ont brûlé avec autant d'éclat que s'ils eussent été tout récemment confectionnés.

Procédé pour rendre inoxydables les limailles de fer et d'acier, la filière et la fonte de fer.

Plusieurs moyens ont été proposés pour atteindre un but si précieux. On s'est servi d'abord de vernis gras ou d'huile de lin cuite, en opérant comme nous l'indiquerons tout à l'heure ; M. Chertier a proposé le vernis anglais (vernis au copal), dont il enduit les limailles à trois reprises

différentes ; nous avons nous-même traité pendant longtemps, par un procédé analogue, les fontes et limailles,
en employant une dissolution alcoolique de résine-laque.
Mais le procédé le plus satisfaisant et le meilleur à la fois
est une modification de celui que nous avons désigné en
premier lieu. C'est celui auquel nous nous sommes arrêté,
comme étant aussi le plus simple et le plus expéditif de
tous. Il est d'ailleurs bien préférable au procédé de
M. Chertier, par lequel les parcelles métalliques brûlent
avec moins d'éclat, répandent plus de fumée et se conservent mal. Dans des essais comparatifs faits sur ces
diverses méthodes, après un laps de temps de sept mois,
les compositions préparées selon le procédé de M. Chertier
ont brûlé sans qu'on y pût soupçonner la présence de la
limaille d'acier ou de la filière, tandis que les autres semblaient sortir des mains de l'ouvrier.

Voici comment on doit opérer. On met dans une poêle à
frire ordinaire la quantité de limaille ou de fonte que l'on
veut préparer, sur laquelle on verse ensuite le dixième
de son poids d'huile de lin (*). La poêle étant exposée
sur un feu un peu vif, on agite en tous sens la limaille
avec une spatule, afin que l'huile se répande uniformé-

(*) Non seulement il n'est pas nécessaire que l'huile de lin
dont on se sert pour cette opération soit cuite, mais il est même
préférable qu'elle ne le soit pas. Elle imbibe alors bien mieux les
limailles de fer et d'acier, et surtout les parcelles de fonte de fer
et de filière employées par les artificiers, lesquelles sont, comme
on le sait, douées d'une certaine porosité ; enfin, elle enduit complètement leur surface et pénètre même dans leurs cavités microscopiques, ce qui diminue considérablement l'altérabilité de ces
diverses substances.

ment dans toute la masse. Bientôt une fumée épaisse et d'une odeur repoussante commence à se dégager; la limaille change de couleur, devient brune, puis noirâtre On active alors le mouvement de la spatule, pour empêcher le plus possible l'agglomération des parcelles métalliques. Si le feu a trop d'activité, on en éloigne de temps en temps la poêle. Au bout d'un instant, le dégagement de la fumée se ralentit et cesse tout à fait; à ce moment-là, la limaille est vernie, et sa couleur est d'un beau noir luisant.

Quelle que soit l'habileté avec laquelle on exécute cette opération, on ne peut jamais empêcher l'agglomération d'une certaine quantité de limaille, et cette quantité est d'autant plus grande que la matière sur laquelle on opère est plus divisée; mais ce n'est pas là un inconvénient, puisque la filière, la fonte et les limailles de toutes grosseurs ont leur emploi. Ainsi, pour les pastilles notamment il est bon d'en avoir de tamisées aux n°s 4,3,2,1, et même de porphyrisées. Toutes produisent des effets remarquables et différents: les moins beaux sont ceux donnés par le fer; la combustion de l'acier se fait avec un vif éclat; la tournure de fonte ordinaire, pulvérisée, produit, selon son état de division, des fleurettes ou de grosses perles d'un blanc d'argent; la filière, enfin, brûle avec une scintillation extraordinaire, en formant de magnifiques fleurs qu'on a comparées à celles du jasmin.

CHAPITRE III.

Etain. — Antimoine. — Cuivre. — Limaille de laiton. Mica.

---

§ 1ᵉʳ. — ÉTAIN.

Symbole.................... Sn.
Équivalent................. 59.

L'étain est un métal fort connu, presque aussi blanc que l'argent, très malléable et fort mou, quoique un peu moins que le plomb. Une température de 228 degrés suffit pour le faire entrer en fusion, ce qui permet de le fondre même dans une feuille de papier lorsqu'il est en lames minces.

L'étain se laisse très difficilement réduire en limaille ; il empâte rapidement les limes les plus grosses. Aussi, pour l'obtenir en poudre, se sert-on d'un moyen facile et expéditif en même temps : voici ce moyen.

On fait fondre le métal dans une cuiller de fer à une température aussi basse que possible, on le coule de suite dans une boîte en bois (une boîte à savonnette par exemple), ou même, quand on opère sur une faible quantité, dans une boîte de carton très épais, et on l'agite vivement jusqu'à ce qu'il soit refroidi. On obtient par ce procédé une poudre dans un grand état de division, dont on peut d'ailleurs, pour l'usage, séparer à l'aide d'un tamis les particules les moins ténues.

L'étain ainsi divisé se conserve indéfiniment sans altération. Il possède une teinte grisâtre due à l'oxydation superficielle que l'on peut voir sur tous les barreaux d'étain du commerce.

Nous employons l'étain pulvérulent dans des compositions de *pastilles* où il produit de forts jolis effets.

§ 2. — ANTIMOINE.

Symbole. . . . . Sb.
Équivalent. . . . . 120.

L'antimoine, communément appelé *régule* d'antimoine, est un métal d'un blanc grisâtre ou bleuâtre, inaltérable à l'air et même dans l'eau. Sa surface se ternit cependant par un séjour prolongé dans un air humide, et si le métal est à l'état pulvérulent, la poudre a une teinte d'un gris un peu verdâtre, qui provient d'une oxydation tout à fait superficielle, peut-être due à la présence de métaux étrangers.

L'antimoine est très cassant, aussi se laisse-t-il facilement pulvériser. Si on le soumet à l'action de la chaleur, il entre en fusion à 430 degrés centigrades. Lorsqu'on laisse refroidir l'antimoine ainsi fondu, il se forme à sa surface une cristallisation ayant un peu l'aspect des feuilles de fougère. C'est là un des signes distinctifs qui peuvent servir à faire reconnaître ce métal.

L'antimoine et son protosulfure étaient la seule ressource des anciens artificiers pour faire les lances qu'ils appelaient bleues. Plus tard ils se servirent aussi du zinc dans le même but. Mais ils ne pouvaient obtenir de ces substances que des nuances vagues, pâles, sans éclat, sans reflet.

Si l'antimoine s'utilise aujourd'hui en pyrotechnie, ce

n'est point comme corps colorant, mais en raison d'autres propriétés, et notamment de l'éclat qu'il communique à la flamme des mélanges dont il fait partie. Aussi l'emploie-t-on en lances, en étoiles et en feux de Bengale.

Il faut bien se garder de confondre ce métal avec le sulfure d'antimoine, dont il sera question plus loin, et que la pyrotechnie utilise beaucoup aussi. Les propriétés de ces deux substances ne sauraient être tout à fait les mêmes, on le comprend ; nous n'insisterons donc pas sur la nécessité de ne pas se servir de l'une ou de l'autre indistinctement.

L'antimoine s'emploie en poudre passée au tamis n° 2 et même au n° 3 (*).

§ 3. — CUIVRE.

Symbole.................... Cu.
Équivalent................ 34,5.

Le cuivre est, comme le fer, connu de toute antiquité. Sa couleur est d'un rouge brunâtre très brillant, et ses usages sont excessivement multipliés. Ce métal entre en fusion vers le 788e degré centigrade. On a cru, pendant longtemps, qu'il n'était pas volatil ; mais les expériences de M. Berthier n'ont pas confirmé cette opinion. Il est vrai que la volatilité du cuivre est extrêmement faible ;

(*) Nous ferons remarquer au lecteur, une fois pour toutes, que nos différents tamis, dont il sera d'ailleurs question dans un article spécial, ne portent pas les mêmes numéros que ceux généralement employés dans les ateliers. Il en trouvera la raison dans la nécessité où nous nous sommes trouvé de multiplier nos tamis pour préparer les compositions de nos pastilles.

cependant elle se manifeste en exposant le métal à une très haute température. Il produit alors des vapeurs qui, par l'action de l'oxygène de l'air, donnent naissance à une belle flamme verte. C'est à raison de ces propriétés qu'on a sans doute essayé d'employer le cuivre en limaille dans les compositions de jets ordinaires. Ces essais n'ont fourni que des résultats moins que médiocres. Dans les tubes de pastilles, ces mêmes essais n'ont pas été plus heureux. Il se manifeste bien quelquefois, pendant la combustion, une sorte de flamme verdâtre, mais dépourvue de tout éclat. Le poussier, qui fait la base de ces sortes de compositions, est impuissant à faire conflagrer le cuivre, même très divisé, avec la splendeur qui est recherchée dans les artifices. Il n'en est pas de même lorsqu'on substitue au poussier le corps comburant par excellence, le chlorate de potasse. Le cuivre, réduit à l'état impalpable, brûle alors parfaitement ; mais la coloration qu'il produit, dans ce cas, n'est pas verte, elle est bleue : effet dont nous essayerons d'expliquer la cause à la fin de ce premier *livre*. Sous cet état de division, le cuivre donne, en général, beaucoup de vivacité aux compositions dans lesquelles on l'introduit, ce qui est utile quelquefois. Il sert ainsi de corps colorant et de combustible à la fois.

Nous n'employons plus le cuivre pulvérulent dans aucun de nos dosages ; aussi renonçons-nous à décrire ici les procédés par lesquels on peut se le procurer.

§ 4. — LIMAILLE DE LAITON.

Le laiton est un composé, en proportions variables, de cuivre et de zinc ; à peu près deux parties du premier pour une partie du second. On se le procure en poudre plus ou moins fine chez les tourneurs en métaux. La poudre impalpable peut donner d'assez jolis feux bleus, mais on n'en fait guère usage de cette manière.

Employée en pastilles, la limaille de laiton produit un feu rayonnant épais et un peu confus. Ajouté en petite quantité à du poussier mêlé de zinc pulvérisé, elle sert, en quelque sorte, de divisant, et la combustion de ce dernier métal s'effectue avec une flamme bleue ou en perles de même couleur. Nous avons essayé d'employer d'autres substances que le laiton pour produire ces effets, mais toujours avec moins de succès.

La limaille de laiton, mélangée aux matières combustibles ordinaires, paraît se conserver parfaitement. On la passe au tamis n° 1.

§ 5. — MICA.

Les micas sont des minéraux siliceux de compositions complexes et à bases diverses, telles que la potasse, la magnésie, l'alumine. Ils sont caractérisés par un éclat demi-métallique auquel ils doivent leur nom (de *micare*, briller). Leur couleur est très variable : on en trouve de bruns, de verts, de rouges, de violets, de noirs, de jaunâtres ; d'autres sont presque incolores ou ressemblent à de l'argent. Le plus employé est d'un jaune bronzé ayant quelque analogie avec la couleur de l'or : aussi sa poudre est-elle très connue sous les noms d'*or de chat*, *poudre d'or*.

Cette substance, mélangée avec du poussier et chargée dans des tubes de pastilles ou dans des cartouches de jets tournants, forme des rayons épais, peu éclatants, il est vrai, mais remarquables par la régularité avec laquelle ils se produisent. On la divise en poudres que l'on passe aux différents tamis, suivant le diamètre des tubes dans lesquels elles doivent être employées.

SECTION DEUXIÈME.

PRODUITS CHIMIQUES PROPREMENT DITS.

ACIDES. — BASES. — COMPOSÉS BINAIRES. — SELS MÉTALLIQUES.

CHAPITRE PREMIER.

Acides.

Nous avons déjà expliqué ce qu'on devait entendre par le mot *acide*. Il s'applique à des composés extrêmement nombreux et variés : les uns sont solides, les autres liquides et même gazeux. Nous n'en mentionnerons que quelques-uns : ceux qui ont un rapport direct et fréquent avec les substances dont se sert le plus communément l'artificier, et ceux qu'il est appelé à employer lui-même dans quelques-unes de ses préparations.

Ces sortes de composés ont une action énergique sur les matières animales et végétales. A l'état concentré, ils agissent comme des poisons violents. On doit donc s'en servir avec prudence, et étiqueter soigneusement les vases dans lesquels on les conserve, afin d'éviter les accidents que la moindre négligence pourrait occasionner.

La table suivante, extraite de la *pharmacopée batave*, donne le rapport des degrés du pèse-acide de Baumé avec les pesanteurs spécifiques des acides dilués ou concentrés.

DEGRÉS.	PESANTEURS spécifiques.	DEGRÉS.	PESANTEURS spécifiques.	DEGRÉS.	PESANTEURS spécifiques.
0	1000	26	1221	52	1566
1	1007	27	1231	53	1583
2	1014	28	1242	54	1601
3	1022	29	1252	55	1618
4	1029	30	1261	56	1637
5	1036	31	1275	57	1656
6	1044	32	1286	58	1676
7	1052	33	1298	59	1695
8	1060	34	1309	60	1715
9	1067	35	1321	61	1736
10	1075	36	1334	62	1758
11	1083	37	1346	63	1779
12	1091	38	1359	64	1801
13	1100	39	1372	65	1823
14	1108	40	1384	66	1847
15	1116	41	1398	67	1872
16	1125	42	1412	68	1897
17	1134	43	1426	69	1921
18	1143	44	1440	70	1946
19	1152	45	1454	71	1974
20	1161	46	1470	72	2000
21	1171	47	1485	73	2031
22	1180	48	1501	74	2059
23	1190	49	1516	75	2087
24	1199	50	1532	76	2116
25	1210	51	1549		

§ 1ᵉʳ. — ACIDE CHLORHYDRIQUE.

HCl.

Cette formule représente :

1 éq. d'hydrogène, soit..................	1
et 1 éq. de chlore, soit...................	35,5
constituant, par leur combinaison, l'éq. de l'acide chlorhydrique égal à............	36,5

L'acide chlorhydrique est un corps gazeux, incolore, d'une odeur très vive, piquante et suffocante ; si soluble dans l'eau, que ce liquide, à la température de 0 degré, peut en dissoudre 480 fois son volume.

On le prépare en faisant agir l'acide sulfurique sur le chlorure de sodium (*sel marin*) ; opération dans laquelle il y a production de sulfate de soude et d'acide chlorhydrique. Ce dernier, se dégageant à l'état gazeux, est dirigé dans des vases communiquant entre eux et contenant de l'eau qu'il sature successivement. La dissolution est versée dans le commerce, sous le nom impropre d'acide chlorhydrique *liquide*. Il s'en fait un emploi considérable, et son prix est très peu élevé. Elle marque ordinairement 21 à 22 degrés à l'aréomètre (pes. spéc. 1,17 à 1,18).

Une dissolution concentrée d'acide chlorhydrique ne peut être conservée que dans des vases bien bouchés et placés dans un lieu frais, l'élévation de la température tendant sans cesse à faire reprendre à l'acide son état gazeux. Pour qu'une dissolution de gaz chlorhydrique se conserve sans altération dans des vases non clos, il ne faut pas que sa densité soit supérieure à 1,094. A ce degré, l'affinité de l'acide pour l'eau l'emporte sur celle qu'il possède pour l'état gazeux; il y a véritablement combinaison entre l'acide et l'eau, et la formule de cette combinaison est représentée, d'après M. Bineau, par $HCl, 16 HO$. Cette formule se traduit par les chiffres suivants :

		En centièmes.
1 éq. acide chlorhydrique.........	36,5	19,85
16 éq. eau......................	144	80,15
	180,5	100,00

La table suivante, dressée par *Davy*, indique la quantité d'acide réel contenue dans les dissolutions aqueuses d'acide chlorhydrique à divers degrés de densité.

DENSITÉ.	ACIDE chlorydrique. (Pour 100).	DENSITÉ.	ACIDE chlorydrique. (Pour 100).	DENSITÉ.	ACIDE chlorydrique. (Pour 100).
1,17	34,34	1,11	22,22	1,05	10,10
1,16	32,32	1,10	20,20	1,04	8,08
1,15	30,30	1,09	18,18	1,03	6,06
1,14	28,28	1,08	16,16	1,02	4,04
1,13	26,26	1,07	14,14	1,01	2,02
1,12	24,24	1,06	12,12		

§ 2. —ACIDE AZOTIQUE.

$$AzO^5.$$

Cette formule représente :

1 éq. d'azote..........................	14
et 5 éq. d'oxygène........................	40
dont la combinaison forme l'équivalent de l'acide azotique, égal à.....................	54

Telle est la composition de l'acide azotique anhydre. C'est ce corps qui, en se combinant avec les bases, forme les *azotates*, nommés précédemment *nitrates*. A divers états d'hydratation, il est très connu sous les noms *d'eau-forte*, d'acide *nitrique*.

L'acide azotique se prépare, en grand comme dans les laboratoires, en décomposant, à l'aide de la chaleur, l'azotate de potasse ou celui de soude par l'acide sulfurique. Ainsi obtenu, il est toujours plus ou moins aqueux. On croyait même qu'il était impossible que cet acide existât sans être uni à une certaine quantité d'eau, quand, au commencement de l'année 1855, M. *Sainte-Claire Deville* est parvenu à s'en procurer d'anhydre, en traitant par le chlore de l'azotate d'argent préalablement desséché. Sous cet état, l'acide azotique est en cristaux prismatiques, incolores, parfaitement limpides et doués d'un grand éclat. Il fond à $+ 29°,5$, et bout à $+ 45$ degrés. Il s'échauffe considérablement par son contact avec l'eau.

L'acide azotique hydraté est liquide, incolore, et fumant à l'air lorsqu'il est concentré. On le trouve dans le

commerce sous deux densités différentes, l'une donnant
40 degrés (pes. spéc. 1384) au pèse-acide de Baumé, et
l'autre 36 degrés (pes. spéc. 1334).

Le tableau suivant indique, d'après M. *Payen*, les re-
lations entre l'acide azotique et l'eau pour différentes
densités.

Poids spécifique.					Centièmes d'acide réel.	Centièmes d'eau.
1586	acide azotique	à 1	éq.	d'eau,	86,00	14,00
1480	—	à 2	—		76,17	23,83
1420	—	à 4	—		60,00	40,00
1380	—	à 5	—		54,64	45,36
1326	—	à 6	—		50,11	49,89

Quelques-uns des nombres de ce tableau diffèrent
sensiblement de ceux consignés dans la table complète
due à M. Kolb, et insérée en entier dans le *Moniteur
scientifique* de Quesneville, année 1867.

§ 3. — ACIDE CHLORIQUE.

$$ClO^5.$$

Cette formule représente :

1 éq. de chlore...................................... 35,5

et 5 éq. d'oxygène.................................. 40

dont la combinaison forme l'éq. de l'acide chlorique,

soit... 75,5

Cet équivalent est celui de l'acide chlorique anhydre,
tel qu'il se trouve combiné avec la potasse et la soude.
Jusqu'à présent, on n'a pu l'obtenir isolé d'une base
sans être en même temps uni à une certaine quantité
d'eau.

L'acide chlorique est toujours un produit de l'art. Il n'existe, dans la nature, ni libre ni en combinaison. Il se forme toutes les fois qu'on fait passer un courant de chlore dans de l'eau tenant une base en dissolution. Une partie de la base se réduit, et l'on obtient un chlorate et un chlorure. Du chlorate produit on peut ensuite extraire l'acide chlorique. Le chlorate de potasse, étant aujourd'hui la source la plus économique de l'acide chlorique, c'est à l'aide de ce sel que l'on prépare les autres chlorates et l'acide chlorique lui-même.

L'acide chlorique est liquide, incolore, et sans odeur. C'est un oxydant très-énergique dont, sous ce rapport, on retrouve les propriétés dans ses combinaisons salines.

Le lecteur voudra bien consulter ces dernières pour de plus amples détails sur l'acide chlorique, cet acide n'offrant un intérêt réel à l'artificier qu'à l'état de combinaison avec les différentes bases, et les manipulations à l'aide desquelles on arrive à l'obtenir pur et concentré se trouvant hors des limites que nous nous sommes tracées en écrivant notre livre.

§ 4. — ACIDE SULFURIQUE.

$$S\hat{O}^3, HO.$$

Cette formule représente :

1 éq. de soufre............................... 16
3 éq. d'oxygène............................... 24
et 1 éq. d'eau d'hydratation.................. 9
____
dont la combinaison forme l'éq. de l'acide sulfurique monohydraté, soit...................... 49
____

L'acide sulfurique peut exister sous différents états : totalement privé d'eau, et il est alors sous forme solide, en houppes blanches et soyeuses ; ou bien à divers degrés d'hydratation. La formule ci-dessus s'applique à l'acide ordinaire, connu également sous les noms d'*huile de vitriol*, d'*acide sulfurique anglais*, d'*acide sulfurique concentré*.

Cet acide, dont l'industrie fait une consommation considérable, n'a sa place dans le laboratoire de l'artificier que comme réactif. Son affinité pour l'eau est telle qu'il détruit rapidemennt les matières organiques en s'emparant de leur eau. C'est ainsi qu'il noircit le bois et le linge en désorganisant ces corps. Il faut donc le conserver dans des vases de cristal, avec bouchon de même matière (cette observation s'applique aussi aux acides précédents), et éviter qu'il puisse avoir le contact de l'air, dont il absorberait en peu de temps la vapeur aqueuse.

L'acide sulfurique monohydraté est un liquide incolore, de consistance oléagineuse, sans odeur, et bouillant à 325 degrés. Son poids spécifique est de 1845 à la température ordinaire, soit $+$ 15 degrés. — Il marque 66 degrés à l'aréomètre de Baumé et contient 18,36 d'eau pour 100.

La table suivante a été donnée par M. *Barreswill*, comme très approximative des quantités d'acide monohydraté et d'acide anhydre contenues dans les dissolutions aqueuses d'acide sulfurique, à la température ordinaire :

DENSIMÈTRE de Gay-Lussac.	ARÉOMÈTRE de Baumé.	ACIDE monohydraté pour 100.	ACIDE anhydre pour 100.
184	66	100	81,5
181	65	90	73,3
171	60	80	65,2
161	55	71	57,8
153	50	64	52,0
145	45	57	46,5
138	40	49	39,9
132	35	43	35,0
126	30	36	29,3
121	25	29	23,6
116	20	23	18,7
111	15	17	13,8
107	10	11	8,9
103	5	5	4,0

§ 5. — ACIDE PLOMBIQUE.

PbO^2.

Cette formule représente :

1 éq. de plomb.........................	103,5
et 2 éq. d'oxygène.......................	16
dont la combinaison constitue l'éq. de l'acide plombique, soit.........................	119,5

On a d'abord appelé ce composé *tritoxyde* de plomb, *oxyde puce* de plomb. Les chimistes modernes le considèrent comme un acide. C'est un oxydant assez énergique. Comme tel, nous avions espéré pouvoir l'introduire avantageusement dans le domaine pyrotechnique. Il aurait été extrêmement facile de s'en procurer toutes les quantités désirables, en traitant le *minium* par l'acide azotique.

Le minium est un composé de protoxyde de plomb et d'acide plombique. Le protoxyde peut seul se combiner avec les acides pour former des sels. Si donc on soumet le minium à l'action de l'acide azotique, ses éléments se séparent : il y a production d'azotate de protoxyde de plomb qui entre en dissolution, et précipitation d'acide plombique à l'état de poudre impalpable, insoluble, qu'on sépare par filtration et qu'on n'a plus qu'à laver suffisamment pour l'avoir pur. L'artificier se serait ainsi procuré de l'acide plombique à vil prix ; mais notre espoir a été déçu. Dans une foule de compositions, on peut, il est vrai, remplacer le chlorate de potasse par de l'acide plombique ; mais, par cette substitution, la pureté de la flamme est altérée et l'intensité de la coloration très affaiblie. La coloration jaune produite par les sels de soude ne peut elle-même résister à l'influence de l'acide plombique employé en quantité un peu forte, lequel tend à communiquer à la flamme une teinte grise.

§ 6. — ACIDE OXALIQUE CRISTALLISÉ.

$$C^2O^3,3HO.$$

Cette formule représente :

2 éq. de carbone............................ 12
3 éq. d'oxygène............................ 24
et 3 éq. d'eau de cristallisation.................. 27
_____
formant l'éq. de l'acide oxalique cristallisé, soit..... 63

L'acide oxalique existe dans les diverses espèces d'oseilles combiné avec la potasse. D'autres plantes en renferment aussi, et notamment celles qui croissent aux bords de la mer; il y est alors uni à la soude. Les lichens qui vivent sur les murs calcaires le contiennent à l'état d'oxalate de chaux.

C'est ordinairement par la réaction de l'acide azotique sur l'amidon que se forme l'acide oxalique du commerce. Nous ne donnerons pas les détails de cette opération, parce qu'elle ne peut avoir lieu avec avantage que dans les fabriques spéciales de produits chimiques. Préparé en petite quantité, cet acide serait, au contraire, d'un prix très élevé.

Ses cristaux sont incolores et transparents; ils se dissolvent dans l'eau en faisant entendre une sorte de décrépitation. D'après M. *Guibourt*, 8,7 parties de ce liquide, à la température de $+15$ degrés, dissolvent 1 partie d'acide oxalique cristallisé, et 100 parties de cette dissolution, saturée à la même température, en contiennent 10,51 parties.

L'acide oxalique mal purifié et contenant encore de l'acide azotique se reconnaît à son état plus ou moins humide; il est alors beaucoup plus soluble dans l'eau, et n'en exige que 2 parties à froid et 1 partie au degré de l'ébullition.

L'alcool dissout aussi cet acide, mais en des quantités qui n'ont pas été déterminées.

Desséché à $+100$ degrés, il perd deux équivalents d'eau; sa formule est alors : C^2O^3,HO.

L'acide oxalique est vénéneux à la dose de 15 à 20 grammes; sa saveur est aigre et piquante. Nous avons employé longtemps cet acide à la préparation des oxalates de soude et de strontiane; mais depuis longtemps aussi nous avons abandonné l'emploi de ces sels, après avoir trouvé à les remplacer avantageusement.

§ 7. — ACIDE STÉARIQUE.

$$C^{68}H^{66}O^5,2HO.$$

Cette formule représente :

68 éq. de carbone	408
66 éq. d'hydrogène	66
5 éq. d'oxygène	40
et 2 éq. d'eau de constitution	18
formant l'équivalent de l'acide stéarique, soit	532

Tel est l'acide stéarique à l'état de pureté.

Ce corps est très combustible et brûle avec une

flamme blanche et éclairante. Il constitue en grande partie la matière des bougies si répandues aujourd'hui pour l'éclairage ; mais il s'y trouve mélangé avec les autres acides gras retirés comme lui du suif, et notamment avec l'acide margarique.

Ce n'est donc pas à proprement parler l'acide formulé en tête de cet article que nous avons introduit en pyrotechnie, mais la matière complexe qui porte dans le commerce le nom d'acide stéarique, et quelquefois simplement celui de *stéarine*. C'est ce dernier mot que, par abréviation, nous emploierons dans nos formules.

Nous nous servons de cet excellent combustible avec le plus grand succès dans de nombreux dosages. C'est surtout grâce à son emploi, ainsi qu'à celui de la paraffine, que nous avons pu arriver à obtenir des bleus foncés, les éléments constitutifs de ces deux corps n'altérant pas, en brûlant, les nuances les plus délicates.

Cependant la paraffine brûle encore plus facilement que la stéarine, — du moins avec la sorte de ce dernier corps dont nous nous sommes servi. — Nous avons constaté ce fait plus d'une fois, notamment dans la composition n° 5, où, la stéarine ayant été substituée à la paraffine, la lance n'a déflagré qu'avec la plus extrême difficulté, et seulement au contact incessamment réitéré d'une allumette.

On peut, lorsqu'on n'a besoin que de faibles quantités de ce composé, au lieu de se servir des tourteaux de stéarine du commerce, utiliser les bougies ordinaires des différentes fabriques. On les réduit en poudre grossière avec une râpe de fer-blanc ou même en les raclant avec un couteau, puis on passe la poudre au tamis n° 4.

§ 8. — ACIDE PICRIQUE.

$$C^{12}H^2Az^3O^{13},HO = C^{12}H^2(AzO^4)^3O,HO.$$

Les éléments de cette double formule, quel que soit leur mode de groupement, représentent :

12 éq. de carbone	72
2 éq. d'hydrogène	2
3 éq. d'azote	42
13 éq. d'oxygène	104
1 éq. d'eau de constitution	9
formant l'équivalent de l'acide picrique cristallisé, soit	229

L'acide picrique en se combinant avec les bases constitue les picrates. Nous avons étudié ces combinaisons salines en vue de l'introduction possible de quelques-unes d'entre elles en pyrotechnie. Au chapitre des picrates, ainsi qu'à celui des compositions picratées, on verra consignés les résultats de nos investigations. En attendant, nous donnons ici quelques notions sommaires sur l'acide picrique.

Cet acide, à l'état de pureté, se présente sous diverses formes cristallines : lamelles, octaèdres, aiguilles. Ces cristaux sont généralement jaunes, et quelquefois d'un blanc jaunâtre seulement. Chauffés légèrement, ils se résolvent en une huile jaune qui, par le refroidissement, se prend en masse cristalline. Mais, s'ils sont vivement chauffés, ils se volatilisent sans altération. Soumis brusquement à une température élevée, dans une cornue, ils détonent en fournissant divers produits gazeux et en laissant un résidu charbonneux.

L'acide picrique est vénéneux, même à faible dose. Sa saveur est âcre et très amère. Il se dissout dans 160 parties d'eau à $+5°$ et dans 26 parties à 77°. L'alcool et l'éther le dissolvent en fortes proportions.

La solution aqueuse d'acide picrique possède un pouvoir tinctorial considérable dont l'art de la teinture a depuis longtemps su tirer parti. Un milligramme de cet acide suffit pour colorer sensiblement un litre d'eau.

Les acides azotique, sulfurique et chlorhydrique sont sans action sur l'acide picrique; il en est de même de l'eau régale.

La plupart des caractères et des propriétés de l'acide picrique se manifestent, comme on le verra plus loin, dans ses diverses combinaisons.

Dans l'acide picrique, si l'on considère ce composé comme contenant 3 équivalents d'acide hypo-azotique et 1 équivalent d'eau de constitution, d'après la formule de M. Laurent, cette eau de constitution semble jouer le rôle de base; aussi les chimistes qui se sont occupés de cet acide et de ses combinaisons salines ont-ils toujours représenté dans ces dernières l'acide picrique à l'état anhydre, avec plus ou moins d'équivalents d'eau dans ceux de ses sels pourvus d'eau de cristallisation.

CHAPITRE II

Composés basiques.

---

§ 1er. — AMMONIAQUE.

$$AzH^3.$$

Cette formule représente :

1 éq. d'azote........................... 14
et 3 éq. d'hydrogène.......................   3

lesquels, combinés, constituent l'éq. de l'ammoniaque, soit.............................. 17

L'ammoniaque, ou gaz ammoniac, est une base alcaline très énergique, d'une odeur excessivement vive et
pénétrante; sa solubilité dans l'eau est extrême. Ce liquide peut en dissoudre plus de 600 fois son volume. La
dissolution, plus ou moins chargée de gaz, porte, dans
les arts, le nom d'*ammoniaque liquide*. On la connaît
aussi sous celui d'*alcali volatil*.

La table suivante, due à *H. Davy*, fait connaître la
quantité de gaz ammoniac contenue dans l'ammoniaque
liquide à différents degrés de densité.

DENSITÉ à 10 degrés.	DEGRÉS du pèse-liqueur de Baumé.	GAZ AMMONIAC pur sur 100 parties.	EAU sur 100 parties.
0,8750	30,6	32,50	67,50
0,8875	28,2	29,25	70,75
0,900	26,0	26,00	74,00
0,9054	25,0	25,37	74,63
0,9166	23,0	22,07	77,93
0,9230	22,0	20,26	79,74
0,9255	21,6	19,54	80,46
0,9326	20,4	17,52	82,48
0,9385	19,4	15,88	84,12
0,9476	18,0	13,46	86,54
0,9513	17,5	12,40	87,60
0,9545	17,0	11,56	88,14
0,9573	16,5	10,82	89,18
0,9597	16,2	10,17	89,83
0,9619	16,0	9,60	90,40

Si l'on représente l'équivalent de l'ammoniaque $= 17$, par 17 grammes, cet équivalent sera contenu dans 89^{gr},47 (soit 96 à 97 millilitres) d'ammoniaque en solution, dite *ammoniaque liquide*, marquant 21° à l'aréomètre de *Baumé*, 21°,10 à l'aréomètre de *Cartier*, et 53° à l'alcoomètre centésimal.

L'ammoniaque du commerce marque ordinairement de 21 à 22° à l'aréomètre de *Baumé*.

§ 2. — LITHARGE.

PbO.

Cette formule représente :

    1 éq. de plomb.   103,5
    et 1 éq. d'oxygène.   8
                                                                     ______
    dont la combinaison constitue l'éq. du protoxyde
    de plomb, soit.   111,5
                                                                     ______

L'oxyde de plomb anhydre est le produit de la calcination du plomb au contact de l'air. L'oxygène se combine peu à peu avec le métal, et donne naissance à une poudre d'un jaune salé, laquelle est un oxyde impur appelé *massicot*. Le massicot fondu, et laissé en repos jusqu'à complet refroidissement, cristallise en masse micacée qu'on pulvérise, et qui est la litharge.

La plus grande partie des litharges employées dans les arts proviennent du traitement du plomb argentifère. Elles sont de couleurs variables. Il y en a de jaunes et de rouges. Les dernières sont celles qu'on estime le plus ; elles sont dues à un refroidissement très lent, et leur coloration dépend probablement d'une petite quantité de *minium* (voir plus loin ce mot) qui s'y trouve mélangée. La litharge la plus pure se débite sous le nom de *litharge anglaise*.

Cet oxyde ne s'emploie pas dans les compositions de feux colorés ; il sert seulement dans les pastilles, où il produit d'assez jolis effets.

§ 3. — PEROXYDE DE MANGANÈSE.

$$MnO^2.$$

Cette formule représente :

> 1 éq. de manganèse...................... 27,5
> et 2 éq. d'oxygène......................... 16
>
> dont la combinaison forme l'éq. du peroxyde de
> manganèse, soit........................ 43,5

Le peroxyde ou bioxyde de manganèse est abondamment répandu dans la nature ; mais il ne l'est jamais à l'état de pureté absolue indiqué par la formule précédente. Le plus pur est produit par l'Allemagne. Les minerais de France renferment du carbonate de chaux, de la silice, et de la baryte en assez forte proportion.

Le bioxyde de manganèse cédant avec facilité une partie de son oxygène par l'action du calorique, nous avons fait d'assez nombreuses expériences pour l'introduire, comme comburant, dans quelques feux colorés. Nous espérions, par son emploi, diminuer proportionnellement la quantité de chlorate de potasse nécessaire à la parfaite déflagration des mélanges ; mais ces tentatives ont pour la plupart échoué. Nous avons bien pu le faire servir dans quelques compositions, en lances jaunes particulièrement, mais non d'une manière avantageuse, sa présence ayant toujours activé la combustion. De nouvelles expériences pourraient peut-être lui assigner une place dans les ateliers d'artifice.

C'est à ce titre seulement que nous en faisons mention.

Le bioxyde de manganèse se trouve communément chez les fabricants de produits chimiques, qui le livrent à très bas prix. On se le procure en fragments qu'on pulvérise et qu'on passe au tamis n° 1.

CHAPITRE III.

Chlorures et chlorhydrates. — Fluorures.

---

§ 1er. — CHLORURE DE SODIUM.

NaCl.

Cette formule représente :

$$1 \text{ éq. de sodium} \dots\dots\dots\dots\dots\dots 23$$
$$\text{et } 1 \text{ éq. de chlore} \dots\dots\dots\dots\dots\dots 35,5$$

dont la combinaison constitue l'éq. du chlorure de sodium, soit\dots\dots\dots\dots\dots\dots\dots\dots 58,5

Le chlorure de sodium est très répandu dans la nature, sous forme solide et en dissolution dans l'eau. Dans le premier cas, il est connu sous le nom de *sel gemme;* dans le second, sous ceux de *sel marin, sel commun*, ou simplement *sel*. Ses cristaux sont anhydres, et ne contiennent que de l'eau interposée dont on peut les priver à l'aide de la chaleur.

L'alcool absolu dissout le chlorure de sodium, mais en quantité excessivement faible. Sa solubilité dans l'eau a été déterminée par M. *Gay-Lussac*. D'après ce chimiste,

100 p. d'eau à $+15$ degrés dissolvent 35 p. 81 de sel.
100 p. id. à $+109$ id. id. 40 p. 38 id.

Un litre d'une dissolution aqueuse de chlorure de sodium, saturée à $+$ 15 degrés, contient :

Chlorure.	Eau.
318,47 gr.	888,66 gr.

La densité de cette dissolution est de 1207,14.

Les anciens artificiers ne connaissaient que le chlorure de sodium et le karabé pour faire leurs feux jaunes. Ils n'obtenaient, par l'emploi de ces substances, que des couleurs dépourvues d'éclat, privés surtout qu'ils étaient du comburant par excellence, le chlorate de potasse. Aujourd'hui, à l'aide de ce dernier sel, on pourrait à la vérité obtenir quelques résultats passables avec le chlorure de sodium, si l'on ne possédait des corps qui lui sont infiniment préférables, tant à cause de leur combustibilité que parce qu'ils sont plus stables à l'air.

Ce sel ne fait partie d'aucune de nos compositions.

§ 2. — CHLORHYDRATE D'AMMONIAQUE.

$$AzH^3H,Cl.$$

Cette formule représente :

1 éq. d'ammoniaque......................	17
et 1 éq. d'acide chlorhydrique.................	36,5
dont la combinaison constitue l'éq. du chlorhydrate d'ammoniaque, soit........................	53,5

Le chlorhydrate d'ammoniaque est très connu sous le nom de *sel ammoniac*. Il cristallise presque toujours en longues aiguilles groupées en masse. Ce sel est blanc, sans odeur et sans eau de cristallisation. Il se dissout dans l'alcool.

100 p. d'eau à + 15 degrés en dissolvent 31,88 p.
100 p. id. à + 18 id. id. 36,00 p.
100 p. id. à + 100 id. id. 89,00 p.

Un litre d'une dissolution aqueuse de sel ammoniac, saturée à la température de + 15 degrés, contient :

Sel ammoniac.	Eau.
259,92 gr.	815,28 gr.

La densité de cette dissolution est de 1075,20.

Le chlorhydrate d'ammoniaque se fabrique en grand par plusieurs procédés qu'il est inutile de relater ici. On se le procure très facilement à cause de l'emploi que ce sel a dans les arts, ce qui fait qu'il est répandu partout.

Le sel ammoniac est un atténuant assez remarquable. Par son addition aux diverses compositions chloratées, en même temps qu'il ralentit et modère la combustion, il fonce les couleurs, qui, souvent, de vagues et incertaines qu'elles étaient, deviennent nettes et tranchées. Ce serait donc un ingrédient précieux s'il n'avait l'inconvénient de ne pouvoir supporter un certain degré d'humidité atmosphérique sans s'humecter. Cet effet se produit surtout lorsque le sel ammoniac est divisé et amalgamé dans les compositions. Celles-ci brûlent encore, quoique un peu humides; mais la coloration est altérée, et les effets cherchés ne sont pas obtenus.

Ces considérations nous ont engagé à supprimer absolument le sel ammoniac de nos nouvelles formules.

§ 3. — CHLORURE DE STRONTIUM.

$$StCl,6HO.$$

Cette formule représente :

1 éq. de strontium......................	43,75
1 éq. de chlore.........................	35,50
et 6 éq. d'eau de cristallisation.	54
constituant l'éq. du chlorure de strontium cris- tallisé, soit...........................	133,25

Ce sel a d'abord été nommé *muriate de strontiane, hydrochlorate de strontiane*. Il est déliquescent et cristallise en longues aiguilles transparentes et incolores. Soumis à l'action de la chaleur, il perd son eau de cristallisation et devient tout à fait anhydre, sans subir d'autre décomposition.

100 p. d'eau à $+$ 15 degrés en dissolvent 66 parties,
100 p. d'eau à $+$ 100 degrés   id.   125   id.

Le chlorure de strontium est soluble dans l'alcool. L'excessive hygrométricité de ce sel interdisant son introduction dans les compositions ordinaires, on ne se sert que de sa dissolution alcoolique, qui brûle avec une flamme pourpre et s'emploie exclusivement sur les théâtres.

On se procure le chlorure de strontium chez les fabricants de produits chimiques, qui l'obtiennent, soit en traitant le sulfure de strontium par l'acide chlorhydrique, soit en calcinant un mélange intime de chlorure de calcium et de sulfate de strontiane. Ces moyens ne sont économiques que lorsqu'ils sont pratiqués en grand.

On pourrait se servir de ce sel pour préparer le car-

bonate de strontiane par voie humide (*). En se rappe-
lant que toutes les réactions chimiques indiquées dans
cet ouvrage sont basées sur les équivalents des corps,
on verra qu'il suffit, pour cette opération, de remplacer
l'éq. de l'azotate de strontiane cristallisé $= 150,75$, par
celui du chlorure de strontium $= 133,25$, en suivant
d'ailleurs toutes les prescriptions données à l'article
carbonate de strontiane. On aura alors pour produits
résultant de la double décomposition des sels employés, 1 éq. de carbonate de strontiane et 1 éq. de
chlorhydrate d'ammoniaque (sel ammoniac).

A prix égal, soit 1 fr. 50 c. le kilo de chacun des deux
sels, l'emploi du chlorure de strontium, pour cette préparation, serait plus économique que celui de l'azotate
de strontiane (environ 0 fr. 40 c. de différence par kil.
de carbonate produit); mais nous avons cru devoir entrer dans le détail du mode de production au moyen de
l'azotate, parce que ce dernier sel est beaucoup plus
répandu et plus connu que le chlorure de strontium.

(*) Voir l'article *Carbonate de strontiane.*

§ 4. — CHLORURE DE PLOMB.

$$Pb,Cl.$$

Cette formule représente :

1 éq. de plomb......................... 103,5
et 1 éq. de chlore...................... 35,5

constituant, par leur combinaison, l'éq. du chlorure de plomb, égal à. 139,0

Ce composé, que nous avons introduit en pyrotechnie, possède des qualités qui le rendent précieux ; il a, en outre, l'avantage de pouvoir être obtenu à très bas prix.

Nous l'employons principalement dans des feux bleus lilas et verts, où il remplace économiquement le calomel. Il est très combustible, et il communique surtout un éclat admirable aux étoiles et aux lances de couleur verte.

Il existe bien des manières de le préparer ; la plupart sont de toute simplicité. Le chlorure de plomb, étant peu soluble, peut en effet s'obtenir en traitant un chlorure soluble par l'acétate ou l'azotate de plomb. Il se forme un acétate ou un azotate soluble de la base du chlorure employé, et un précipité de chlorure de plomb qu'on sépare par filtration.

Il est encore facile de se le procurer en traitant directement, soit l'oxyde, soit le carbonate de plomb, par l'acide chlorhydrique. Ces derniers procédés sont les plus simples et beaucoup plus économiques que tous ceux dont il vient d'être fait mention. Il est même préférable de se servir de carbonate de plomb plutôt que de litharge,

l'extrême division du carbonate facilitant considérablement l'opération. On a, de cette manière, un produit
toujours identique et plus pur que ceux qu'on pourrait
obtenir par double décomposition, lesquels retiennent
toujours une certaine quantité des sels solubles au sein
desquels ils ont pris naissance. On peut les en débar-
rasser, il est vrai, mais ce n'est qu'à l'aide de lavages
plus ou moins multipliés qui diminuent toujours leur
quantité.

Les nombres qui entrent en réaction dans la préparation du chlorure de plomb au moyen de l'acide chlorhydrique et du carbonate de plomb, sont consignés dans le tableau suivant, où l'eau de dissolution de l'acide chlorhydrique a été négligée.

	PROPORTIONS RÉAGISSANTES.			PROPORTIONS PRODUITES.		
	Carbonate de plomb.	Acide chlorhydrique.		Chlorure de plomb.	Acide carbonique.	Eau.
Formules..........	PbO,CO^2 +	HCl	=	$PbCl$ +	CO^2 +	$HO.$
Nombres qu'elles représentent.......	133,5	36,5		139	22	9
Somme des éq. réagissants...... 170			Somme des éq. après la réaction. 170			

PRÉPARATION.

On a soin de se procurer du carbonate de plomb bien pur et non mélangé de carbonate de chaux ou d'autres substances, comme le sont la plupart des céruses du commerce. On le délaye dans une petite quantité d'eau et on y verse peu à peu, en agitant sans cesse le mélange, de l'acide chlorhydrique à **22** degrés, préalablement étendu de son volume d'eau. A chaque addition d'acide, une vive effervescence, produite par le dégagement du gaz acide carbonique, se manifeste tout à coup. Dès qu'elle cesse d'avoir lieu, la réaction est terminée. A ce moment, si l'on a eu soin de bien agiter le mélange, tout le carbonate se trouve converti en chlorure de plomb.

Les proportions à employer pour produire un kilo de chlorure de plomb devraient être les suivantes :

$$\text{Carbonate de plomb.} \ldots \quad 960^{\text{gr}},\mathbf{80}$$
$$\text{Acide chlorhydrique. à } 22^{\circ} \quad 771^{\text{gr}},\mathbf{10}$$

Ces proportions équivalent en effet à celles du tableau précédent, en tenant compte de la quantité d'eau contenue dans l'acide à **22°**. Mais la pratique donne toujours des pertes résultant notamment du lavage du chlorure de plomb ; en outre, l'acide du commerce est fréquemment au-dessous du titre auquel il a été livré.

A ces nombres, il convient donc de substituer les suivants pour obtenir en réalité un kilo de chlorure :

$$\text{Carbonate de plomb.} \ldots \quad 980 \text{ gr.}$$
$$\text{Acide chlorhydrique.} \ldots \quad 800 \text{ à } 820 \text{ gr.}$$

Le chlorure de plomb ainsi obtenu, il est nécessaire de

le purger du petit excès d'acide qu'il a fallu employer pour sa préparation. A cet effet, après avoir décanté le liquide qui le surnage, on l'agite pendant quelques secondes avec une égale quantité d'eau froide ; on laisse reposer, on décante encore, et on le lave avec une nouvelle eau. Il ne reste plus qu'à faire sécher le chlorure, en le mettant égoutter d'abord sur un carré de linge, puis en l'étendant sur des vases plats, ou mieux sur des feuilles de papier non collé.

Le chlorure de plomb préparé par cette méthode est sous forme d'une poudre blanche impalpable. Sa solubilité dans l'eau est très faible. D'après MM. *Pelouze* et *Fremy*, il faut 33 parties d'eau bouillante et 135 parties d'eau froide pour dissoudre une partie de chlorure de plomb. Ce sel est insoluble dans l'alcool. A chaud, les acides chlorhydrique et azotique le dissolvent, et le laissent déposer par le refroidissement en écailles micacées ou en aiguilles prismatiques. Dans les diverses préparations de chlorure de plomb que nous avons exécutées, nous avons obtenu ce corps sous chacun de ces états.

PRIX DE REVIENT :

Le kilo des matières employées coûtant :

Carbonate de plomb.	Acide chlorhydrique.	Le kilo de chlorure de plomb coûtera :
fr. c.	fr. c.	fr. c.
1,00	0,20	1,13
1,20	0,20	1,34
1,00	0,30	1,20
1,20	0,30	1,39
1,00	0,40	1,28
1,20	0,40	1,48

§ 5. — PROTOCHLORURE DE CUIVRE.

$$Cu^2,Cl.$$

Cette formule représente :

2 éq. de cuivre.	63,0
et 1 éq. de chlore.	35,5
constituant, par leur combinaison, l'éq. du proto-chlorure de cuivre, soit.	98,5

Le protochlorure de cuivre pur est blanc, presque insoluble dans l'eau, et soluble dans l'acide chlorhydrique, d'où l'eau le précipite.

On peut obtenir, avec ce composé, des feux bleus d'une pureté et d'un éclat admirables; mais il est sans emploi, à cause de la facilité avec laquelle il s'oxyde à l'air, en se transformant en un mélange de bichlorure et d'oxychlorure. Cette transformation a même lieu si rapidement, lorsque le sel est humide, qu'il est impossible de la prévenir, du moins en partie, si l'on ne prend la précaution de le garantir de tout contact avec l'air ambiant. Par ce motif, nous ne faisons point connaître les divers procédés au moyen desquels on peut le préparer. Nous n'en faisons mention que pour ne rien omettre de ce qui se rattache à l'art intéressant dont traite ce livre.

§ 6. — BICHLORURE DE CUIVRE.

$$Cu,Cl.$$

Cette formule représente :

    1 éq. de cuivre 31,5

    et 1 éq. de chlore 35,5

constituant, par leur combinaison, l'éq. du bi-
chlorure de cuivre, soit 67,0

Cette formule est celle du bichlorure de cuivre anhydre, lequel est brun, tandis que le sel cristallisé possède
une couleur verte. On l'a pendant longtemps appelé
muriate de cuivre, hydrochlorate de cuivre. Il est malheureusement très déliquescent, et ne peut servir qu'à
faire les flammes à l'alcool qu'on fait brûler sur les
théâtres.

Les divers procédés de préparation du bichlorure de
cuivre, indiqués dans les traités de chimie, étant tous
assez coûteux, nous allons faire connaître celui dont nous
faisons usage. Il est d'une extrême simplicité et tout à
fait économique. On en pourra juger par les prix de revient qui terminent cet article.

PRÉPARATION.

On étend de son volume d'eau de l'acide chlorhydrique
du commerce marquant de **20** à **22** degrés à l'aréomètre,
puis on y fait dissoudre de l'oxychlorure de cuivre (*). On

—————————————————————

(*) Voir l'article suivant.

accélère la dissolution en agitant le vase dans lequel se fait l'opération. Il faut employer un excès d'oxychlorure, afin que tout l'acide se sature bien.

On laisse reposer le mélange d'oxychlorure et d'acide pendant vingt-quatre heures environ. Au bout de ce temps, la réaction est terminée ; l'oxychlorure non dissous forme un dépôt au fond du vase. Pour le séparer, on jette le tout sur un filtre en papier placé dans un entonnoir de verre. On fait évaporer la liqueur filtrée sur un feu doux ou dans une étuve. On peut ainsi obtenir des cristaux hydratés de bichlorure de cuivre sous forme d'aiguilles d'une jolie couleur verte ; mais l'artificier devra pousser l'évaporation jusqu'à ce que le sel soit entièrement desséché et réduit en une poudre grossière de couleur brune. En cet état, il est totalement privé d'eau.

Quant à l'excès d'oxychlorure resté sur le filtre, on le lave afin de le purger du bichlorure de cuivre dont il est imprégné, et qui le rendrait hygrométrique ; puis on le laisse sécher spontanément au soleil ou à l'étuve.

L'équation et le tableau suivants établissent clairement la réaction qui a lieu dans cette opération.

PROPORTIONS RÉAGISSANTES.				PROPORTIONS PRODUITES.	
Oxychlorure de cuivre hydraté.	Acide chlorhydrique.			Bichlorure de cuivre.	Eau.
Formules.................. $CuCl,(CuO)^3,4HO$	$+$ $3HCl$	$=$		$4CuCl$ $+$	$7HO.$
Nombres qu'elles représentent. 221,5	109,5			268	63

Somme des éq. avant la réaction.... 331   Somme des éq. après la réaction. 331

L'explication ci-dessous servira de complément au tableau qui précède.

Abstraction faite de son eau de combinaison, l'oxychlorure de cuivre se compose, comme on le voit par la formule ci-dessus, d'un éq. de bichlorure, soit. 67

et de 3 éq, de bioxyde de cuivre, contenant 3 éq. de cuivre pur, soit $31,5 \times 3 = 94,5$

Il est donc clair que, pour le métamorphoser tout entier en bichlorure, il faudra le mettre en contact avec 3 éq. d'acide chlorhydrique. Cet acide se décomposera; son hydrogène s'unira à l'oxygène de l'oxyde pour former de l'eau, tandis que les 3 éq. de chlore devenus libres, soit $35,5 \times 3 = $ 106,5

se combineront avec les 94,5 de cuivre pour former 3 éq. de bichlorure, soit. . . . 201

lesquels, ajoutés à l'éq. de bichlorure déjà tout formé, constitueront 4 éq. de ce sel,

soit. 268

Ce nombre est bien celui qu'on voit formulé dans le tableau qui précède. Pour se rendre compte de celui de l'eau, égal à 63, on n'a qu'à ajouter aux 4 équivalents d'eau que contenait l'oxychlorure employé, les 3 équivalents d'eau formés par la combinaison de l'hydrogène de l'acide chlorhydrique avec l'oxygène de l'oxychlorure.

Les prix de revient suivants sont établis en comptant que, pour obtenir 1000 grammes de bichlorure de cuivre supposé sec, il faut faire réagir :

Oxychlorure de cuivre. . . .	828 gr.
et acide chlorhydrique à 22° . .	1252 gr.

Le kilo des matières employées coûtant :		Le kilo de bichlorure de cuivre anhydre coûtera :
Oxychlorure de cuivre.	Acide chlorhydrique.	
fr. c.	fr. c.	fr. c.
1,53	0,20	1,52
1,82	0,20	1,75
2,12	0,20	1,99
1,64	0,40	1,86
1,93	0,40	2,09
2,21	0,40	2,32

Nota. Les frais de main-d'œuvre, de combustible, d'ustensiles, sont pour ainsi dire nuls avec ce mode de préparation, car l'artificier, connaissant les propriétés de l'oxychlorure de cuivre, aura toujours un approvisionnement de cette substance sous la main. On voit donc à quel point la méthode que nous venons de donner pour la production du bichlorure de cuivre est avantageuse, lorsqu'on compare les prix de revient ci-dessus aux prix du commerce, lesquels sont quatre à cinq fois plus élevés.

§ 7. — OXYCHLORURE DE CUIVRE.

$$CuCl, (CuO)^3, 4HO.$$

Cette formule représente :

1 éq. de bichlorure de cuivre..........		67
3 éq. de bioxyde de cuivre...... 39,5	$\times$ 3 =	118,5
et 4 éq. d'eau d'hydratation...... 9	$\times$ 4 =	36

lesquels constituent l'éq. de l'oxychlorure de cuivre hydraté, égal à.......................... 221,5

L'oxychlorure de cuivre n'a été utilisé en pyrotechnie qu'à dater du moment où, dans notre première édition, nous l'avons signalé et fait figurer dans diverses formules de feux colorés. Ce composé cuivrique est d'une si facile préparation, il offre des résultats si satisfaisants dans une foule de compositions, notamment dans celles des feux bleus et lilas, enfin son prix de revient est si minime, qu'on ne peut s'empêcher d'être étonné de l'oubli dans lequel il avait été laissé.

L'oxychlorure de cuivre, préparé artificiellement par la méthode qui sera ci-après décrite, est une poudre d'un vert clair et tirant légèrement sur le blanchâtre. Cette poudre est impalpable.

Elle possède un certain liant, une onctuosité particulière, qui la font s'agglomérer en petites masses, et qui rendraient son tamisage un peu long, si ce tamisage était nécessaire ; mais une telle opération est entièrement inutile, l'oxychlorure se divisant parfaitement dans toutes les compositions où on le fait entrer.

Ce corps est insoluble dans l'eau, inaltérable à l'air,

et son contact, quelque prolongé qu'il soit, avec le chlorate de potasse, ne saurait être dangereux.

L'oxychlorure de cuivre est insoluble dans l'acide azotique, du moins à froid, soluble dans l'acide chlorhydrique, avec lequel il forme du bichlorure de cuivre, et décomposable par l'acide sulfurique qui produit avec lui du sulfate de cuivre, après en avoir éliminé l'acide chlorhydrique. Il se dissout en grande quantité dans l'ammoniaque liquide en la colorant en bleu foncé. Si l'on ajoute à cet alcali une plus grande quantité d'oxychlorure qu'il n'en peut dissoudre, la liqueur devient sirupeuse, opaque et d'un bleu plus ou moins grisâtre. Par la filtration, on en peut séparer l'oxychlorure non dissous, lequel, après avoir été bien lavé, possède une jolie couleur bleue due à la combinaison de cet oxychlorure avec une très petite quantité d'ammoniaque. La partie dissoute donne, par l'évaporation spontanée, des cristaux d'un bleu très foncé que détruit une dessiccation légère, en fournissant des plaques bleues, minces et hygroscopiques.

On peut, par une calcination modérée, faire perdre à l'oxychlorure de cuivre la couleur verte qu'il doit à son eau de combinaison. Il devient alors presque noir; mais l'exposition à l'air lui fait reprendre l'eau chassée par la chaleur, et sa couleur primitive reparaît.

PRÉPARATION.

On prend du cuivre en copeaux, en limaille, ou simplement en feuilles minces, coupées en menus fragments; on le met dans un vase peu profond, et on l'humecte fortement avec de l'acide chlorhydrique du commerce

préalablement étendu de son volume d'eau. On laisse le
mélange exposé à l'air, à l'abri des rayons solaires. Le
lendemain ou le surlendemain, il se sera formé à la surface du cuivre une certaine quantité d'oxychlorure de
couleur verte. Avant de séparer ce composé du métal
auquel il adhère, on attend que la masse entière soit bien
sèche, et alors on se sert d'eau commune avec laquelle
on arrose le mélange en plusieurs fois, en l'agitant convenablement avec une spatule de bois, jusqu'à ce que la
presque totalité de l'oxychlorure soit enlevée. Cette eau
trouble est versée chaque fois dans un grand bocal de
verre ou dans un vase en grès, au fond desquels se dépose l'oxychlorure de cuivre. On a soin, en la versant
dans le récipient, d'éviter d'y faire tomber en même
temps les copeaux de cuivre. On humecte de nouveau
ces derniers avec une suffisante quantité d'acide chlorhydrique dilué, on laisse l'oxychlorure se former, on
l'enlève par les moyens qui viennent d'être indiqués, et
l'on continue cette série d'opérations jusqu'à ce que tout
le cuivre ait disparu. L'eau de lavage qui surnage l'oxychlorure de cuivre dans le vase en grès est décantée et
jetée lorsque ce vase est plein, afin de faire place à celle
qui doit donner de nouveaux dépôts.

Lorsque tout le cuivre est employé, ou lorsqu'on a
recueilli une suffisante quantité d'oxychlorure de cuivre,
on lave soigneusement ce composé, en l'agitant avec de
l'eau qu'on décante quand elle s'est éclaircie par le
repos. On répète ce lavage deux ou trois fois au moins,
pour éliminer complètement le peu de sulfate de cuivre
qui s'est formé dans le cours de l'opération (ce sulfate
provient de l'acide sulfurique qui est contenu presque

toujours en petite quantité dans l'acide chlorhydrique).
Enfin, on expose l'oxychlorure au soleil ou à l'étuve,
dans des vases plats, pour le faire sécher; mais aupara-
vant on s'assure qu'il ne contient plus aucune trace
d'acide, en en délayant une petite quantité dans de l'eau
distillée (*) qu'on soumet à l'essai du papier bleui par la
teinture de tournesol. On le pulvérise ensuite grossièrement, et on le conserve avec la plus grande facilité, ce
corps étant inaltérable à l'air.

L'équation suivante et le tableau qui l'accompagne
expriment le mode de production de l'oxychlorure de
cuivre.

(*) De l'eau de pluie filtrée peut suffire.

	PROPORTIONS RÉAGISSANTES.				PROPORTIONS PRODUITES.	
	Cuivre.	Acide chlorhydrique.	Oxygène		Oxychlorure de cuivre.	Eau.
Formules..................	$4Cu$	$+ \quad HCl$	$+ \quad 4O$	$=$	$CuCl,(CuO)^3 \quad +$	$HO.$
Nombres qu'elles représentent.	126	36,5	32		185,5	9

Somme des éq. réagissants.............. 194,5   Somme des éq. produits. 194,5

Sous l'influence de l'acide chlorhydrique, l'oxygène de l'air se combine peu à peu avec le cuivre, en formant 4 équivalents d'oxyde ; mais, en même temps, l'acide réagit sur l'oxyde produit, et en décompose un équivalent en se dédoublant lui-même. L'équivalent d'hydrogène s'unit à l'équivalent d'oxygène pour donner naissance à de l'eau, tandis que le chlore se combine avec l'équivalent de cuivre mis en liberté et avec les trois équivalents d'oxyde restants, en produisant l'oxychlorure pour dernier résultat. Cet oxychlorure, en contact avec l'eau, en absorbe en totalité quatre équivalents. On voit, en effet, qu'en ajoutant au nombre. . . . . 185,5 représentant l'équivalent de l'oxychlorure de cuivre anhydre, quatre équivalents d'eau, soit le nombre. 36

la totalité forme bien l'équivalent de l'oxychlorure hydraté, soit 221,5

La quantité réelle de cuivre nécessaire à la production d'un kilo d'oxychlorure est de 572 grammes, et celle de l'acide chlorhydrique à 22°, de 500 à 510 gr. Mais il convient d'employer un grand excès de métal, lequel d'ailleurs s'utilise dans des opérations subséquentes.

Les prix de revient ci-après sont calculés d'après ces nombres :

Le kil. des matières employées coûtant :		Le kil. d'oxychlorure coûtera :
Cuivre.	Acide chlorhydrique.	
Fr. c.	Fr. c.	Fr. c.
2,00	0,20	1,25
2,50	0,20	1,55
2,00	0,40	1,35
2,50	0,40	1,65

§ 8. — SOUS-CHLORURE DE CUIVRE ET D'AMMONIAQUE.

Ce produit, dont la composition n'a pas été déterminée, s'obtient en traitant par l'ammoniaque une dissolution de bichlorure de cuivre jusqu'à ce que la liqueur cesse de se troubler. Dans cette opération, il se forme du chlorhydrate d'ammoniaque qui reste en dissolution, et un précipité de sous-chlorure de cuivre et d'ammoniaque, insoluble dans l'eau, mais soluble dans l'ammoniaque, et qui, par conséquent, se dissout en partie, si l'on emploie un excès d'alcali. Ce précipité, après avoir été lavé à grande eau et convenablement desséché, est en poudre très fine, d'un bleu clair, et inaltérable à l'air.

Les expériences auxquelles nous avons soumis ce composé nous ont donné des résultats tout à fait semblables à ceux obtenus par le moyen de l'oxychlorure de cuivre. Ce dernier corps étant à plus bas prix que le sous-chlorure de cuivre et d'ammoniaque, devra nécessairement être préféré au produit dont il est ici question.

§ 9. — PROTOCHLORURE DE MERCURE.

$$Hg^2,Cl.$$

Cette formule représente :

2 éq. de mercure métallique.............. 200
et 1 éq. de chlore......................... 35,5

dont la combinaison constitue l'éq. du protochlorure de mercure, soit. 235,5

Le protochlorure de mercure est aussi appelé *calomel,
calomélas, mercure doux*. Il s'obtient au moyen de plusieurs procédés. On peut se le procurer aisément en traitant du mercure métallique en excès par l'acide azotique,
puis en précipitant par l'acide chlorhydrique l'azotate
de mercure produit. Voici les formules de ces deux
réactions :

Ire Réaction.

Mercure.		Acide azotique.		Protoazotate de mercure.		Bioxyde d'azote.
$6Hg$	$+$	$4AzO^6$	$=$	$3Hg^2O,AzO^5$	$+$	AzO^2.

IIe Réaction.

Protoazot. de mercure.		Acide chlorhydriq.		Protochlor. de mercure.		Acide azotique.		Eau.
$3Hg^2,AzO^5$	$+$	$3HCl$	$=$	$3Hg^2,Cl$	$+$	$3AzO^5$	$+$	$3HO$.

En traduisant ces formules par des chiffres, on arrive
aux résultats suivants :

Ire Réaction.

$$\left\{ \begin{array}{l} \text{6 éq. de mercure} \\ \text{métallique...} \end{array} \right\} \quad 100 \times 6 = \qquad 600$$

et 4 éq. d'acide azotique, $54 \times 4 =$ 216

dont la somme totale s'élève à.................... 816

produisent par réaction :

3 éq. d'azotate de{ 1 éq. de protoxyde
protoxyde de mer-{ de mercure. 208
cure, formé de... (1 éq. d'acide. 54

$$262 \times 3 = 786$$

1 éq. de bioxyde d'a-(1 éq. d'azote. 14
zote, gaz formé de.. (2 éq. d'oxygène . . . 16 $= 30$

dont la somme est égale à celle des corps mis en présence, soit. 816

IIe Réaction.

3 éq. d'azotate de protoxyde de mercure. 786
et 3 éq. d'acide chlorhydrique, $36,5 \times 3 =$ 109,5

dont le nombre total s'élève à. 895,5

fournissent par leur décomposition réciproque :

3 éq. de protochlorure de mercure, dont la composition a été donnée en tête de cet article, soit $235,5 \times 3 =$ 706,5
3 éq. d'acide azotique. . . . . 54 $\times 3 =$ 162
et 3 éq. d'eau. . . . . 9 $\times 3 =$ 27

dont la proportion totale est égale à celle des corps réagissants ci-dessus, soit. 895,5

En résumé, l'on voit que, pour la production de 706,5 parties de protochlorure de mercure, il est nécessaire que 600 parties de mercure métallique, 216 parties d'acide azotique, et 109,5 parties d'acide chlorhydrique purs, entrent en réaction.

Nous avons négligé de mentionner dans les formules ci-dessus le véhicule nécessaire à leur réalisation, c'est-à-dire l'eau.

Passant de la théorie à la pratique, nous allons faire

connaître maintenant les moyens à employer et les précautions à prendre pour préparer un kilo de protochlorure de mercure. L'opération est simple et ne demande qu'un peu de soin.

PRÉPARATION.

Pour produire l'azotate neutre de protoxyde de mercure, il est nécessaire d'employer un excès de métal qui, par sa présence, maintient constamment le sel formé au premier degré d'oxydation. Ainsi, au lieu d'un poids de 863 gr. de mercure métallique qui, seul, est destiné à entrer en combinaison, on en prendra 1000 grammes. On met ce mercure dans un grand matras, puis on y verse 1012 gr. d'acide azotique à 25 degrés de l'aréomètre. Cette quantité doit contenir 304 gr. d'acide réel. On prépare d'avance cet acide faible en ajoutant à 596 gr. d'acide du commerce à 36 degrés, assez d'eau pour obtenir le degré voulu.

La dissolution du métal commence dès qu'il se trouve en contact avec l'acide; il se dégage aussitôt du bioxyde d'azote qui, à l'air, se change immédiatement en acide hypo-azotique. Il est donc utile d'opérer en plein air ou dans des conditions telles qu'on puisse éviter de respirer ce dernier gaz, parce qu'il est délétère. On entretient cette dissolution à l'aide d'une chaleur modérée. Lorsqu'on remarque que l'action de l'acide se ralentit, on active le feu sous le matras, de manière à porter la liqueur à l'ébullition. On la maintient ainsi jusqu'à ce qu'elle se colore en jaune, et qu'elle forme un dépôt de même couleur, lequel est composé d'azotate basique de protoxyde de mercure. A ce moment, la liqueur est neutre et ne contient point de sel bioxyde, à cause de son contact avec l'excès de mercure non décomposé qu'elle surnage. La présence du mercure étant toujours nécessaire pour empêcher le sel de se suroxyder, on verse alors le tout dans un vase de grès. On voit s'y former assez rapidement des cristaux blancs et aiguillés d'azotate de protoxyde de mercure. Pour les dissoudre, on verse dans le vase de l'eau aiguisée d'une très petite quantité d'acide azotique, avec laquelle on les triture. On décante la liqueur; on triture de nouveau le résidu avec de l'eau acidulée; on décante encore, et l'on continue ainsi jusqu'à ce que tout le sel ait disparu. Les liqueurs étant réunies, on y verse peu à peu de l'acide chlorhydrique dilué, jusqu'à ce qu'elles cessent de se troubler. Le précipité formé, qui est blanc et abondant, constitue le protochlorure de mercure. Il faut, pour faire cette précipitation, employer un léger excès d'acide chlorhydrique (à peu près 340 gr. d'acide du commerce à 22 degrés), lequel acide aura préalablement été étendu d'environ quatre fois son poids d'eau. Cette dernière condition est essentielle, parce que l'acide chlorhydrique, s'il n'était pas suffisamment dilué, attaquerait une partie du protochlorure formé, et le ferait passer à l'état de bichlorure qui entrerait en dissolution et serait perdu pour l'opérateur. Cette réaction se produit même ordinairement, et réduit ainsi, avec les pertes habituelles, le poids du protochlorure obtenu à 1 kilo, alors que les quantités des matières mises en réaction auraient dû fournir un poids plus élevé.

Le précipité une fois obtenu, on décante la liqueur surnageante, composée d'acide azotique très dilué et de l'excès d'acide chlorhydrique, et on le lave soigneusement à plusieurs reprises, d'abord à l'eau froide, puis à l'eau chaude, pour lui enlever toute trace d'acide. Enfin, après l'avoir fait égoutter, on le met sécher entre des feuilles de papier non collé. Il est bon que cette dessiccation se fasse le plus rapidement possible.

Le protochlorure de mercure ainsi préparé est une poudre blanche, excessivement fine, pesante, sans odeur, insoluble dans l'eau et l'alcool. La lumière le décompose et le change en un mélange de mercure et de bichlorure : aussi le conserve-t-on dans des vases opaques ou colorés en bleu foncé, s'ils sont en verre.

Le calomel a le défaut d'être d'un prix élevé, plus élevé encore qu'il ne paraît l'être, si l'on considère que son équivalent est extrêmement lourd, et que le volume que fournit un kilo de cette matière, par exemple, est bien restreint. Il est vrai que ce corps agit comme modérateur, en ralentissant la combustion des compositions dans lesquelles on l'introduit, ce qui fait une petite compensation au défaut précité ; mais, pour qu'il produise de bons effets, il faut généralement qu'il soit employé en forte proportion. Son principal mérite consiste ordinairement à foncer les couleurs, et il est juste de dire que, pour obtenir de belles colorations d'un vert foncé, nulle substance ne s'amalgame au chlorate de baryte aussi bien que le protochlorure de mercure.

Les prix de revient suivants sont calculés d'après un produit moyen de 980 grammes de protochlorure de mercure, au lieu d'un kilo.

Le kil. des matières employées coûtant :   Le kil. de calomel coûtera :

Mercure.	Acide azotique à 36°.	Acide chlorhydrique à 22°.	
Fr. c.	Fr. c.	Fr. c.	Fr. c.
6,00	0,80	0,20	5,90
6,50	0,80	0,20	6,33
7,00	0,80	0,20	7,78
6,00	1,00	0,40	6,11
6,50	1,00	0,40	6,55
7,00	1,00	0,40	7,01

§ 10. — BICHLORURE DE MERCURE.

$$Hg,Cl.$$

Cette formule représente :

1 éq. de mercure.......................	100
et 1 éq. de chlore........................	35,5
formant par leur combinaison l'équivalent du bichlorure de mercure, soit...................	135,5

Le bichlorure de mercure est un sel anhydre, transparent, d'un blanc satiné et d'une saveur âcre. Il est beaucoup plus soluble dans l'alcool que dans l'eau. On considère à juste titre ce sel comme un poison très violent. Nous n'en faisons mention ici que comme servant à la préparation du composé suivant, ce qui rendait sa formule nécessaire à connaître.

§ 11. — CHLORAMIDURE DE MERCURE.

$$HgCl,HgAzH^2.$$

Cette formule représente :

1 éq. de bichlorure de mercure............. 135,5
et 1 éq. d'amidure de mercure. 116

dont la combinaison constitue l'équivalent du
chloramidure de mercure, soit............... 251,5

Le chloramidure de mercure, corps employé depuis longtemps en médecine, est blanc et pulvérulent. Il est insoluble dans l'eau froide, mais l'eau bouillante le décompose en lui donnant une teinte jaune.

Nous nous servons avec succès de ce composé dans les feux verts et bleus. Il nous a surtout donné d'excellents résultats en lances, au sujet desquelles nous l'avons principalement étudié.

La préparation du chloramidure de mercure est des plus faciles : elle s'exécute en traitant le bichlorure de mercure par l'ammoniaque en dissolution.

L'équation suivante démontre la réaction.

PROPORTIONS RÉAGISSANTES.				PROPORTIONS PRODUITES.		
Bichlorure de mercure.	Ammoniaque.			Chlorhydrate d'ammoniaque.	Chloramidure de mercure.	
Formules.................. $2HgCl$	$+$	$2AzH^3$	$=$	AzH^3,HCl	$+$	$HgCl,HgAzH^2$
Nombres qu'elles représentent. 271		34		53,5		251,5

Somme des proportions réagissantes. 305   Sommes des proportions produites. 305

PRÉPARATION.

La préparation du chloramidure de mercure est une de celles qui donnent le moins d'embarras et s'accomplissent le plus promptement, en grandes comme en faibles proportions.

Comme opération de laboratoire, on peut traiter, par exemple, 100 grammes de bichlorure de mercure.

Afin d'obtenir une prompte dissolution de ce sel et pour éviter d'en respirer la poussière en le soumettant soi-même à la pulvérisation, on se le procure à l'état pulvérulent et on le fait dissoudre dans 1 lit. 50 cent. d'eau (eau distillée ou eau de pluie filtrée), en l'agitant avec une tige de verre.

Dans la dissolution, on verse peu à peu, et en agitant, un excès d'ammoniaque liquide à **21** ou **22°** (Baumé), soit **66** à **67** grammes (**72** à **73** centilitres). On laisse le dépôt de chloramidure se rassembler au fond du vase, et, par l'addition de quelques gouttes d'ammoniaque, on constate si le sel est précipité en entier.

On n'a plus qu'à jeter le tout sur un filtre de papier et à laver une ou deux fois le dépôt. Les liqueurs filtrées contiennent le chlorhydrate d'ammoniaque résultant de la réaction.

Le lendemain de l'opération, le filtre muni de son contenu est retiré de l'entonnoir; on laisse sécher la masse spontanément, ou bien l'on active la dessiccation du sel en le plaçant entre des doubles de papier buvard. 100 gr. de bichlorure de mercure donnent 92 à 93 grammes de chloramidure.

Pour se servir de ce composé, il est inutile de le pulvériser finement. On se contente de le mettre en poudre grossière, le chloramidure étant très friable et se divisant aisément dans les mélanges où il est introduit.

§ 12. — **FLUORURE DE CALCIUM.**

CaFl.

Cette formule représente :

1 éq. de calcium..........................	20
et 1 éq. de fluor.	19
dont la combinaison constitue l'éq. du fluorure de calcium, soit................................	39

Ce composé a reçu des minéralogistes le nom de *spath fluor*. Il est assez abondant dans la nature, où on le rencontre presque toujours accompagnant des filons de sulfate de baryte ou des minerais de plomb et de zinc. Nous en avons trouvé, dans le Bourbonnais, des fragments tout à fait incolores et transparents ; mais, le plus souvent, il possède une couleur jaune, et, d'autres fois, d'assez belles teintes violettes. Le plus pur se trouve en Allemagne, tandis que les divers gisements qui existent en France le fournissent en général combiné avec plus ou moins d'acide silicique.

L'extrême bon marché de cette substance, son inaltérabilité à l'air, son insolubilité dans l'eau, les propriétés connues du calcium, qui est une de ses parties constituantes, et l'analogie présumée du fluor avec le chlore et l'iode, nous avaient engagé, il y a longtemps, à faire quelques essais sur le spath fluor. On peut en obtenir de jolies étoiles lilas ; mais en lances il brûle mal, surtout s'il est siliceux, ce qui est assez fréquent.

Toutefois c'est un minéral qui nous a rendu service comme fondant dans une de nos compositions picratées, rouge, fort belle, fort éclatante et à grand reflet, que nous nous efforcions vainement d'utiliser. Chargée en cartouche, et même fortement comprimée, cette composition se consumait avec beaucoup trop de rapidité. Ralentie par une addition d'azotate de strontiane, elle brûlait bien sans compression, quoique trop vivement ; mais, en cartouche, la déflagration ne tardait pas a être obstruée par un résidu permanent et excessivement volumineux. Une petite quantité de fluorure de calcium, en rendant fusible le résidu de la composition, a permis à la flamme de jaillir de la cartouche avec toute sa splendeur.

§ 13. — FLUORURE DE SODIUM ET D'ALUMINIUM.

$$3\,NaFl,\,Al^2Fl^3.$$

Cette formle représente :

3 éq. de fluorure de sodium,
lequel fluorure est { 1 éq. de sodium.. 23
composé de. ... { 1 éq. de fluor..... 19

soit............................ $42 \times 3 = 126$
et 1 éq. de fluorure d'aluminium,
composé { 2 éq. d'aluminiun . 28
de........ { 3 éq. de fluor..... 57   = 85

dont la combinaison produit l'équivalent du fluorure double de sodium et d'aluminium, soit......... 211

Ce fluorure double, nommé par les minéralogistes *Kryolithe*, — de κρυος, *glace*, et λιθος, *pierre*, par allusion à la contrée où il a été découvert, — constitue un minéral qui était assez rare il y a vingt-cinq ans, mais qu'on peut se procurer sans difficulté, et même à bas prix, depuis la mise en pratique des procédés servant à la préparation de l'aluminum, procédés qui ont vulgarisé la kryolithe, comme aussi d'autres industries auxquelles cette substance a été depuis appliquée, et qui en consomment de grandes quantités.

Le Groënland paraît être, jusqu'ici, la seule contrée où l'on ait trouvé ce fluorure, et il y est encore abondant. Il se montre sous forme de masses laminaires, translucides, brillantes, blanches et quelquefois noirâtres, très fragiles, inaltérables à l'air. Sa poudre, qui se produit avec la plus grande facilité, est d'un blanc pur ; elle est complètement insoluble dans l'eau, propriété précieuse au plus haut degré pour les corps qu'utilise l'artificier.

C'est cette insolubilité surtout qui, vers la fin de l'année 1859, nous avait engagé à faire les expériences nécessaires pour donner au fluorure de sodium et d'aluminium accès en pyrotechnie ; car si plusieurs substances étaient déjà employées pour colorer en jaune divers artifices, aucune d'elles ne jouissait d'une aussi précieuse propriété. Introduit dans le domaine pyrotechnique au moment où allait être commencée l'impression de la première édition de ce livre, nos expérimentations sur ce corps étaient alors peu nombreuses. Il n'en est pas de même aujourd'hui : nous avons appliqué avec le plus grand succès la kryolithe à la confection des lances, des étoiles, et même des feux de Bengale, ainsi qu'on le verra plus loin.

Nous n'hésistons pas à dire que c'est la substance par

excellence pour les feux jaunes en général. Son emploi est surtout fort utile dans les compositions destinées à être conservées longtemps et à subir ainsi les diverses variations atmosphériques, notamment l'influence de l'humidité, car elle n'offre pas, comme l'òxalate et le bicarbonate de soude, l'inconvénient de ne pouvoir être mélangée avec les azotates de potasse, de baryte et de strontiane, sans être décomposée ; son inaltérabilité est la même, seule ou mélangée.

S'il arrivait que le gisement actuel du fluorure double de sodium et d'aluminium s'épuisât, l'industrie chimique pourrait préparer ce corps avec la plus grande facilité pour les besoins de l'artificier, par des procédés que nous n'avons pas à relater ici, puisqu'il est maintenant répandu abondamment dans le commerce des produits chimiques.

Ce composé contient 35,23 p. 100 de sodium, et non 18,28 p. 100, comme le porte par erreur la première édition de ce livre. Il est bon de l'employer en poudre très fine pour en obtenir les plus beaux effets ; cependant, comme il est très friable, après une convenable trituration au mortier, le tamisage n° 3 peut suffire.

CHAPITRE IV.

Sulfures.

______

§ 1er. — SULFURE D'ARSENIC OU RÉALGAR.

$$AsS^2.$$

Cette formule représente :

1 éq. d'arsenic.............................	75
et 2 éq. de soufre..........................	32
dont la combinaison produit l'éq. du bisulfure d'arsenic, soit................................	107

Il existe plusieurs combinaisons d'arsenic et de soufre. Celle-ci est ordinairement nommée *réalgar*, et s'emploie surtout dans les feux blancs.

Le réalgar possède une belle couleur rouge, Il est insoluble dans l'eau. On le trouve dans la nature, et on le produit artificiellement en distillant les pyrites arsenicales, ou même un mélange de soufre et d'acide arsénieux. Le sulfure d'arsenic, étant très vénéneux, doit être manié avec beaucoup de prudence. Il faut éviter de faire brûler dans des lieux clos les compositions qui contiennent cette substance, et toujours avoir soin de n'en pas respirer la fumée.

On le débite, dans le commerce, en morceaux ou en poudre. Quoique sous ce dernier état on soit moins assuré de sa pureté, il est préférable de le choisir pulvérisé, afin de s'éviter une opération toujours dangereuse, lorsque pour la pratiquer on n'a pas à sa disposition les instruments nécessaires. Il s'emploie en poudre n° 2.

Après une série d'essais sur le réalgar, nous nous sommes décidé à abandonner l'emploi de cette substance; premièrement, à cause de ses propriétés vénéneuses à un très haut degré et rendant cet emploi dangereux pour les ateliers; ensuite, parce que, avec l'antimoine et son sulfure mélangés, nous avons obtenu des blancs aussi purs que ceux pouvant être fournis par le réalgar.

§ 2. — SULFURE D'ANTIMOINE.

$$Sb^2S^3.$$

Cette formule représente :

2 éq. d'antimoine.	240
et 3 éq. de soufre.	48
constituant, par leur combinaison, l'éq. du proto-sulfure d'antimoine, soit.....................	288

Ce sulfure était appelé, par les anciens artificiers, *antimoine cru*, et même simplement *antimoine*. On pourrait le faire artificiellement en fondant dans un creuzet parties égales de soufre et d'antimoine métallique pulvérisés; mais comme il est très abondant dans le règne minéral, on trouve plus d'avantage à se servir du sulfure naturel.

Ce composé est d'un gris bleuâtre, brillant, lamelleux et très fragile. L'air, sec ou humide, est sans action sur lui; il sert principalement dans les compositions de flammes de Bengale, de lances et d'étoiles blanches. Il produit ordinairement un blanc moins pur que l'antimoine métallique; mais comme il est plus combustible que ce dernier et à bien plus bas prix, il est à juste raison très employé.

7

On le pulvérise, et on le passe au tamis n° 2, ou au tamis n° 3, selon les compositions auxquelles il est destiné.

§ 3. — PROTOSULFURE D'ÉTAIN.

SnS.

Cette formule représente :

1 éq. d'étain............................ 59
et 1 éq. de soufre 16
formant, par leur combinaison, l'équivalent du protosulfure d'étain, soit....................... 75

Il existe trois sulfures d'étain : celui qui vient d'être formulé ; un sesquisulfure Sn^2S^3 ; un bisulfure SnS^2.

Le protosulfure d'étain nous sert à varier agréablement les compositions jusqu'ici employées dans les pastilles. Il pourrait également être utilisé en lances et flammes de Bengale blanches, où ses effets seraient à peu près les mêmes que ceux du sulfure d'antimoine ; mais son prix, plus élevé que celui de ce dernier corps, empêche cet emploi.

Pour préparer le protosulfure d'étain, il suffit de chauffer de la grenaille d'étain avec un excès de soufre : soit 25 à 30 parties du soufre avec 60 parties de métal. Cette grenaille se fait très aisément en fondant l'étain dans une cuiller de fer et en laissant tomber à filet le métal fondu dans un baquet d'eau. Ordinairement on est obligé de pulvériser grossièrement la masse de sulfure obtenue et de la chauffer une seconde fois jusqu'à ce que le mélange soit entré en fusion.

On laisse refroidir le sulfure, on le pulvérise et on le passe au tamis n° 2.

§ 4. — SULFURE DE PLOMB.

PbS.

Cette formule représente :

1 éq. de plomb........................	103,50
et 1 éq. de soufre........................	16
dont la combinaison donne l'équivalent du sulfure de plomb, soit........................	119,50

Le sulfure de plomb se trouve dans la nature en filons quelquefois assez considérables, sous forme de cristaux lamellaires à facettes, d'un gris bleuâtre, brillants, à l'aspect métallique. On appelle ordinairement ce minerai *galène*, et, sous le nom d'*alquifoux*, les potiers de terre en font usage pour vernir leurs poteries.

La galène est fragile et se laisse aisément réduire en une poudre sur laquelle les divers états atmosphériques n'ont aucune action.

Le sulfure de plomb peut se préparer artificiellement en faisant agir une partie de soufre sur trois ou quatre parties de plomb en grenaille. Ces deux corps se combinent avec une vive ignition. Mais la galène étant à bas prix dans le commerce, il est inutile de se donner la peine de la produire ainsi lorsqu'on veut s'en servir.

Nous employons cette substance dans les pastilles, où elle fournit des effets qui ont quelque analogie avec ceux du sulfure d'antimoine. On pourrait même l'employer en étoiles, ainsi qu'en flammes de Bengale blanches, — nous l'avons constaté dans des formules spéciales,

— mais ce nouvel emploi n'offrirait pas d'avantage à l'artificier ; c'est ce qui nous a engagé à ne pas publier ces compositions.

§ 5. — PROTOSULFURE DE CUIVRE.

$$Cu^2S.$$

Cette formule représente :

2 éq. de cuivre........................	64
et 1 éq. de soufre........................ ..	16
formant, par leur combinaison, l'éq. du protosulfure de cuivre, soit........................	79

Pour produire ce sulfure, il ne faut pas opérer sur des quantités proportionnelles à celles des nombres précédents ; on doit employer un excès de soufre, à cause de la volatilisation d'une partie de ce dernier corps, volatilisation qui s'effectue pendant l'opération. Ainsi, en supposant que l'on opère sur 800 grammes de cuivre métallique, on devra faire agir sur ce métal au moins 350 à 400 p. de soufre.

PRÉPARATION.

On se procure du cuivre en tournures ou en plaques minces que l'on peut ensuite couper en menus fragments à l'aide de cisailles. On remplit un creuset de terre de couches alternatives de cuivre et de soufre. On tasse bien la masse ; on recouvre le creuset de son couvercle, et on l'expose à un feu ardent, de manière à le faire rougir à blanc, et à lui faire conserver cette chaleur pendant un quart d'heure environ, ou même davantage si l'on se sert d'un grand creuset. La combinaison a lieu avec dégagement de lumière, et, selon la température à laquelle on a opéré, on obtient le sulfure sous forme de scories, ou bien en un culot d'un gris noirâtre faiblement métallique. On laisse refroidir le creuset avant de l'ouvrir, afin d'éviter la production d'une certaine quantité de sulfate de cuivre qui pourrait se former par l'action de l'air sur le sulfure incandescent.

En opérant comme il vient d'être dit, on n'obtient pas du protosulfure de cuivre pur ; la masse contient toujours une certaine quantité de métal échappée à la combinaison, et qui s'y trouve à l'état de mélange seulement. Si l'on désirait se procurer du cuivre complètement sulfuré, il faudrait, après avoir finement pulvérisé ce premier produit, le faire chauffer une seconde fois avec une quantité de soufre égale à celle déjà employée. Mais le sulfure impur, obtenu par la méthode qui vient d'être décrite, convient parfaitement, tel qu'il est, pour l'usage auquel on le destine. Ce sulfure se laisse facilement pulvériser dans un mortier en fer. C'est un bon combustible ; cependant il communique généralement trop de vivacité aux compositions chloratées. Par ce motif, il est meilleur à employer en étoiles qu'en lances. Son pouvoir colorant a peu d'intensité, si ce n'est quand la composition renferme du protochlorure de mercure, du chlorhydrate d'ammoniaque, ou une faible proportion de chlorure de plomb. C'est surtout dans les lilas et dans les violets qu'on peut l'utiliser avec le plus de succès.

Le protosulfure de cuivre est inaltérable à l'air et insoluble dans l'eau. Ces deux qualités, ajoutées à celles que nous venons d'énumérer, auraient pu rendre son emploi assez avantageux, sans la supériorité que possèdent sur lui l'oxychlorure de cuivre, corps dont il a été précédemment question, ainsi que d'autres composés qu'on trouvera décrits plus loin.

Prix de revient :

Le kilo de matières employées coûtant :		Le kilo de sulfure de cuivre coûtera :
Cuivre :	Soufre :	
Fr. c.	Fr. c.	Fr. c.
2,50	0,50	2,75
3,00	0,50	3,25
3,50	0,50	3,75

Il existe divers sulfures de cuivre contenant des proportions de soufre doubles, triples, etc., de celles qui sont nécessaires pour former le protosulfure. Ces composés sont insolubles, et se préparent en précipitant des dissolutions de sels de bioxyde de cuivre par l'acide sulfhydrique ou par les sulfures alcalins.

Il faut bien se garder de les introduire dans les mélanges chloratés, parce qu'ils s'altèrent au contact de l'air, absorbent de l'oxygène et se transforment en sulfate de cuivre.

CHAPITRE V.

Azotates.

Les azotates sont les sels résultant de l'action de l'acide azotique sur les bases. On les nomme encore *nitrates* dans quelques traités de chimie, mais le nom d'azotate a prévalu comme plus rationnel. Quelques-uns de ces sels sont connus depuis fort longtemps, leurs propriétés ayant appelé l'attention à plus d'un titre.

Tous les azotates fusent lorsqu'on les projette sur des charbons incandescents ; c'est là un de leurs principaux caractères.

Il existe des azotates neutres, c'est-à-dire qui contiennent un équivalent de base pour un équivalent d'acide, et des azotates basiques renfermant deux, trois, quatre et même six fois plus de base que les azotates neutres. On ne connaît pas d'azotates acides. Les azotates basiques en contact avec l'acide azotique deviennent neutres et restent tels même en cristallisant dans cet acide à l'état concentré.

Tous les azotates neutres se dissolvent dans l'eau en proportion plus ou moins considérable. Neutres ou basiques, ils sont décomposables par la chaleur. Chauffés avec du charbon, et même avec d'autres matières combustibles, ils déflagrent et souvent produisent une détonation.

Les azotates ont de tout temps constitué la principale base de l'art pyrotechnique. Nous n'allons nous occuper que de ceux de ces sels qui intéressent l'artificier.

§ 1er. — AZOTATE DE POTASSE.

$$KO, AzO^5.$$

Cette formule représente :

1 éq. de potasse	47
et 1 éq. d'acide azotique	54
dont la combinaison constitue l'éq. de l'azotate de potasse, égal à	101

Ce sel, connu depuis fort longtemps, a reçu différents noms. On l'a appelé et souvent on l'appelle encore *nitre*, *salpêtre, sel de nitre, nitrate de potasse.* Ses cristaux sont blancs, demi-transparents, et ne contiennent pas d'eau de cristalisation proprement dite, mais seulement une petite quantité d'eau interposée. Leur saveur est fraîche, amère et un peu piquante.

L'azotate de potasse est soluble dans l'eau ; beaucoup plus à chaud qu'à froid. Voici quelques degrés de solubilité de ce sel empruntés à M. *Gay-Lussac :*

100 p. d'eau à   0° dissolvent 13,3 p. d'azotate de potasse.
—   à + 15   —   24,32   —
—   à + 24   —   38,4   —
—   à + 50,7   —   97,7   —
—   à + 79,7   —   109,7   —
—   à + 97,7   —   236,0   —

Un litre d'une dissolution aqueuse d'azotate de potasse, saturée à + 15 degrés, contient :

Azotate.	Eau.
221,90 gr.	912,13 gr.

La densité de cette dissolution est de 1134,03.

L'azotate de potasse est soluble dans cinquante fois son poids d'alcool bouillant.

Le salpêtre ne s'altère pas à l'air, à moins que ce dernier ne soit excessivement chargé d'humidité. Lorsqu'on le soumet à l'action du feu, il entre en fusion entre 300 et 350 degrés, et donne, en se refroidissant, une masse compacte, opaque, connue sous le nom de *cristal minéral*, laquelle se laisse facilement pulvériser. Les anciens artificiers attribuaient au cristal minéral des propriétés supérieures à celles du salpêtre préparé de toute autre manière : aussi l'employaient-ils dans les pièces qu'ils voulaient plus particulièrement soigner. Ce qui pouvait jusqu'à un certain point justifier cette préférence, c'est que le cristal minéral est tout à fait privé d'eau ; qualité presque indispensable à la bonne confection des artifices. Mais, comme il est un moyen plus facile de priver le salpêtre de son eau d'interposition, on a généralement renoncé à transformer ce sel en cristal minéral, si ce n'est en Angleterre, où, ainsi préparé, il sert encore, dit-on, à la fabrication de la poudre à tirer. En France, soit pour cette destination, soit pour les besoins de l'artificier, on se contente de mettre l'azotate de potasse dans une chaudière avec une petite quantité d'eau. Cette chaudière est placée sur un feu doux qu'on augmente jusqu'à l'ébullition de la liqueur. L'eau s'évapore peu à peu, pendant qu'on agite constamment le sel au moyen d'une spatule de bois. A mesure que la matière s'épaissit, on diminue l'intensité du feu, et on active l'action de la spatule, jusqu'à ce que l'azotate de potasse soit réduit en une poudre fine et bien sèche, qu'on a nommée *salpêtre en farine* ou *salpêtre en neige*. On se hâte, avant qu'il soit tout à fait refroidi, de le passer au tamis de soie n° 3, et de le renfermer dans des caisses en bois, et même dans des vases en verre, si l'on tient à le conserver très sec.

L'azotate de potasse est une des trois matières qui constituent la poudre à tirer. Ce sel n'est guère employé dans les mélanges colorants que pour produire les feux blancs de toutes sortes, étoiles, lances et flammes de Bengale. L'artificier devra mettre tous ses soins à se le procurer dans le meilleur état de pureté possible, car les préparations ci-dessus décrites de cristal minéral et de salpêtre en farine ne le purifient en aucune manière, si ce n'est en le purgeant de son humidité. Tel qu'il sort des fabriques, il contient assez souvent une certaine quantité de chlorure de sodium (sel marin), qui nuit à ses qualités, et dont on ne peut le séparer économiquement que par des procédés qui ne sauraient avoir leur place ici. On les trouvera décrits dans les ouvrages spéciaux, si l'on tient à les connaître. Nous nous bornons à rappeler, d'une manière générale, que c'est au moyen de cristallisations successivement répétées, deux ou plusieurs fois, selon les degrés d'impureté des composés salins, que s'effectue la purification de la plupart de ces corps, et que cette méthode est parfaitement applicable à la purification de l'azotate de potasse en particulier.

Depuis quelques années, le commerce livre l'azotate de potasse à un degré de pureté suffisant pour les besoins de l'artificier, sous la forme de très petits cristaux. Le salpêtre ainsi préparé porte le nom de salpêtre en neige. Pour donner à cet azotate les degrés de ténuité nécessaires à ses divers emplois, au lieu de le soumettre à l'action du pilon, nous le triturons au tonneau. Ce procédé rend la pulvérisation du salpêtre, — lequel doit être mis bien sec dans le baril, — plus facile et beaucoup plus prompte que tout autre moyen.

§ 2. — AZOTATE DE SOUDE.

$$NaO, AzO^5.$$

Cette formule représente :

1 éq. de soude........................... 31

et 1 éq. d'acide azotique.................... 54
___

dont la combinaison constitue l'éq. de l'azotate de

soude, soit............................ 85
___

L'azotate de soude est connu dans le commerce sous les noms de *nitrate de soude*, de *salpêtre des mers du Sud*. Ce sel est blanc et ne contient point d'eau de cristallisation. Ses cristaux sont des prismes rhomboïdaux, dont la saveur est fraîche, piquante et amère. Malheureusement il attire l'humidité de l'air, ce qui restreint son emploi en pyrotechnie, et empêche qu'il puisse servir à la fabrication de la poudre à canon, dans laquelle, sans son hygrométricité, il remplacerait parfaitement l'azotate de potasse. Si, par ce même motif, il n'est pas susceptible d'être employé dans les feux d'artifice en grand, il n'en est pas de même de la petite pyrotechnie : aussi n'avons-nous pu nous résoudre à le mettre tout à fait de côté, parce qu'il est à très bas prix, et que, en été, on peut en tirer bon parti.

Nous espérons donc que les amateurs surtout nous sauront quelque gré de leur donner les résultats des expériences que nous avons faites sur ce sel, notamment pour les pastilles, où il sert à varier très agréablement les feux par la belle couronne jaune qu'il produit. Au *livre* qui traite des pastilles, nous signalons principalement une composition, remarquable par cette couronne contrastant d'une manière charmante avec les paillettes argentées qui en jaillissent.

Afin de produire cette flamme jaune, nous avons essayé d'introduire dans des compositions faites au poussier ordinaire des quantités plus ou moins considérables d'azotate de soude. Des explosions instantanées ont constamment suivi l'inflammation de la matière chargée dans les tubes ordinaires des pastilles. Le tartrate de soude a donné des résultats semblables, quoique moins violents. Pour obvier à cet empêchement, nous avons été obligé de préparer du poussier dans lequel le salpêtre ordinaire est en entier remplacé par l'azotate de soude. Nous avons ainsi atteint le but désiré, et cela avec d'autant plus de satisfaction que les pastilles étant de très petits artifices, on peut fort aisément les conserver en lieu sec.

S'il arrivait qu'un amateur, dans une petite localité, n'eût pas d'azotate de soude à sa disposition, et désirât se servir de ce sel, il lui serait facile de le préparer en faisant une dissolution de carbonate de soude dans laquelle il verserait peu à peu, en agitant sans cesse la liqueur, et jusqu'à cessation d'effervescence, de l'acide azotique préalablement étendu de son volume d'eau. Il n'y aurait plus qu'à faire concentrer la liqueur pour qu'elle laissât déposer des cristaux d'azotate de soude. On achèverait la dessiccation du sel exactement de la même manière que se prépare le salpêtre en neige. C'est toujours sous cet état que doit se trouver l'azotate de soude pour être employé. On n'oubliera pas que, étant hygroscopique, il faut, pour le conserver, le mettre dans des flacons munis de leurs bouchons et surtout le déposer en un lieu sec.

Sa solubilité dans l'eau a, pendant longtemps, été mal connue. C'est à M. Malaguti que l'on doit de l'avoir déterminée. D'après ce chimiste,

100 p. d'eau à + 1,5 dissolvent 73,27 p. de ce sel.
—   + 11,5   —   77,70   —
—   + 17,9   —   85,00   —
—   + 45,0   —   114,44   —
—   + 119,0   —   216,83   —

§ 3. — AZOTATE DE BARYTE.

$$BaO, AzO^5.$$

Cette formule représente :

1 éq. de baryte...................... 76,50
et 1 éq. d'acide azotique................... 54
<hr>
lesquels constituent, par leur combinaison, l'éq. de l'azotate de baryte, soit................. 130,50

C'est principalement avec cette substance que l'on obtient les feux colorés en vert. Il nous a fallu chercher longtemps pour trouver des compositions économiques à base d'azotate de baryte. Le pouvoir colorant de ce sel étant d'une faible intensité, il y avait réellement de la difficulté à surmonter pour arriver aux résultats que nous désirions. A force d'essais et de patience, nous sommes enfin parvenu à préparer avec l'azotate de baryte des lances, des étoiles et des flammes de Bengale d'un beau vert et possédant un vif éclat.

Au surplus, nous n'hésitons pas à croire que le mode

de préparation dont se servent aujourd'hui les fabricants de produits chimiques pour obtenir l'azotate de baryte est la principale cause de la difficulté qu'on éprouve à produire de beaux verts avec ce sel. En effet, comme moyen économique, ils se contentent généralement de décomposer par l'azotate de soude le sulfure de baryum produit par la calcination d'un mélange de charbon et de sulfate de baryte. Une double réaction a lieu; il se forme de l'azotate de baryte peu soluble qui cristallise par le refroidissement de la liqueur, et du sulfure de sodium qui reste dans l'eau mère. Mais, ainsi qu'on le verra au chapitre des observations qui termine ce *livre*, — et nous ne cesserons de le répéter toutes les fois que s'en présentera l'occasion, — un des premiers soins de l'artificier doit être d'exclure les sels de soude de ses manipulations, chimiques ou autres, lorsqu'il s'agira des feux colorés, quelle que soit leur nuance, à l'exception des jaunes. Il faudrait plusieurs cristallisations répétées pour parvenir à purger l'azotate de baryte préparé par cette méthode, d'une certaine quantité du sel de soude dont il est souillé, et encore n'obtiendrait-on peut-être pas ainsi une complète élimination de l'élément sodique.

Nous sommes persuadé que, avec de l'azotate de baryte produit sans l'intervention de l'azotate de soude, soit en traitant directement l'acide azotique par la baryte, devenue aujourd'hui un produit industriel, soit simplement par l'action de l'azotate d'ammoniaque sur le chlorure de baryum, l'artificier obtiendrait des nuances vertes autrement belles que celles qui, généralement, frappent nos regards dans les spectacles pyrotechniques.

La coloration verte que fournit l'azotate de baryte, en lances principalement, est très délicate, très altérable. Il est donc indispensable, pour l'obtenir satisfaisante, bien déterminée, de n'employer qu'un azotate barytique pur. C'est en fabriquant nous-même cet azotate au moyen du chlorure de baryum et de l'azotate d'ammoniaque que nous avons pu, par des essais comparatifs, nous assurer de la supériorité de notre azotate sur ceux du commerce.

Afin de remédier aux défectuosités des azotates de baryte tels qu'ils sont en général livrés par les fabricants, nous allons indiquer un procédé de purification facile, n'exigeant que peu de soins, et qui est applicable à de grandes comme à de petites quantités de sel.

L'azotate de baryte étant pulvérisé et passé aux tamis n⁰ 2 ou 3, on le dépose dans un entonnoir de verre qu'on remplit jusqu'à trois centimètres du bord environ, après avoir eu la précaution d'oblitérer en partie la naissance de la douille de cet entonnoir avec un fragment de silex ou de toute autre pierre dure.

Sur l'azotate ainsi disposé on verse de l'eau distillée, ou simplement de l'eau de pluie ou de neige filtrée, de manière à imbiber la poudre et à en emplir l'entonnoir. On n'a plus qu'à laisser au temps le soin d'achever l'opération. L'eau s'égoutte peu à peu, chargée des impuretés de l'azotate et d'une faible partie du sel, lequel, comme on va le voir plus bas, est très peu soluble à froid.

Dès le lendemain, on verse le contenu de l'entonnoir, soit sur des feuilles de papier buvard, soit dans des vases plats, jusqu'à ce que le sel s'y soit spontanément desséché. Ce résultat une fois atteint, l'azotate se laisse aisément diviser ; sa poudre ne se prend pas en masse comme celle du même sel qui n'a pas été soumis à ce lavage, et l'on obtient des feux verts qui ne laissent rien à désirer : on s'en convaincra en se servant de nos formules.

Nous n'entrons pas dans les détails de la préparation de l'azotate de baryte, parce qu'elle ne peut être avantageusement effectuée que dans les fabriques de produits chimiques, où ce sel est d'ailleurs livré à bas prix.

Les cristaux d'azotate de baryte sont des octaèdres réguliers. Ils ne contiennent point d'eau combinée, mais seulement un peu d'eau interposée : aussi faut-il, avant de les pulvériser, les faire bien sécher au soleil ou sur un feu doux. On peut, sans inconvénient, exposer l'azotate de baryte aux diverses influences atmosphériques ; il ne s'altère aucunement, même dans un air très humide, qualité précieuse pour les compositions dans lesquelles on le fait entrer. Cela s'explique par son peu de solubilité dans l'eau froide.

100 parties d'eau en dissolvent	5,00 parties à	0°
—	—	—	7,94 .... +	15
—	—	—	17,00 .... +	49
—	—	—	29,60 .... +	56
—	—	—	35,18 .... +	101,65

L'azotate de baryte est insoluble dans l'alcool et dans l'acide azotique concentré.

Un litre d'une dissolution aqueuse d'azotate de baryte, saturée à + 15 degrés, contient :

Azotate.	Eau.
78,26	985,70

La densité de cette dissolution est de 1063,96.

§ 2. — AZOTATE DE STRONTIANE CRISTALLISÉ.

$$StO,AzO^5,5HO.$$

Cette formule représente :

1 éq. de strontiane........................	51,75
1 éq. d'acide azotique.....................	54
et 5 éq. d'eau de cristallisation...............	45

formant l'éq. de l'azotate de strontiane cristallisé,
soit 150,75

Cette formule est celle de l'azotate de strontiane tel
qu'il est livré par les fabriques de produits chimiques.

Ce sel est tellement connu des artificiers, qu'il est presque superflu d'ajouter que ce n'est pas sous cet état qu'il
entre dans les compositions des feux colorés. Chacun sait,
en effet, qu'il faut, avant de l'employer, le priver de son
eau de cristallisation en le faisant fondre, et en le traitant à peu près de la même manière que celle par
laquelle on prépare le salpêtre en farine. Pour avoir l'équivalent de l'azotate de strontiane anhydre, il suffit de
retrancher du total ci-dessus 150,75, le nombre 45 représentant le poids de l'eau de cristallisation ; on trouve
le nombre 105,75, c'est-à-dire le poids du sel privé
d'eau.

Nous citons ici quelques expériences par nous faites
pour étudier l'hygrométricité de l'azotate de strontiane.

1322 grammes d'azotate de strontiane anhydre, représentant, à une fraction près, douze équivalents et demi de ce sel, ont été exposés à l'action de l'air dans un lieu humide.

Le lendemain, le poids s'élevait à. . . . . 1380 gr.

Il était le surlendemain de. . . . . 1448 id.
et avait ainsi absorbé plus de 13 équivalents d'eau, c'est-à-dire plus d'un équivalent par équivalent de sel anhydre. Il est à remarquer qu'avant cette absorption, le sel paraissait un peu humide au toucher, et que, dès ce moment, il a eu l'apparence d'une poudre très sèche.

Le jour suivant, le poids s'est élevé à. . . 1488 id.

Vingt-quatre heures après, il était de. . . 1536 id.
et paraissait toujours sec au toucher. S'il avait pesé 1548, l'absorption de l'eau aurait été de deux équivalents par équivalent de sel anhydre.

Nous avons alors exposé cet azotate au soleil pendant quelques heures; son poids s'est réduit à . . . . 1359 id.

Enfin, placé dans un appartement clos et non chauffé (l'expérience a été faite en hiver), ce dernier poids a augmenté pendant sept jours, peu à peu, et le huitième il s'est trouvé de . . . . 1435 id.

Ce poids, sauf une fraction, représente celui des 12 équivalents 1/2 d'azotate anhydre soumis à l'expérience unis à autant d'équivalents d'eau.

Il suit de là que, dans un air contenant peu d'humidité, ce sel, après avoir été desséché, ne reprend qu'assez lentement un équivalent d'eau, et se maintient assez bien en cet état. On sait d'ailleurs que, dans une atmosphère très chargée de vapeur aqueuse, l'azotate de strontiane absorbe une plus grande quantité d'eau que celle qui lui est utile pour cristalliser, et qu'il peut même se résoudre en liquide, surtout s'il est divisé et en contact avec d'autre corps, solubles ou insolubles, qui agissent alors d'une manière toute catalytique ; tandis que, au contraire, le sel cristallisé, exposé à un air sec, s'effleurit, c'est-à-dire perd une portion de son eau de cristallisation, laquelle portion peut aller même au delà des quatre cinquièmes.

On voit d'après ce qui précède que si l'azotate de strontiane desséché du commerce a été réellement rendu anhydre par le fabricant, c'est néanmoins muni d'un équivalent d'eau, soit 7 à 8 p. 100, — plus ou moins selon l'état de l'atmosphère, — qu'il en est fait usage par l'artificier. Dans les formules de nos compositions, nous nous bornons à désigner le sel ainsi préparé sous la simple dénomination d'azotate de strontiane.

Nous avons fait de nombreuses tentatives pour paralyser l'hygrométricité de l'azotate de strontiane, sinon pour lui enlever en entier cette propriété, qui est inhérente à sa nature. Nous avons cherché à préparer un sous-azotate que nous supposions devoir être insoluble ; nous avons voulu produire des sels doubles, neutres ou basiques : aucun de ces essais ne nous a réussi. Il nous a été possible seulement, au moyen d'un alcoolé de résine-laque, dont on trouvera ailleurs la formule et le mode d'emploi, d'arriver à préserver, pendant un certain temps, quelques compositions à base d'azotate de strontiane, de l'action ordinaire de l'air humide. Mais cette action finit par se manifester, et cela est fàcheux, car, bien qu'avec le carbonate ou le sulfite de strontiane on puisse composer de fort beaux feux rouges, il nous semble impossible d'obtenir, au moyen de ces derniers sels, l'éclatante splendeur qui accompagne la déflagration de l'azotate.

L'azotate de strontiane se prépare en traitant par l'acide azotique le sulfure de strontium préalablement obtenu par la calcination, en vase clos, d'un mélange de sulfate de strontiane et de charbon.

Sous l'influence simultanée de l'acide azotique, et du sulfure de strontium, les éléments de l'eau, se séparent : l'oxygène se porte sur le strontium, qui passe à l'état d'oxyde et se combine alors avec l'acide azotique en formant l'azotate de strontiane, tandis que l'hydrogène s'unit au soufre, et constitue l'hydrogène sulfuré ou acide sulfhydrique.

L'azotate de strontiane cristallise en gros octaèdres ou prismes irréguliers, transparents et incolores, renfermant cinq équivalents d'eau de cristallisation, ou environ 30 p. 100. Il est soluble dans cinq fois son poids d'eau froide, et dans moins de son poids d'eau bouillante. L'alcool ne se dissout pas. Pour l'employer, on le met dans un vase de fonte émaillée que l'on place sur un feu doux ; bientôt le sel se sépare de son eau de cristallisation à l'état anhydre. On agite la masse jusqu'à ce que toute l'eau soit évaporée. L'azotate, pendant cette opération, se réduit en une poudre plus ou moins fine ; on la passe rapidement au tamis n° 3 ; on pulvérise ce qui est resté sur le tamis ; on le fait de nouveau dessécher, et on continue ainsi jusqu'à ce que l'on ait tamisé la totalité du sel.

Cette manipulation doit être faite avec célérité, — le tamisage particulièrement, — surtout si on opère par un temps humide, afin que la poudre saline reste le moins possible en contact avec l'air ambiant.

§ 5. — AZOTATE DE PLOMB.

$$PbO, AzO^5.$$

Cette formule représente :

1 éq. d'oxyde de plomb.................... 111,5
et 1 éq. d'acide azotique.................... 54

dont la combinaison constitue l'équivalent de l'azotate de plomb, soit........................ 165,5

L'azotate de plomb est blanc. Ses cristaux sont des octaèdres réguliers, ordinairement opaques, quelquefois transparents. Ils ne contiennent point d'eau de cristallisation, mais seulement un peu d'eau interposée. Ils sont insolubles dans l'alcool.

Un litre d'une dissolution d'azotate de plomb, saturée à $+$ 15 degrés, contient :

Azotate.	Eau.
461^{gr},48	928^{gr},58

La densité de cette dissolution est de 1390,07.

L'azotate de plomb est encore plus soluble dans l'eau bouillante. Malgré sa grande solubilité, ce sel se maintient très bien à l'air sans altération, et les compositions dont il fait partie se conservent parfaitement lorsqu'on a eu soin surtout de ne l'employer que bien desséché par la méthode qui va plus loin être indiquée.

L'azotate de plomb, connu dans l'ancienne nomenclature sous le nom de *nitrate de plomb*, n'était guère employé en pyrotechnie que pour préparer la mèche ou corde à feu, lorsque quelques expériences de M. *Chertier* sont venues lui assigner dans cet art une place des plus intéressantes. Il sert particulierement à faire brûler les limailles de fer et d'acier, la fonte, la filière, avec un éclat extraordinaire et une supériorité qu'on n'avait pu jusqu'alors obtenir au moyen du salpêtre ou du poussier de poudre. Grâce à ce sel, les pastilles sont les plus jolis petits artifices qui se puissent voir. Aussi, tant pour leur confection que pour la préparation de la *pluie d'argent*, sans mentionner ses autres emplois, l'azotate de plomb est-il un corps que nous considérons aujourd'hui comme indispensable à l'artificier.

Bien qu'il ne soit pas difficile de se procurer ce sel, nous ne voulons pas passer sous silence une des manières les plus usuelles de le préparer. Les éléments dont il se compose se trouvent partout, et l'opération se fait avec la plus grande facilité.

On pourrait se servir de plomb métallique pour la production de l'azotate de plomb, mais il est préférable d'employer la litharge (oxyde de plomb), qui est plus facilement attaquée par l'acide azotique,

L'équation suivante exprime la réaction :

$$PbO + AzO^5 = PbO,AzO^5.$$

En traduisant ces formules par les nombres proportionnels dont elles sont la représentation, on voit que PbO, — ou 111,5 parties d'oxyde de plomb, — et AzO⁵, — c'est-à-dire 54 parties d'acide azotique, — produisent en se combinant, PbO,AzO⁵, — soit 165,5 parties d'azotate de plomb, représentant l'équivalent de ce sel. Cette réaction est de toute simplicité : l'acide azotique dissout l'oxyde et le sel est formé.

Quelque facile que soit l'opération, il est utile d'en donner les détails afin, de la rendre praticable aux mains les moins exercées.

PRÉPARATION.

Pour obtenir un kilo d'azotate de plomb, il convient d'employer :

Oxyde de plomb ou litharge pulvéri-
sée . . . . 700 grammes
Acide azotique à 36° . . . . 662 id.
On étend l'acide avec eau . . . . 2,500 id.

On met le tout dans un vase de fer émaillé ou dans une capsule de porcelaine que l'on place sur un feu doux. L'oxyde se dissout peu à peu, surtout si l'on a soin d'agiter la liqueur ; on se sert à cet effet d'une tige de verre ou même de bois dur.

S'il arrivait que dans cette opération toute la litharge ne fût pas dissoute, on devrait en conclure que l'acide employé n'était pas au degré voulu et ne contenait pas, par conséquent, la proportion nécessaire d'acide réel ; on ajouterait, dans ce cas, assez d'acide à la dissolution pour que tout l'oxyde de plomb fût dissous.

Si l'on veut obtenir l'azotate de plomb à l'état cristal- lisé, on filtre la dissolution pendant qu'elle est encore chaude, au papier sans colle, dans un entonnoir de verre ou de grès. On la remet dans le vase, qu'on place de nouveau sur le feu, et on la concentre en la faisant chauffer jusqu'à ce que quelques cristaux se forment à sa surface. On retire alors le vase du fourneau ; le sel se dépose par le refroidissement de la liqueur. On décante l'eau mère, on lave les cristaux avec une très petite quantité d'eau, en employant pour cela le moins de temps possible, — quelques secondes seulement, — afin de ne pas donner au sel le temps de se dissoudre. On n'a plus qu'à laisser égoutter les cristaux pendant une ou deux heures, puis on achève de les dessécher entre des feuilles de papier sans colle, ou plus simplement dans un lieu sec, étendus sur des vases plats.

Mais, pour les besoins de l'artificier, l'opération se termine différemment, avec plus de célérité et moins d'embarras. La dissolution de l'oxyde de plomb une fois obtenue, on fait réduire la liqueur en la mettant sur un feu convenable et sans avoir besoin de la filtrer. On peut en commençant la laisser bouillir, mais dès qu'elle s'épaissit on diminue le feu. On voit le sel se déposer ; on l'agite alors en tous sens avec une spatule ; l'eau s'évapore rapidement, et l'on n'a plus qu'à achever la dessiccation de la masse saline en l'agitant sans cesse, jusqu'à ce que, se trouvant réduite en une poudre grossière et d'un blanc sale, elle commence à laisser exhaler des vapeurs rutilantes d'une odeur suffocante. On se hâte, à ce moment, de retirer le vase du feu et de laisser refroidir le sel, qui se trouve dès lors tout à fait propre à être employé, après avoir été, toutefois, pulvérisé et passé au tamis n° 2, s'il est destiné aux compositions de feux colorés, et passé seulement au tamis n° 3, s'il doit entrer dans la préparation des poussiers plombiques.

Si l'artificier, au lieu de se livrer lui-même à la préparation de l'azotate de plomb, se le procure chez le fabricant de produits chimiques, nous lui conseillons, avant de l'employer, de le pulvériser de manière à être passé au tamis n° 6, et de l'étaler entre des feuilles de papier sans colle dans un lieu humide ; l'eau plus ou moins acide que contient toujours cet azotate humecte le papier, qu'on renouvelle jusqu'à ce qu'il reste sec. Pour achever de dessécher le sel, on le traite sur le feu, comme nous l'avons déjà dit, jusqu'à ce qu'il s'en exhale des vapeurs piquantes.

La dessiccation complète de l'azotate de plomb est indispensable pour l'usage pyrotechnique, nous ne saurions trop le répéter. En effet, bien que le sel cristallisé soit anhydre, c'est-à-dire sans eau de constitution, les cristaux ainsi que leurs fragments renferment toujours une certaine quantité d'eau acide interposée : c'est là une particularité inhérente à la nature de ce composé. Une telle eau doit être éliminée, faute de quoi les limailles métalliques avec lesquelles l'azotate de plomb est destiné à être mis en contact seraient rapidement oxydées, tandis que les poussiers plombiques préparés avec l'azotate de plomb bien desséché n'altèrent plus les parcelles de métal qu'avec une extrême lenteur, comme en pourra juger le lecteur par les expériences que nous avons faites à ce sujet, et qu'il trouvera consignées à l'article intitulé *Pluie d'argent*.

On devrait obtenir avec les proportions d'oxyde de plomb et d'acide indiquées un peu plus d'un kilo d'azotate de plomb ; mais comme, dans ses sortes d'opérations, il y a toujours des pertes presque inévitables dépendant de l'impureté de la litharge, de la filtration, etc., etc., les prix de revient suivants sont établis sur un produit de

1000 grammes seulement. On a omis à dessein, dans le calcul de ces prix, ainsi que dans tous ceux qui accompagnent les diverses préparations que renferme ce livre, les frais de main-d'œuvre, de combustible, d'instruments, etc., etc.

Le kilo des matières employées coûtant :		Le kilo d'azotate obtenu coûtera :
Oxyde de plomb.	Acide azotique à 36°.	
Fr. c.	Fr. c.	Fr. c.
0,80	0,80	1,08
0,80	0,90	1,15
0,90	0,80	1,16
0,90	0,90	1,22

§ 6. — AZOTATE DE CUIVRE CRISTALLISÉ.

$$CuO, AzO^5, 4HO.$$

Cette formule représente :

1 éq. de bioxyde de cuivre................	39,5
1 éq. d'acide azotique...................	54
et 4 éq. d'eau de cristallisation..............	36
qui forment l'éq. de l'azotate de cuivre cristallisé, soit.............	129,5

En traitant des fragments de cuivre métallique en excès ou du bioxyde de cuivre par de l'acide azotique étendu, on obtient une dissolution d'azotate de cuivre, laquelle, évaporée convenablement, peut fournir des cristaux bleus d'azotate de cuivre hydraté dont la composition est formulée ci-dessus. Mais ce sel ne saurait entrer dans aucun mélange pyrotechnique, parce qu'il est acide et déliquescent. Nous ne l'avons utilisé que pour préparer le sel basique suivant.

§ 7. — AZOTATE DE CUIVRE QUADRIBASIQUE.

$$4CuO, AzO^5, 3HO.$$

Cette formule représente :

4 éq. de bioxyde de cuivre................	158
1 éq. d'acide azotique..................	54
3 éq. d'eau d'hydratation................	27
qui constituent l'éq. de l'azotate de cuivre quadribasique, soit........................	239

Nous avons obtenu ce composé en traitant une dissolution d'azotate de cuivre cristallisé contenant 4 équivalents de ce sel par 3 équivalents d'ammoniaque en solution.

La réaction est exprimée par l'équation suivante, dans laquelle il est fait abstraction de l'eau de dissolution de l'ammoniaque :

PROPORTIONS RÉAGISSANTES.		PROPORTIONS PRODUITES.		
Azotate de cuivre crist.	Ammoniaque.	Azotate de cuivre quadribasique.	Azotate d'ammon.	Eau.

Formules.................. $(CuO.AzO^5,4HO)^4 + 3AzH^3 = (CuO)^4,AzO^5,3HO) \times (AzH^3,HO,AzO^5)^3 + 10HO$

Nombres qu'elles représentent. 518   51   239   240   90

Somme des proportions réagissantes... 569   Somme des proportions produites. 569

Dans cette réaction, si l'on se sert d'une quantité convenable d'eau pour la dissolution de l'azotate de cuivre, tout l'oxyde de cuivre qu'il renferme se précipite à l'état d'azotate quadribasique pulvérulent, insoluble dans le sel d'ammoniaque produit, mais qui commence à se dissoudre en donnant une coloration bleue dès que la quantité d'ammoniaque nécessaire se trouve en excès.

Nous avons également obtenu cet azotate quadribasique en traitant la dissolution d'azotate de cuivre par un faible excès de carbonate de chaux à l'état de *craie*.

Préparé par l'une ou l'autre méthode, l'azotate de cuivre quadribasique devenu sec est sous forme de poudre très légère, bleu pâle, entièrement insoluble dans l'eau.

D'après *M. Gerhardt*, cet azotate basique, mis en digestion pendant quelques minutes avec de l'ammoniaque caustique, est décomposé. L'alcali forme avec le quart du cuivre de l'azotate de cuivre ammoniacal qui entre en dissolution, tandis que les trois autres quarts passent à l'état d'hydrate de cuivre insoluble d'un beau bleu d'azur foncé, lequel, desséché à 130°, devient vert.

C'est vainement que nous avons essayé de faire figurer l'azotate de cuivre quadribasique dans un assez grand nombre de dosages.

Si nous nous sommes livré à sa préparation, c'était principalement dans le but d'en obtenir des flammes bleues pourvues de l'éclat et du reflet qui rend les feux dits de Bengale si remarquables. Nous avions même quelque espoir, à l'aide de ce sel mélangé avec des substances convenables, et en supprimant naturellement de ces mélanges tout sel chloraté (*), de pouvoir produire des feux verts. Toutes nos tentatives ont échoué.

Ce composé fait en général brûler avec une très grande vivacité la plupart des mélanges dans lesquels

---

(*) On sait que le chlore ainsi que ses divers composés colorent toujours en bleu plus ou moins intense la flamme des mélanges combustibles contenant du cuivre.

on l'introduit, et, d'ailleurs, employé en grande ou en petite quantité, les nuances bleues qu'il nous a données ont constamment été très pâles.

L'azote, qui dans ses combinaisons avec l'oxygène, et notamment dans les azotates, produit chez les feux blancs, verts, jaunes et rouges, une lumière éclatante et douée de merveilleux reflets, paraît n'avoir aucune action de ce genre sur le cuivre, pas plus que sur ses oxydes et ses sels. Nous avons du moins de fortes raisons de le croire après les nombreuses expérimentations auxquelles nous nous sommes livré dans le but d'obtenir des flammes de Bengale bleues au moyen d'éléments azotés ; car si nous avons pu, en additionnant d'azotate de baryte certains mélanges à base de composés cuivriques, ralentir leur déflagration, celle-ci n'a jamais été accompagnée de l'admirable reflet qui caractérise les feux de Bengale proprement dits, et qu'un azotate en forte proportion paraît seul pouvoir déterminer ailleurs que dans les bleus produits à l'aide des sels de cuivre.

CHAPITRE VI.

Chlorates.

Les chlorates, sels produits par la combinaison des bases avec l'acide chlorique, sont tous, à l'état neutre, solubles dans l'eau. Il existe des chlorates basiques, mais point de chlorates acides. La facilité avec laquelle ces sels abandonnent leur oxygène en fait des oxydants très énergiques. Aussi, si on les met en contact avec la plupart des corps combustibles, — charbon, soufre, résines, etc., — ces mélanges, surtout à l'état pulvérulent, peuvent-ils fulminer par le choc, la chaleur, ou même spontanément, selon le plus ou moins de stabilité des chlorates (il en est même qui en sont tout à fait dépourvus), et aussi selon la nature des corps avec lesquels on les met en contact.

Il est donc absolument nécessaire de faire choix, parmi ces composés, de ceux qui peuvent sans danger être utilisés par l'artificier.

Les chlorates de potasse et de baryte nous paraissent les seuls propres à entrer directement dans les compositions d'artifices. Ceux de soude, de strontiane, de chaux et de plomb, sont trop solubles ou déliquescents. Quant aux autres, qui presque tous d'ailleurs sont dans ce dernier cas, l'excessive mobilité de leurs éléments constitutifs leur interdit tout accès dans le domaine pyrotechnique.

Nous avons donc étudié avec un soin particulier les deux premiers sels, notamment le chlorate de potasse, le plus important, et dont l'introduction en pyrotechnie a été le commencement d'une ère nouvelle pour cet art.

Nous nous bornons à donner sur les autres chlorates des renseignements sommaires, mais suffisants pour éclairer l'artificier sur des corps que nous ne devions pas négliger de lui faire connaître dans un ouvrage comme celui-ci.

§ 1er. — CHLORATE DE POTASSE.

$$KO, ClO^5.$$

Cette formule représente :

1 éq. de potasse............................	39
et 1 éq. d'acide chlorique..................	75,5
dont la combinaison constitue l'éq. du chlorate de potasse, soit........	114;5

C'est en 1786 que ce sel, si précieux pour l'artificier, a été découvert par le célèbre chimiste *Berthollet*. On l'a pendant longtemps préparé en faisant passer un courant de chlore dans une dissolution concentrée de carbonate de potasse : aussi, pendant longtemps également son prix s'est-il maintenu très élevé, parce que, dans cette opération, la sixième partie seulement de la potasse passait à l'état de chlorate, le reste formant du chlorure de potassium, sel de peu de valeur. Maintenant, un procédé beaucoup plus avantageux, qui consiste à traiter par le chlore un mélange d'hydrate de chaux et de chlorure de potassium, fournit abondamment le chlorate de potasse, et permet de le livrer à la consommation à un prix accessible à la pyrotechnie.

Le chlorate de potasse offre d'immenses ressources à cet art. C'est grâce à son emploi qu'on parvient à faire brûler des mélanges combustibles avec ces belles colorations pourpres, bleues, vertes, etc., etc., qui donnent tant d'éclat aux feux d'artifice de nos jours, soit qu'il entre directement dans un dosage, — et c'est le plus grand nombre des cas, — soit qu'il serve à la préparation des autres chlorates, tels que ceux de baryte et de soude qu'une fabrication directe, beaucoup trop coûteuse, interdirait à l'artificier.

Le chlorate de potasse a été l'objet de nombreux travaux de la part des chimistes : aussi ses principales propriétés sont-elles bien connues. Il est utile de les rappeler sommairement.

Le chlorate de potasse est blanc et cristallise en lames rhomboïdales, toujours anhydres et inaltérables à l'air, à la températudre ordinaire et même bien au delà. Ses cristaux sont peu solubles dans l'eau froide et se dissolvent en assez grande quantité dans l'eau bouillante, ce qui offre un moyen facile pour le purifier. Les nombres suivants, représentant quelques degrés de solubilité de ce sel, sont dus à M. *Gay-Lussac*.

POIDS DE L'EAU.	TEMPÉRATURE. Degrés centigrades.		POIDS DU SEL.
100 parties à	0,00	dissolvent	3,33 p.
—	+ 15,37	—	6,03
—	+ 24,42	—	8,44
—	+ 35,02	—	12,05
—	+ 49,06	—	18,98
—	+ 74,89	—	35,40
—	+ 104,78	—	60,24

D'après M. *Baruel*, le chlorate de potasse est soluble dans l'alcool à 80° centésimaux. Ce liquide en dissout 1/120e de son poids à + 16°.

Si l'on soumet le chlorate de potasse à l'action d'une température élevée, il entre en fusion bien au-dessous de la chaleur rouge. Vers + 400 degrés, il se décompose et se dédouble en perchlorate de potasse et en chlorure de potassium, en même temps qu'il dégage

9

beaucoup d'oxygène. Si l'on élève la température, il se transforme entièrement en oxygène et en chlorure de potassium.

Sous l'influence de divers oxydes, le chlorate de potasse se décompose bien plus facilement encore, en donnant ces deux derniers produits.

M. Baudrimont a étudié l'action des corps suivants sur le chlorate de potasse et noté les degrés de température qui ont déterminé la décomposition de ce sel.

L'*oxyde noir* de cuivre, préparé par voie humide, agit le plus vivement à la dose de **1/5°** du poids du chlorate et même de **1/2**. La décomposition commence à **240** degrés, et même, quoique très faiblement, à **200**.

Le même oxyde noir calciné agit fort mal.

Le *bioxyde de manganèse* naturel agit presque aussi activement que l'oxyde noir de cuivre non calciné, mais il agit encore mieux s'il a été préparé par voie humide.

Le *sesquioxyde de fer* (safran de mars) agit moins vivement que les composés précédents. Il détermine cependant un commencement de décomposition à **250** degrés.

L'*acide plombique* agit beaucoup moins vivement.

L'*alumine* agit dès **250** degrés, mais il se dégage en même temps du chlore.

Avec l'*oxyde vert de chrome*, la décomposition est encore plus facile. Si l'on mélange **4** parties de chlorate de potasse avec **1** partie de cet oxyde, elle commence avant **200** degrés ; il y a dégagement de chlore et d'oxygène et transformation complète, selon l'équation :

$$Cr^2O^3 + KO,ClO^5 = KO,(CrO^3)^2 + O^2 + Cl.$$

D'après les expériences de M. *Bareswill*, tous les sels neutres de protoxyde de fer, toutes les substances neutres susceptibles d'oxydation à l'air, décomposent la dissolution de chlorate de potasse, même à froid. Ce sel leur abandonne tout son oxygène et se transforme en chlorure de potassium.

Trituré seul dans un mortier, le chlorate de potasse se décompose avec décrépitation, mais partiellement, lorsque l'action du pilon se fait trop vivement sentir.

Mélangé à des substances organiques, telles que le sucre, diverses résines, ou avec des corps combustibles, comme le soufre, plusieurs sulfures métalliques, le charbon même, il détone plus ou moins violemment par le choc ou par une compression subite.

Déposé directement sur une enclume, le choc du marteau ne le fait détoner que partiellement. Il en est de même si le sel est enveloppé de papier.

Mélangé avec de la résine-laque, entre deux feuilles de papier, au 3e coup il nous a donné une détonation partielle, et complète au 4e; avec du sulfure d'antimoine, forte détonation au 1er coup, dans les mêmes conditions; détonation au 3e coup seulement en mélange avec le soufre; avec l'azotate de plomb, des coups réitérés n'ont point fourni de détonation. Tels sont les résultats de nos propres observations.

Avec le phosphore, il suffit d'un léger choc pour que la détonation ait lieu fortement; la fulmination peut même être spontanée.

Enfin un mélange de soufre, ou d'un corps résineux, et de chlorate de potasse, s'enflamme lorsqu'on le met en contact avec de l'acide sulfurique concentré.

Est-il exact aussi d'ajouter que, par son mélange avec une substance inflammable quelconque, le chlorate de potasse puisse détoner spontanément, comme on l'a écrit et répété ensuite sans avoir cherché à éclaircir suffisamment ce fait? C'est ce que nous nous proposons d'examiner, et, certes, la question en vaut la peine. Elle est même tellement importante, qu'il y a lieu de s'étonner qu'on ne lui ait pas encore accordé toute l'attention qu'elle réclame.

De tous les mélanges dont il vient d'être question, nous croyons qu'un seul est dans le cas de se décomposer spontanément avec production de chaleur et de lumière : c'est celui de chlorate de potasse et de phosphore. Ici, en effet, il y a un contact intime entre un corps éminemment oxydant et une substance qui a pour l'oxygène la plus grande affinité. Cette affinité est telle que le phosphore, hors de tout contact avec un corps oxydant, se combine avec l'oxygène de l'air, à la température ordinaire, en produisant, au bout de quelques instants, assez de chaleur pour s'enflammer. On sait d'ailleurs que cette inflammation a lieu tout à coup, sous la pression ordinaire, à la température de $+ 75$ degrés.

Mais l'artificier n'a rien à craindre d'un semblable mélange ; il ne l'emploie pas. Doit-il redouter ceux dont il se sert journellement? Qu'il s'agisse, par exemple, d'un mélange de chlorate de potasse et de soufre : cette dernière substance est douée, il est vrai, d'une grande affinité pour l'oxygène ; toutefois, cette affinité ne se manifeste qu'à une température bien supérieure à celle de l'eau bouillante et, par conséquent, n'est pas à craindre.

Nous sommes d'autant plus fondé à avoir cette persuasion, que, ayant préparé un mélange intime de ces deux corps préalablement réduits en poudre fine, nous avons pu les exposer, pendant une heure, à une température de + 100 degrés, non seulement sans qu'il en soit résulté de déflagration, mais même une décomposition du chlorate. Le mélange, pendant l'action de cette température, répandait seulement, lorsqu'on le flairait de près, une odeur soufrée, due à la vaporisation d'une petite quantité de soufre.

Nous avons mis alors le mélange en contact avec sept à huit fois son poids d'eau distillée, et, comme précédemment, nous avons fait agir sur lui, pendant une heure, une température de + 100 degrés, en remplaçant l'eau de la capsule dès qu'elle était vaporisée. L'odeur du soufre en vapeur a continué à se faire sentir ; du reste, pas d'autre réaction sensible. Nous avons ensuite filtré la liqueur. Une partie a été traitée par le chlorure de barium, qui n'a déterminé la formation d'aucun précipité. Il n'y a donc pas eu, pendant l'expérience, production d'acide sulfureux aux dépens du chlorate de potasse, ni subséquemment d'acide sulfurique, ni formation de sulfate de potasse ; et c'est là un point essentiel à noter. L'autre partie, soumise à l'action de l'azotate d'argent, s'est, à la vérité, très légèrement troublée ; mais nous devons dire que le chlorate de potasse dont nous nous sommes servi avait été préalablement essayé et nous avait donné la même réaction : le fait ne devait donc pas avoir d'importance.

Enfin, ayant mis dans un bain d'huile une capsule en porcelaine contenant parties égales de chlorate de potasse et de soufre finement pulvérisés, nous avons pu, graduellement, élever la température du bain jusqu'à + 200 degrés sans qu'il y ait eu déflagration. Une circonstance indépendante de notre volonté nous ayant obligé de suspendre l'expérience à ce moment-là, nous n'avons pu connaître le degré de température nécessaire à la réaction ; mais nous avons tout lieu de croire qu'elle ne se serait manifestée que vers le 250e, c'est-à-dire à la température même où le soufre, sans l'aide d'aucun comburant, se combine directement avec l'oxygène en produisant la légère flamme bleue que tout le monde connaît.

De l'ensemble de ces faits, du dernier surtout, qui est excessivement remarquable, ne peut-on pas conclure que, si des combustions spontanées de mélanges pyrotechniques chloratés ont eu lieu quelquefois, il faut leur chercher une autre cause que le simple contact du soufre et du chlorate de potasse, ou, dans l'impossibilité de leur trouver une autre origine, admettre que ces corps n'étaient pas dans un état de pureté suffisant? Tel est du moins notre avis, et d'autres raisons viendront le fortifier tout à l'heure. Si peu d'autorité qu'il puisse avoir, nous le consignons ici, ne serait-ce que pour provoquer des expériences nouvelles destinées à l'infirmer ou à le corroborer.

En effet, au nombre des causes qui peuvent donner lieu à des combustions subites, nous citerons la fleur de soufre non lavée ou le chlorate de potasse impur.

La fleur de soufre contient ordinairement de l'acide sulfureux, lequel, par l'action de l'air, passe à l'état d'acide sulfurique. Qu'on mêle un tel soufre avec du chlorate de potasse, il suffira d'une légère élévation de température pour faire naître la réaction ordinaire entre l'acide sulfurique et ce sel; et cela d'autant plus aisément que les corps mis en présence seront plus divisés. Il nous a ainsi été facile de faire brûler, par leur simple exposition au soleil, des compositions d'étoiles de diverses couleurs, et d'obtenir également une inflammation soudaine sans le secours des rayons de cet astre. Mais qu'on n'emploie que du soufre pur, et nous entendons par ce mot du soufre purgé d'acides sulfureux ou sulfurique, nous pensons que tout danger disparaîtra, puisqu'on supprimera les conditions nécessaires à la réaction.

Une autre cause de décomposition subite peut se présenter, — nous venons de le dire, — dans l'emploi d'un chlorate de potasse non suffisamment purifié par cristallisation. Dans ce cas, le sel est plus ou moins humide ; il laisse exhaler une odeur chlorée, due aux acides chloreux ou hypochloreux, dont les éléments sont d'une excessive mobilité et oxydent d'une manière énergique les corps combustibles avec lesquels ils se trouvent en contact. D'où la nécessité pour l'artificier de ne se servir que de chlorate exempt de toute odeur de chlore, signe de son impureté.

Quant aux substances résineuses, nous ne saurions croire que leur mélange avec le chlorate de potasse pût offrir du danger. Ces matières sont ordinairement formées par l'oxydation naturelle de diverses huiles volatiles, et si, en général, elles jouissent de propriétés acides, ces dernières sont trop peu énergiques pour agir sur le chlorate de potasse. Au surplus, deux de ces résines, la colophane et la résine-laque, les seules usitées en pyrotechnie, ont été soumises par nous à des expérimentations semblables à celles dont il a été question plus haut à propos du soufre. Les résultats ont été tels que nous les prévoyions.

Parmi les sulfures métalliques, un seul, le protosulfure de cuivre, peut trouver quelque emploi dans les compositions chloratées de feux colorés. Voulant savoir s'il était dangereux d'introduire un tel sulfure dans ces compositions, nous l'avons soumis au traitement relaté ci-après. Un esprit de curiosité nous a fait opérer aussi sur le bisulfure d'arsenic (réalgar) et sur le sulfure d'antimoine, quoique ces deux dernières substances ne soient ordinairement employées que dans des mélanges ne contenant pas de chlorate de potasse.

1re *expérience*. Nous l'avons faite deux fois : d'abord en mélangeant des poids égaux de chlorate de potasse et de sulfure de cuivre préalablement réduits en poudre très fine ; puis, une seconde fois, en employant trois parties de sel et une partie de sulfure.

La poudre a été mise dans une capsule en porcelaine, très profonde, placée elle-même dans un vase plein d'eau froide. L'eau a été portée à l'ébullition et entretenue à ce degré de chaleur pendant une demi-heure. A ce moment, le tout a été éloigné du feu. Le mélange n'avait subi aucune altération ; il ne laissait exhaler aucune odeur. Nous avons versé dans la capsule une quantité d'eau représentant environ sept à huit fois le poids de la poudre qu'elle contenait, et nous avons de nouveau porté l'eau du bain-marie à l'ébullition, en entretenant l'action du feu jusqu'à évaporation totale de l'eau de la capsule et dessication de son contenu. Nous avons alors repris la poudre par l'eau, en laissant encore le mélange exposé pendant une heure à la température de 100 degrés. La liqueur a été filtrée ; elle était tout à fait incolore. Nous en avons fait deux portions : — l'une, traitée par l'azotate d'argent, n'a fourni aucun précipité ; elle ne contenait donc pas de chlorure de potassium dû à la décomposition du chlorate de potasse ; — l'autre, additionnée d'une solution de chlorure de barium, n'a fourni non plus aucun précipité ; il ne s'y trouvait donc aucun sulfate ; d'ailleurs, une lame de fer, parfaitement polie, n'y a point décelé la présence du cuivre. Ainsi, l'élévation de la température, dans les conditions ci-dessus énoncées, pas plus que le contact de l'eau, ne déterminent aucune réaction entre les éléments de la poudre soumise à l'expérience.

2ᵉ expérience. La poudre au sulfure d'arsenic a été exposée à l'action de la chaleur tout à fait dans les mêmes conditions que la précédente. Par le traitement à sec, il ne s'est manifesté qu'une légère odeur de vapeur de soufre ; ce qui s'explique lorsqu'on sait que le réalgar artificiel contient ordinairement un excès de soufre non combiné. Par le traitement à l'eau, et pendant l'évaporation de cette dernière, la même odeur soufrée s'est fait sentir plus fortement que dans le premier cas. Elle a été accompagnée d'un faible dégagement d'hydrogène sulfuré, provenant probablement de ce que le réalgar n'était pas pur, et contenait du sulfure de fer. Du reste, pas de réaction remarquable, même après dessiccation complète du mélange, à la température de + 100 degrés, et par l'action de cette température, continuée pendant quelque temps sur le mélange sec.

3e *expérience*. Ce n'est pas sans quelque curiosité que nous avons soumis aux mêmes essais que ceux dont il vient d'être question, la poudre de chlorate de potasse et de sulfure d'antimoine. Après tout ce qui a été dit et écrit sur l'excessive combustibilité d'un semblable mélange, nous nous attendions à une réaction énergique bien avant + 100 degrés ; notre attente a été vaine. Pendant près de trois quarts d'heure que nous avons laissé agir cette température, il ne s'est exhalé qu'une faible odeur de soufre. Enfin, par le traitement à l'eau et la dessiccation complète de la poudre, le résultat a été absolument le même.

Que conclure de cette série d'expérimentations, sinon qu'il n'y a nul danger à préparer des compositions à base de chlorate de potasse et des diverses substances énumérées plus haut, à la condition que toutes ces matières soient dans un état de pureté convenable ? Il est sous-entendu qu'on ne devra jamais, dans ces sortes de manipulations, négliger les précautions d'usage, et qu'on évitera surtout les chocs avec le plus grand soin.

Il est utile, avant de terminer cet article, d'y consigner une importante observation. On a reconnu que, dans quelques cas, des masses un peu considérables de matières combustibles peuvent, par une réaction toute particulière, développer beaucoup de calorique, même au point de s'enflammer. Il est donc de toute prudence de ne pas perdre ce fait de vue et de s'abstenir de conserver en grandes masses des compositions chloratées.

On emploie le chlorate de potasse pulvérisé et passé au tamis n° 3.

§ 2. — CHLORATE DE SOUDE.

$$NaO, ClO^5.$$

Cette formule représente :

1 éq. de soude.	31,0
et 1 éq. d'acide chlorique.	75,5
dont la combinaison constitue l'éq. du chlorate de soude.	106,5

Le chlorate de soude est blanc. Ses cristaux sont des cubes réguliers à surfaces tétraèdres. Ils sont anhydres, se dissolvent dans trois parties d'eau froide et dans beaucoup moins d'eau chaude. Ce sel est très peu soluble dans l'alcool absolu. Lorsqu'on le chauffe, il fond, selon M. *Waechter*, à peu près à la même température que le chlorate de potasse. Comme ce dernier, il dégage alors de l'oxygène, et finit par laisser un résidu de chlorure de sodium à réaction alcaline. Mélangé avec les substances combustibles, il détone par le choc comme le chlorate de potasse.

Le chlorate de soude, pour être propre à être employé dans les compositions d'artifices, doit avoir été préalablement bien purifié par cristallisation. Il faut qu'il soit bien blanc, sec au toucher, et qu'il ne laisse exhaler aucune odeur chlorée. On le pulvérise et on le passe au tamis n° 3.

Ce sel, quoique très soluble dans l'eau, n'est point déliquescent. Les dosages dans lesquels on l'introduit se conservent bien à l'air, à moins que celui-ci soit très chargé d'humidité, et que son action se prolonge ainsi pendant quelque temps. Convenablement amalgamé, le chlorate de soude brûle avec une flamme d'un jaune d'or, douée d'un vif éclat. Mais, malgré cette qualité, son usage sera toujours fort restreint en pyrotechnie ; d'abord à cause de son haut prix ; puis, parce qu'il est facile de produire de très beaux feux jaunes avec des substances tout à fait inaltérables aux diverses influences atmosphériques, et qu'on se procure, en outre, à bon marché ; enfin par la raison que ce sel paraît avoir moins de stabilité que le chlorate de potasse. Nous ne considérons donc le chlorate de soude que comme une substance d'amateur et non comme devant prendre place parmi les matières usuelles d'un atelier. Nous conseillons aussi de n'en faire emploi, même dans ces conditions restreintes, qu'avec une extrême prudence, et cette opinion nous la fondons sur le résultat de l'épreuve à laquelle nous avons soumis ce sel.

Après avoir préparé un mélange intime de chlorate de soude et de soufre, nous avons exposé la poudre à une température de + 100 degrés, d'abord à sec, pendant trente minutes, puis pendant une heure, additionnée de plusieurs fois son poids d'eau. Il ne s'est point manifesté d'odeur chlorée, mais seulement une odeur soufrée. La poudre desséchée, reprise par l'eau distillée, a été jetée sur un filtre, et la liqueur filtrée divisée en deux portions : l'une, traitée par l'azotate d'argent, s'est assez fortement troublée, mais toutefois sans formation de précipité immédiat. Nous devons ajouter ici que du chlorate de soude de même origine que celui soumis au traitement ci-dessus, et laissé en réserve dans un flacon, s'est aussi troublé, mais très légèrement, lorsque, comme moyen de contrôle, nous l'avons traité par l'azotate d'argent. L'autre partie de la liqueur filtrée, soumise à l'épreuve du chlorure de barium, s'est encore un peu troublée, tandis que du chlorate du flacon, simplement dissous dans l'eau distillée, est resté parfaiment limpide.

Il y a donc eu, par l'action de la chaleur, décomposition d'une petite quantité de chlorate de soude, formation de chlorure de sodium, et même d'acide sulfurique. Or, cet acide sulfurique n'a pu provenir que de la combinaison d'une partie de l'oxygène du chlorate de soude avec le soufre auquel ce sel était intimement uni. Si l'on se demande maintenant comment, dans ce cas, l'acide sulfurique, exposé au moment de sa formation à une température de $+ 100$ degrés, ne s'est pas manifesté en réagissant énergiquement sur le chlorate de soude non décomposé, il est facile d'en trouver l'explication en remarquant que nous avons opéré sur des poids très faibles, — quelques décigrammes de mélange. — Or, il est probable que cet acide sulfurique s'est formé avec beaucoup de lenteur; de sorte que, réagissant à mesure de sa formation en quantités impondérables et excessivement faibles sur le chlorate avec lequel il se trouvait en contact, cette réaction n'a pu se manifester à la manière ordinaire, par la déflagration de la poudre ni par l'odeur des composés gazeux produits.

Bien que, d'après cette expérience, le chlorate de

soude paraisse avoir moins de stabilité que le chlorate
de potasse, il nous semble pouvoir être mélangé aux
divers combustibles, même au soufre, puisque, par son
contact avec le chlorate de soude, ce métalloïde, si avide
d'oxygène, n'a donné lieu qu'à une si faible réaction. Il
ne faut pas oublier toutefois que nous n'avons opéré que
sur de très faibles quantités, et que des poids plus considérables auraient peut-être déterminé d'autres résultats;
mais il convient de considérer aussi que l'expérience
a eu lieu à une température élevée, à laquelle ne sont
jamais exposés les mélanges pyrotechniques, de quelque
nature qu'ils soient. Néanmoins, par excès de prudence,
nous engageons ceux de nos lecteurs qui tiendraient à
faire usage de ce sel, à prendre des précautions plus
minutieuses encore que celles conseillées au sujet du
chlorate de potasse, et, afin de diminuer le plus possible
les chances d'accidents, à ne pas amalgamer le soufre
avec le chlorate de soude.

Au surplus, si nous avons relaté l'expérience précédente, c'est que nous désirons négliger le moins possible
les faits de nature à intéresser l'artificier et éclairer de
notre mieux l'esprit du lecteur sur les conditions d'action
des principaux corps comburants, notre opinion, nous le
répétons, étant que le chlorate de soude n'est pas un
composé utile en pyrotechnie. C'est là la raison qui,
dans cette nouvelle édition, nous a engagé à n'entrer
dans aucun détail sur les moyens à employer pour préparer ce sel.

§ 3. CHLORATE D'AMMONIAQUE.

$$AzH^8, HO, ClO^5.$$

Cette formule représente :

1 éq. d'ammoniaque.	17,0
1 éq. d'eau de constitution.	9,0
et 1 éq. d'acide chlorique.	75,5
dont la combinaison forme l'éq. du chlorate d'ammoniaque, soit.	101,5

D'après M. *Waechter*, une dissolution aqueuse de chlorate d'ammoniaque fournit, par l'évaporation au-dessus de l'acide sulfurique, des cristaux prismatiques, mal définis, très solubles dans l'eau, peu solubles dans l'alcool absolu. Chauffé, ce sel se décompose subitement, à + 102 degrés, avec apparition d'une lumière rouge.

Il paraît, en outre, qu'il ne faut pas conserver ce sel à l'état solide, car il s'altère et détone spontanément. En dissolution, il se conserve beaucoup mieux.

Il est surabondant d'ajouter qu'une telle substance ne peut avoir aucun emploi dans les compositions d'artifices.

§ 4. — CHLORATE DE BARYTE.

$$BaO, ClO^5, HO.$$

Cette formule représente :

1 éq. de baryte.	76,5
1 éq. d'acide chlorique.	75,5
et 1 éq. d'eau de cristallisation.	9,0
constituant l'éq. du chlorate de baryte cristallisé, soit.	161,0

Les cristaux de chlorate de baryte sont blancs. Quand ils sont purs, ils n'exhalent aucune odeur. Ils sont à peine solubles dans l'alcool absolu, et le deviennent de plus en plus à mesure qu'on étend l'alcool avec de l'eau. Ce dernier liquide en dissout environ le quart de son poids, à la température ordinaire, et une bien plus grande quantité lorsqu'il est bouillant. C'est sur cette différence de solubilité qu'est fondée la purification du chlorate de baryte.

Selon M. *Waechter*, lorsqu'on chauffe ce sel à $+120$ degrés, il perd son eau de cristallisation ; à $+250$ degrés, il abandonne de l'oxygène, et, au-dessus de $+400$ degrés, il entre en fusion en laissant dégager tout son oxygène avec une trace de chlore. Si l'élévation de la température est rapide, la décomposition a lieu subitement et avec détonation.

Le chlorate de baryte, — d'après nos observations plusieurs fois répétées, — placé sur une enclume, détone sous les chocs réitérés du marteau; mais il nous a semblé, à chacun de nos essais, que la détonation s'est effectuée moins aisément que celle du chlorate de potasse dans les mêmes conditions.

Avec le soufre, la détonation a eu lieu au deuxième coup ; le mélange était placé entre deux feuilles de fort papier.

Le mélange de chlorate de baryte et de résine-laque, dans les mêmes conditions, n'a pas détoné malgré l'application de coups réitérés. Nous serions donc tenté de croire que ce sel a plus de stabilité que le sel correspondant de potasse, puisque nous avons pu faire assez aisément détoner un mélange de résine-laque et de chlorate de potasse, comme nous l'avons précédemment relaté.

Le chlorate de baryte, convenablement mélangé avec certains corps combustibles, brûle avec production d'une flamme verte admirable et supérieure comme intensité à celle qu'on peut obtenir de tout autre composé barytique; aussi ce sel aurait-il pu depuis longtemps être utilisé par l'artificier, si son prix eût été moins élevé.

C'est même ce haut prix qui nous avait engagé, afin de mettre les amateurs de l'art pyrotechnique en mesure de faire emploi du chlorate de baryte, à donner dans notre première édition une méthode économique pour la fabrication de ce sel, procédé inutile à relater aujourd'hui, le chlorate de baryte étant devenu un produit accessible à l'artificier.

Ce composé, il y a une vingtaine d'années, était porté sur les prix courants à 40 fr. le kilo. Un peu plus tard, ce prix avait été abaissé à 25 et 30 francs. Depuis quelques années seulement les fabricants de produits chimiques ayant trouvé pour préparer ce sel des moyens plus économiques que ceux précédemment connus, le prix du chlorate de baryte est descendu à 5 fr. le kilo. Aussi est-il à croire que les artificiers feront désormais un assez fréquent emploi de cette substance, non qu'elle leur soit indispensable, mais parce que, plus que toutes autres, elle est apte à produire des colorations d'un vert intense.

On s'était beaucoup exagéré jusqu'à nos jours l'instabilité du chlorate de baryte. Ainsi on avait avancé qu'il était extrêmement dangereux de faire des mélanges de ce sel et de soufre, l'affinité de l'acide sulfurique pour la

10

baryte étant telle que, même à la température ordinaire,
cette affinité pouvait déterminer la séparation des éléments du chlorate, une partie de son oxygène devant se
porter sur le soufre et former de l'acide sulfurique,
lequel agirait sur les composés restants avec dégagement de calorique et de lumière, etc.

Était-ce qu'on ignorait les expériences de M. *Waechter*
relatées en tête de cet article, ou bien avait-on éprouvé
quelques accidents en faisant des essais avec des chlorates impurs? Nous penchons pour cette dernière opinion :
aussi, désireux de nous renseigner par nous-même, nous
avons soumis le chlorate de baryte mélangé avec du soufre
aux mêmes épreuves que celles que nous avons exécutées
sur les poudres de chlorate de potasse et de soufre.

La poudre a été exposée pendant trente minutes, d'a-
bord à sec, puis en contact avec de l'eau distillée, à une
température de 100 degrés. Après l'évaporation de l'eau,
l'action de la température a été continuée pendant qua-
rante-cinq minutes. La poudre ayant été additionnée
d'eau une seconde fois, nous avons laissé agir la même
température, non seulement jusqu'après la vaporisation
totale de la liqueur, mais pendant trente minutes encore.

L'odeur du soufre en vapeurs s'est seule manifestée
durant cette série d'épreuves.

La matière sèche a ensuite été reprise par l'eau distillée. La dissolution filtrée, traitée par l'azotate d'argent,
s'est assez fortement troublée, mais sans donner de précipité immédiat. Il y a donc eu décomposition d'une
petite quantité de chlorate, production de chlorure d'argent, ainsi que dégagement d'oxygène ; mais cette décomposition ne s'est effectuée qu'avec beaucoup de

lenteur et seulement sous l'influence prolongée d'une température élevée; elle s'est d'ailleurs accomplie sans déflagration, point essentiel à noter, alors que la matière était à l'état sec et chauffée à 100 degrés.

De cette expérience, toute incomplète qu'elle est, il nous semble permis de conclure que le chlorate de baryte peut entrer dans les mélanges pyrotechniques ordinaires, même contenant du soufre, sans augmenter la somme des dangers qui accompagnent toujours la préparation des artifices.

Au surplus, si nous avons essayé d'apprécier le degré de stabilité du chlorate de baryte en contact avec le soufre, ce n'est pas qu'un tel mélange soit nécessaire aux besoins actuels de la pyrotechnie, mais c'est avec la pensée qu'il pourrait le devenir, et aussi pour ajouter un fait de plus à la masse de ceux que possède cet art, les plus beaux feux verts que l'on ait pu produire jusqu'à présent avec le chlorate de baryte s'obtenant à l'aide d'autres corps combustibles que le soufre.

Le chlorate de baryte colore la flamme de l'alcool en vert foncé. Nous l'employons passé au tamis n° 3.

§ 5. — CHLORATE DE STRONTIANE.

$$StO, ClO^5.$$

Cette formule représente :

1 éq. de strontiane	51,75
et 1 éq. d'acide chlorique	75,50
dont la combinaison constitue l'éq. du chlorate de strontiane, soit	127,25

Ce sel est très déliquescent, et cependant, selon

M. *Waechter*, il est insoluble dans dans l'alcool absolu. Chauffé, il se fendille sans abandonner d'eau, et fond à peu près à la même température que le chlorate de baryte. Si on le chauffe plus fortement, il abandonne son oxygène avec une trace de chlore, et laisse pour résidu un chlorure de strontium à réaction alcaline.

Sa dissolution dans l'alcool aqueux brûle avec une belle flamme pourpre, et pourrait être employée sur les théâtres, si l'on n'obtenait, à bien plus bas prix, des effets analogues avec le chlorure de strontium.

§ 6. — CHLORATE DE CHAUX.

$$CaO,ClO^5,2HO.$$

Cette formule représente :

1 éq. de chaux......................	28,0
1 éq. d'acide chlorique................	75,5
et 2 éq. d'eau de cristallisation............	18,0
dont la combinaison constitue l'éq. du chlorate de strontiane, soit.....................	121,5

Le chlorate de chaux est un sel fort difficile à obtenir à l'état cristallisé. Les cristaux, exposés au contact de l'air, tombent promptement en déliquescence.

Ce composé est fort soluble dans l'alcool, dont il colore la flamme en un beau rouge.

§ 7. — CHLORATE DE PLOMB.

$$PbO, ClO^5, HO.$$

Cette formule représente :

    1 éq. d'oxyde de plomb...................... 111,5
    1 éq. d'acide chlorique..................... 75,5
    et 1 éq. d'eau de cristallisation.............. 9,0

constituant, par leur combinaison, l'éq. du chlorate de plomb cristallisé, soit................ 196,0

Nous avons obtenu ce sel très aisément en mélangeant des équivalents de chlorate de potasse et d'hydro-fluo-silicate de plomb en dissolutions concentrées et bouil-lantes. Nous avons filtré la liqueur chaude ; en se refroi-dissant, elle s'est remplie de cristaux pailletés de chlorate de plomb. Une partie de ces cristaux s'était fixée aux parois intérieures et extérieures du prolongement de l'entonnoir dans lequel la filtration avait été faite.

Ce chlorate ne nous paraissant pas pouvoir être utilisé en pyrotechnie, nous croyons inutile d'entrer dans de plus longs détails sur l'opération au moyen de laquelle nous l'avons préparé. Nous ajoutons seulement que le chlorate de plomb est excessivement soluble dans l'eau chauffée à une température peu élevée, telle que $+35$ à $+50$ degrés, et beaucoup moins à froid ; qu'il n'est point déliquescent ; qu'il détone par le choc comme les autres chlorates. D'après M. *Waechter*, à $+150$ degrés, il perd son eau de cristallisation, et à $+230$ degrés, il se décompose subitement et avec sifflement.

Dans les divers essais que nous avons exécutés sur le chlorate de plomb, ce sel a constamment atténué et souvent détruit les colorations que produisent ordinairement les corps avec lesquels nous l'avons mélangé. Il n'y a donc pas lieu de s'occuper de ce chlorate, ni des moyens de le préparer économiquement.

§ 8. — CHLORATE DE CUIVRE.

$$CuO,ClO^5,6HO.$$

Cette formule représente :

1 éq. de bioxyde de cuivre	39,5
1 éq. d'acide chlorique	75,5
et 6 éq. d'eau de cristallisation	54,0
dont la combinaison constitue l'éq. du chlorate de cuivre cristallisé, soit	169,0

Il est fort difficile d'obtenir des cristaux réguliers de chlorate de cuivre, tant ce sel est déliquescent. Si on évapore sa dissolution dans le vide au-dessus de l'acide sulfurique, elle devient vert foncé, prend une consistance sirupeuse, et ne forme en général qu'une masse cristalline, même par une exposition à un froid intense.

Le chlorate de cuivre est fort soluble dans l'alcool, dont il colore la flamme en vert bleuâtre.

Ce sel fond à 65 degrés et commence à se décomposer à une température plus élevée.

Si on le chauffe jusqu'à 100 degrés, il dégage des bulles de gaz; chacun d'elles occasionne une petite détonation.

Lorsqu'on opère la décomposition à une température aussi basse que possible, on obtient pour résidu un corps vert qui est un chlorate basique hydraté. Ce dernier sel ne se décompose qu'à une température supérieure à

260 degrés. C'est un corps insoluble dans l'eau, très soluble dans les acides étendus. — Sa dissolution dans l'acide azotique étendu ne donne pas de précipité avec l'azotate d'argent.

Nous n'avons pas besoin d'ajouter qu'un composé aussi instable que celui qui fait le sujet de cet article ne peut avoir aucun emploi direct en pyrotechnie ; mais sa préparation préalable étant nécessaire pour obtenir sans difficulté le sel basique qui fait l'objet du paragraphe suivant, nous avons jugé intéressant de faire précéder cette préparation de l'exposé des caractères du chlorate de cuivre.

Nous avons obtenu le chlorate de cuivre en dissolution en décomposant le chlorate de baryte par le sulfate de cuivre.

L'équation suivante exprime la réaction :

	PROPORTIONS RÉAGISSANTES.		PROPORTIONS PRODUITES.		
	Chlorate de baryte crist.	Sulfate de cuivre crist.	Chlorate de cuivre.	Sulfate de baryte.	Eau.
Formules..............	BaO,ClO^5,HO	$+ CuO.SO^3,5HO$	$= CuO,ClO^5$	$+ BaO,SO^3$	$+ 6HO$
Nombres qu'elles représentent.	161	124,5	115	116,5	54

Somme des proportions réagissantes.... 285,5   Somme des proportions produites. 285,5

Dans cette réaction les deux acides échangent leurs bases. L'acide sulfurique du sulfate aban-donne l'oxyde de cuivre avec lequel il était combiné, et s'associe à la baryte du chlorate pour former du sulfate de baryte qui se précipite à l'état insoluble, tandis que l'acide chlorique, devenu libre, se combine avec l'oxyde de cuivre et forme le nouveau chlorate, qui reste en dissolution dans le mélange d'eau de cristallisation mis en liberté et de celle qui a servi de véhicule à l'opé-ration.

§ 9. — CHLORATE DE CUIVRE QUADRIBASIQUE.

$$(CuO)^4, ClO^5.$$

Cette formule représente :

4 éq. de bioxyde de cuivre................	158,0
et 1 éq. d'acide chlorique.	75,5
constituant, par leur combinaison, l'équivalent du chlorate de cuivre quadribasique, soit........	233,5

Le chlorate de cuivre quadribasique a été ci-dessus formulé, privé de son eau d'hydratation, dont nous ne connaissons pas la quantité, ayant négligé de la constater avant de faire usage du sel, mais qui doit probablement être de quatre équivalents.

Pour préparer ce composé, nous avons décanté la dissolution de chlorate neutre de cuivre fournie par la réaction formulée dans le paragraphe précédent. A la liqueur décantée nous avons ajouté celle du lavage du sulfate de baryte séparé par filtration ; puis les liqueurs réunies ont été traitées par l'ammoniaque en solution jusqu'à cessation de précipité.

Nous avons ainsi obtenu du chlorate de cuivre quadribasique en précipité et du chlorate d'ammoniaque en dissolution, comme on peut le voir par l'équation suivante, pour laquelle il a été emprunté à l'eau de dissolution de l'ammoniaque les trois équivalents nécessaires à la réaction :

	PROPORTIONS RÉAGISSANTES.			PROPORTIONS PRODUITES.	
	Chlorate de cuivre.	Ammoniaque.	Eau.	Chlorate de cuivre quadribasique.	Chlorate d'ammoniaque.
Formules................	$(CuO,ClO^5)^4$	$+\ 3AzH^3$	$+\ 3HO$	$=\ (CuO)^4,ClO^5$	$+\ (AzH^3,HO,ClO^5)^3$
Nombres qu'elles représentent.	460	51	27	233,5	304,5

Sommes des proportions réagissantes.... 538   Somme des proportions produites. 538

Le chlorate de cuivre quadribasique étant soluble dans un excès d'ammoniaque, cet alcali doit être versé avec précaution et peu à peu dans la solution cuivrique, jusqu'au moment où la liqueur commence à se colorer en bleu. On laisse le dépôt se former, on décante la liqueur surnageante, on lave le précipité à l'eau distillée ou à l'eau de pluie, et, si l'on tient à utiliser le chlorate d'ammoniaque dissous, on réunit l'eau de lavage à la liqueur décantée. Le dépôt, additionné d'eau, est jeté sur un filtre et lavé jusqu'à ce que l'eau filtrée ne rougisse plus le papier de tournesol.

Si nous avons préparé ce sous-sel, c'est mû par le désir de n'omettre, dans ce livre, aucun des corps qui, dans notre pensée, peuvent être appliqués à l'art pyrotechnique, lui être utiles, ou même seulement intéresser l'artificier. En effet, considéré comme composé d'un équivalent de chlorate neutre de cuivre, combiné à trois équivalents de bioxyde de cuivre, ce sel basique, introduit dans des dosages convenables, devait pouvoir diminuer dans une certaine proportion la dose ordinaire du chlorate de potasse nécessaire à la déflagration. Nos prévisions se sont de ce côté-là réalisées. Avec le chlorate de cuivre quadribasique, nous avons préparé des lances d'un bleu très pur, plus belles certainement que celles dues à nos autres compositions, mais qui n'en diffèrent pas tellement que nous croyions devoir conseiller l'emploi de ce nouveau produit, l'oxychlorure et le sulfate de cuivre quadribasiques nous donnant toute satisfaction dans les compositions dues à nos dernières recherches, et étant d'un prix beaucoup moins élevé que le sel qui fait le sujet de cet article.

Il est vrai que si ce corps eût été nécessaire à l'artificier, les fabricants de produits chimiques auraient pu le livrer à des prix bien inférieurs à ceux résultant d'une opération de laboratoire, parce que, chez les fabricants, il n'est pas de résidus inutiles. Ainsi, en traitant par la baryte, produit aujourd'hui industriel, le chlorate d'ammoniaque fourni par la réaction de l'ammoniaque sur le chlorate de cuivre, ils obtiendraient du chlorate de baryte, ils recueilleraient l'ammoniaque régénérée et l'utiliseraient de nouveau, etc.

Quoi qu'il en soit, les artificiers qui aiment le nouveau, les amateurs surtout, pourront aisément, à l'aide de nos indications, préparer du chlorate de cuivre quadribasique, et, en lances comme en étoiles, faire l'application de ce composé, qui est insoluble dans l'eau, inaltérable à l'air, et dont l'emploi est sans danger.

§ 10. — CHLORATE DE CUIVRE ET DE POTASSE.

Ce composé est du nombre de ceux auxquels nous devons absolument interdire l'accès du laboratoire de l'artificier, comme un de ces produits de l'empirisme qu'un peu de réflexion eût empêché de mettre au jour.

Cet ingrédient, de l'invention de M. *Chertier*, n'est point simplement du chlorate de cuivre et de potasse, ainsi que l'indique le nom qui lui a été donné, mais un composé impur de deux sels doubles : le sulfate de potasse et de cuivre, le chlorate de potasse et de cuivre. C'est à raison de cette composition complexe que nous n'en avons point donné la formule en tête de cet article.

Après avoir proscrit avec raison l'emploi du sulfate

de cuivre dans les compositions d'artifices, comment M. *Chertier* a-t-il pu supposer qu'il suffisait d'ajouter à ce sel un équivalent de chlorate de potasse pour le rendre inoffensif? A la place d'un sel dangereux et, comme tel, répudié par lui, il en produit deux, possédant exactement les mêmes propriétés, mais impurs, plus ou moins souillés de composés basiques et même de bisulfate de potasse prenant naissance pendant le cours de l'opération : voilà en réalité le résultat auquel il arrive. Le sulfate double de potasse et de cuivre, ainsi que le chlorate double de potasse et de cuivre, pris isolément, participent tous deux de la nature de tous les sels de cuivre solubles et non basiques, c'est-à-dire qu'ils offrent une réaction acide à la teinture de tournesol. L'on comprendra donc qu'il ne puisse suffire d'en opérer le mélange d'une manière quelconque, pour leur enlever une des propriétés inhérentes à cette nature même.

Il sera facile au lecteur de s'assurer de l'exactitude de cette explication et de sa conformité avec les faits. Qu'il prépare du chlorate de cuivre et de potasse, soit au moyen des procédés indiqués par M. *Chertier* dans les deux éditions successives de son livre, — avec ou sans addition d'ammoniaque, — soit par toute autre méthode; qu'après avoir obtenu le sel, il en fasse dissoudre une partie dans l'eau distillée : une bandelette de papier de tournesol, plongée dans la liqueur, rougira en séchant, et, le plus souvent, à l'instant même de son immersion. Un tel résultat rendrait surabondants de plus longs commentaires.

§ 11. — CHLORATES DE MERCURE.

Le protoxyde et le bioxyde de mercure peuvent produire avec l'acide chlorique des sels neutres et des sels basiques. Ces derniers, étant insolubles et stables, pourraient certainement trouver quelque emploi dans la pratique de l'art pyrotechnique ; mais leur utilité ne nous étant pas démontrée, nous n'avons pas cru devoir augmenter le chapitre déjà étendu des chlorates des procédés de leur préparation, ni décrire leurs propriétés. Tel est le motif qui nous a engagé à ne pas donner les formules de ces composés en tête de ce paragraphe.

CHAPITRE VII.

Sulfates.

En se combinant avec les bases l'acide sulfurique peut donner naissance à des sels acides, neutres et basiques.

L'acide sulfurique a une action tellement énergique sur les chlorates, que cette action peut même se produire par le mélange de ces derniers sels avec certains sulfates qui, bien que rangés par les chimistes dans la catégorie des sels neutres, rougissent le tournesol. Il suit de là que parmi les sulfates *neutres*, les seuls qu'il soit permis à l'artificier d'employer, sont ceux qui n'ont pas d'action sur le papier réactif, tels que les sulfates de potasse, de soude, de baryte, de strontiane et de chaux : dans ces sels les bases neutralisant complètement l'acide.

Quant aux sulfates basiques, ils nous paraissent n'of

frir aucun danger, parce que les propriétés énergiques de l'acide sulfurique s'y trouvent tout à fait dissimulées.

§ 1ᵉʳ. — SULFATE DE POTASSE.

KO,SO^3.

Cette formule représente :

1 éq. de potasse...................... 47
et 1 éq. d'acide sulfurique. 40
____
constituant, par leur combinaison, l'éq. du sulfate neutre de potasse, soit 87

Ce sel est blanc ; sa saveur est un peu amère. Il est inaltérable à l'air. Ses cristaux, qui sont des prismes à six faces, terminés par des pyramides hexaèdres, ne contiennent point d'eau de cristallisation, mais souvent une petite quantité d'eau interposée.

D'après M. *Gay-Lussac*,

100 parties d'eau à + 12°,72 en dissolvent 10,57 p.
    Id.   à + 49°,00   id.   16,09
    Id.   à +101°,50   id.   26,33

Un litre d'une dissolution aqueuse de sulfate de potasse, saturée à + 15 degrés, contient :

Sulfate.	Eau.
98,43 gr.	979,00 gr.

La densité de cette dissolution est de 1077,43.

Le sulfate de potasse est insoluble dans l'alcool.

Ce sel est abondant dans la nature ; il existe dans les végétaux ligneux, dans les eaux de la mer, et fait partie des sels de varech. On le prépare, dans les laboratoires, en décomposant une dissolution de carbonate de potasse par l'acide sulfurique étendu et en évaporant la liqueur.

Nous faisons entrer le sulfate de potasse dans quelques compositions de feux colorés, les bleues notamment et les lilas, où il agit surtout comme modérateur, et produit ainsi d'assez bons effets. Employé seul, comme substance colorante, il ne donne qu'un rose très médiocre.

On se le procure chez les fabricants de produits chimiques. Avant de s'en servir, on doit s'assurer de sa neutralité au papier réactif, car un excès d'acide sulfurique lui ferait attirer l'humidité de l'air et rendrait son emploi dangereux.

Pour le purger de l'eau d'interposition qu'il peut contenir, on le pulvérise et on le fait dessécher sur le feu. Cette opération se fait sans inconvénient, parce que le sulfate de potasse résiste à l'action de la chaleur sans se décomposer, et qu'il entre seulement en fusion, sans s'altérer, lorsqu'on le soumet à une haute température.

Sa poudre doit être passée au tamis n° **2**.

Il arrive souvent que le sulfate de potasse qu'on trouve dans le commerce n'a pas été suffisamment purifié, et contient du sulfate de soude. Comme ce dernier sel, même en petite quantité, altérerait les colorations fournies par les compositions dans lesquelles on l'introduirait, il est utile d'essayer le sulfate de potasse avant d'en faire provision. On prépare, à cet effet, une composition pour lances bleues dans laquelle entre ce sel. La couleur de la flamme sera d'un beau bleu, si le sel est pur; s'il contient du sulfate de soude, elle sera d'un bleu blanchâtre ou grisâtre.

§ 2. — SULFATE DE SOUDE.

$$NaO, SO^3, 10HO.$$

Cette formule représente :

1 éq. de soude..........................	31
1 éq. d'acide sulfurique.................	40
et 10 éq. d'eau de cristallisation.............	90
constituant l'éq. du sulfate de soude cristallisé, soit	161

Ce sulfate, tel qu'il est représenté par la formule ci-dessus, forme de longs prismes à quatre pans terminés par des sommets dièdres. Ces cristaux sont incolores, doués d'une grande transparence, d'une saveur fraîche et d'une amertume désagréable. Exposés à un courant d'air, même froid, ils s'effleurissent, perdent rapidement les 56 p. 100 d'eau de cristallisation qu'ils contiennent, et deviennent tout à fait anhydres et pulvérulents. La poudre qu'ils produisent ainsi est excessivement légère et impalpable.

Lorsque ce sel se dépose d'une dissolution évaporée à une température qui dépasse $+$ 33 degrés, les cristaux obtenus sont anhydres.

D'après **M.** *Guibourt*, le sulfate de soude cristallisé est insoluble dans l'alcool.

Soumis à l'action de la chaleur, le sulfate de soude entre en fusion sans subir aucune décomposition.

La facilité avec laquelle le sulfate de soude, exposé à l'air, perd son eau de cristallisation pour passer à l'état anhydre, nous a engagé à faire quelques essais sur ce sel. Convenablement amalgamé avec le soufre et la colophane, il nous a produit de fort beaux jaunes, tant er étoiles qu'en lances. La combustion de ces dernières s'effectue surtout avec une régularité parfaite, et avec une lenteur qui rendrait l'emploi du sulfate de soude d'autant plus économique que ce composé est livré à très bas prix par le commerce. Cependant, il nous a fallu renoncer à l'utiliser, par la raison que, soumis à l'influence d'une atmosphère humide, il reprend son eau de cristallisation, et que, dès lors, les compositions dans lesquelles on l'a introduit ne peuvent plus brûler. C'est ainsi que des lances qui, fraîchement confectionnées, répandaient un très bel éclat en se consumant, ne brûlaient plus que fort mal, et avec émission d'une très petite flamme, pour être restées quelques jours au contact de l'air, par un temps pluvieux.

Le défaut d'emploi du sulfate neutre de soude en pyrotechnie serait regrettable, à cause de l'extrême bon marché de ce sel, si la kryolithe, aujourd'hui à bas prix, ne suffisait à produire toutes les colorations jaunes désirables.

§ 3. — SULFATE D'AMMONIAQUE.

$$AzH^3, HO, SO^3.$$

Cette formule représente :

1 éq. d'ammoniaque.	17
1 éq. d'eau de constitution.	9
et 1 éq. d'acide sulfurique.	40
constituant, par leur combinaison, l'éq. du sulfate d'ammoniaque, soit.	66

Croyant, sur la foi de tous les auteurs, le sulfate d'ammoniaque parfaitement neutre et stable à la température ordinaire, nous avons fait, il y a déjà longtemps, de nombreuses expériences sur ce sel. Dans toutes les compositions, il agit comme atténuant, comme modérateur de la combustion, en fonçant les couleurs bleues, lilas et rouges. Il nous a fallu, pourtant, renoncer à utiliser ces propriétés, lorsque nous avons eu reconnu que ce sel, par son exposition à l'air, cesse de conserver sa neutralité. Le sulfate d'ammoniaque n'est réellement neutre, dans l'acception ordinaire de ce mot, qu'à l'état de dissolution.

Pour nous assurer de ce fait, nous avons essayé successivement plusieurs échantillons de sulfate d'ammoniaque du commerce, après les avoir neutralisés, car ils ont tous été trouvés avec excès d'acide ; nous avons fabriqué ce sulfate de toutes pièces, en traitant de l'acide sulfurique faible par l'ammoniaque ; nous avons même eu le soin d'employer un grand excès de base, de manière à avoir une réaction très alcaline au papier réactif. Tous ces produits, quelle qu'ait été leur origine, se sont comportés de la même manière avec la teinture de tournesol. Le papier réactif, en séchant, a constamment rougi par suite de la volatilisation d'une partie de l'ammoniaque. Retrempé dans la dissolution de sulfate d'ammoniaque avec excès de base, il reprenait sa couleur bleue. Séché de nouveau, et cela avec tout le soin possible, à l'abri des rayons solaires, il repassait au rouge.

En présence de telles réactions, il eût été très imprudent de conseiller l'emploi du sulfate d'ammoniaque dans les compositions d'artifices, les chlorates étant indispensables pour faire brûler ce sel. S'il en est question ici, c'est seulement à cause de l'utilité qu'il y a pour le lecteur d'être instruit de ces faits, auxquels on peut donner l'explication suivante.

L'ammoniaque étant une base très volatile, la plupart des sels formés par ce corps ont une grande tendance à se décomposer pour produire des sels acides. Cette tendance est surtout favorisée par l'action de la chaleur, et même, pour quelques composés ammoniacaux, tels que les carbonates d'ammoniaque, elle se réalise et se manifeste à la température ordinaire. Il est facile de concevoir qu'un état d'extrême division produise également les mêmes phénomènes : or le sulfate d'ammoniaque dont on imprègne des bandelettes de papier bleu par la teinture de tournesol est certainement très divisé lorsque ce papier est devenu sec ; de là, la réaction acide. Il est évident aussi que du sulfate d'ammoniaque étant introduit dans une composition pyrotechnique, la même réaction acide devra être déterminée par la trituration que l'artificier fera subir au mélange, cette trituration n'ayant précisément d'autre objet que de réduire le plus possible la matière à l'état impalpable et de la diviser à l'extrême, afin de favoriser la décomposition de ses différents éléments.

§ 4. — SULFATE DE BARYTE.

$$BaO, SO^3.$$

Cette formule représente :

1 éq. de baryte....................................	76,5
et 1 éq. d'acide sulfurique........................	40,0
dont la combinaison constitue l'éq. du sulfate de baryte, soit..	116,5

Ce sel, nommé par les minéralogistes *spath pesant*, à cause de sa densité qui est considérable, existe abondamment dans la nature sous forme de rognons ou de masses fibreuses et lamellaires. Il constitue quelquefois des filons assez considérables, et sert souvent de gangue aux minerais d'antimoine, de plomb et de cuivre. Sous ces différents états, il n'est jamais pur ; il contient de la silice, de l'alumine, du carbonate et du sulfate de chaux, de l'oxyde de fer (*). Il est complètement insoluble dans l'eau ; aussi se forme-t-il tout à coup, lorsque à une dissolution d'un sel de baryte quelconque on ajoute de l'acide sulfurique ou un sulfate soluble.

Le sulfate de baryte sert, dans les fabriques de produits chimiques et dans les laboratoires, à préparer les autres combinaisons salines de la même base. A cet effet, on le décompose par le charbon, à l'aide d'un feu violent ; on obtient ainsi du sulfure de baryum qui, traité par les acides, produit les différents sels de baryte employés dans les arts.

Le sulfate de baryte ne donne pas de coloration à la flamme des mélanges combustibles ; mais, vu son abondance et son vil prix, nous l'employons avec avantage comme modérateur. On le pulvérise très facilement, et

---

(*) Le sulfate de baryte qu'on tire de l'Auvergne renferme même une notable proportion de sulfate de strontiane. M. *Baruel* ayant eu à préparer avec ce sulfate de baryte une assez grande quantité d'azotate barytique, conserva les eaux mères ; ces eaux, réunies et évaporées convenablement, lui ont fourni une proportion d'azotate de strontiane équivalente à la trentième partie de l'azotate de baryte obtenu.

plus facilement encore en l'exposant pendant quelques instants au milieu d'un brasier bien ardent, et en le plongeant immédiatement dans l'eau froide.

Le sulfate de baryte doit être passé au tamis n° 3.

Il faut bien se garder d'employer dans les compositions où nous faisons figurer ce sel, au lieu de sulfate naturel pulvérisé, du sulfate de baryte précipité dont on fait depuis quelques années une grande consommation en peinture décorative; l'état d'impalpabilité de ce dernier sulfate nuirait à la déflagration : nous nous en sommes assuré. Comme il serait difficile de se le procurer à l'état pulvérulent convenable, on l'achètera entier et on le pulvérisera.

§ 5. — SULFATE DE STRONTIANE.

$$StO, SO^3.$$

Cette formule représente :

1 éq. de strontiane........................	51,75
et 1 éq. d'acide sulfurique...................	40,00
dont la combinaison constitue l'éq. du sulfate de strontiane, soit..........................	91,75

Ce sel est bien moins abondamment répandu que le sulfate de baryte dans le règne minéral. Il existe, en Sicile, sous forme de beaux cristaux prismatiques et transparents. On le trouve dans plusieurs parties de la France, et notamment à Meudon, près Paris, ainsi qu'à Ménilmontant. Les échantillons provenant de ces dernières localités sont en masses opaques et grisâtres, renfermant de 10 à 20 p. 100 de carbonate de chaux. La poudre qu'ils donnent est blanchâtre.

Le sulfate de strontiane est sans saveur et, pour ainsi dire, insoluble dans l'eau. Il sert à préparer les autres sels de strontiane au moyen des procédés dont il est question à l'article qui traite du sulfate de baryte. On en fait usage dans quelques compositions de feux rouges ; son pouvoir colorant est peu intense. Il fait mieux en étoiles qu'en lances. Il paraît difficile d'obtenir avec cette substance une coloration d'un rouge pourpre ou ponceau, surtout en lances ; le ton de la flamme est toujours plus ou moins rose et carminé. C'est celui de tous les sels de strontiane usités qui donne le moins de reflet. On en jugera par la composition pour lances la plus belle que nous ayons pu obtenir avec le sulfate de strontiane. Seule, elle paraît d'un joli rouge, un peu carminé, avec assez d'éclat ; mais brûlant à côté des compositions à base de carbonate de strontiane, telles que les compositions n^{os} **1**, **2**, etc., etc., cet éclat s'évanouit presque en entier devant la splendeur et le brillant reflet que celles-ci répandent.

Nous avons fait des essais comparatifs sur un échantillon de sulfate de strontiane naturel contenant à peu près cinq centièmes de carbonate de chaux, et sur ce même sulfate purgé du carbonate de chaux au moyen de l'acide chlorhydrique. Une différence des plus marquées s'est manifestée par l'emploi de cette substance sous ces deux états. Le sulfate naturel a donné une jolie coloration rouge, un peu carminée, tandis que le sulfate traité par l'acide n'a plus brûlé qu'avec une flamme d'un rose médiocre, sans reflet et sans intensité. On doit donc attribuer à la présence du carbonate de chaux le parti qu'on peut tirer du sulfate de strontiane dans les feux rouges. Au surplus, nous avons fait à ce sujet une expérience concluante : nous avons ajouté au sulfate de strontiane traité par l'acide chlorhydrique une quantité de carbonate de chaux équivalente à celle qu'il possédait avant le traitement, ce sel a alors brûlé d'une manière identique à celle du sulfate naturel.

De nouvelles expériences sur ce composé, dont nous avions pour ainsi dire abandonné l'emploi, nous ont démontré que, si l'on ne pouvait l'utiliser pour en obtenir de beaux rouges, il était très apte à aider à la production d'autres colorations. Ainsi, le sulfate de strontiane, convenablement mélangé avec nos nouveaux composés cuivriques, nous a donné des étoiles violettes et lilas remarquables dont nous ferons figurer nos meilleures formules au chapitre des compositions.

On se procure le sulfate de strontiane chez les marchands de produits chimiques ; on le pulvérise et on le passe au tamis n° 2. La pulvérisation de ce composé est, comme celle du sulfate de baryte, rendue très facile, lorsqu'on le fait rougir au feu et qu'on le refroidit brusquement en le plongeant dans l'eau froide.

§ 6. — SULFATE D'ALUMINE ET DE POTASSE.

(*Alun*).

$$KO,SO^3 + Al^2O^3,3SO^3 + 24HO.$$

Cette formule représente :

1 éq. de sulfate de potasse.....................	87
1 éq. de sulfate d'alumine....................	172
et 24 éq. d'eau de cristallisation..................	216

constituant l'éq. du sulfate d'alumine et de potasse
cristallisé, soit. 475

Ce sel double, après avoir été privé de son eau de
cristallisation par l'action de la chaleur, est une poudre
blanche, connue sous le nom d'*alun calciné.*

L'alun ne peut être introduit dans les compositions
d'artifices; sa réaction est acide. Cependant il a été indiqué par *M. Chertier*, comme faisant partie d'une composition de feu bleu, à lui communiquée par un de ses
amis, lisons-nous dans son livre. Cette composition offre
des dangers réels et doit être rejetée. Nous le répétons :
la réaction de l'alun est très acide, — on ne doit ni
l'ignorer, ni l'oublier jamais, — le contact de ce sel
avec les chlorates peut donc donner lieu à une combustion spontanée.

Les artificiers, afin de diminuer la combustibilité du
carton, ajoutent ordinairement une petite quantité d'a-
lun à la colle avec laquelle ils confectionnent les cartouches des gros artifices. Cette méthode, qui pourrait être
remplacée par quelques autres, préférables sous plusieurs rapports, n'offre pas d'inconvénients sérieux

dans les limites restreintes dont nous faisons mention, et son examen se trouve, d'ailleurs, hors du sujet. Toutefois, nous conseillons fortement à nos lecteurs de ne pas se servir de colle alunée pas plus que de la mixture de sulfate d'ammoniaque et d'argile proposée par *M. Chertier*, lorsqu'ils auront à fabriquer les cartouches destinées à contenir des compositions chloratées, telles, par exemple, que le sont la plupart des compositions de flammes de Bengale ; et cela, afin d'éviter un contact, si minime qu'il puisse être, entre des corps à réactions aussi énergiques que les chlorates et les sulfates acides. Dans l'art dangereux dont nous nous occupons, les précautions ne sauraient être trop multipliées ni regardées comme trop minutieuses, car, selon toute probabilité, les incendies qui consument si fréquemment les ateliers de pyrotechnie ont ainsi pour causes des substances employées tout à fait empiriquement et sans une étude préliminaire de leur nature et de leurs propriétés.

§ 7. — SULFATE DE CUIVRE CRISTALLISÉ.

$$CuO, SO^3, 5HO.$$

Cette formule représente :

1 éq. de bioxyde de cuivre	39,5
1 éq. d'acide sulfurique	40,0
et 5 éq. d'eau de cristallisation	45,0
constituant l'éq. du sulfate de cuivre cristallisé, soit	124,5

Les cristaux de ce sel sont d'un très beau bleu lorsqu'il est pur. Ils contiennent assez souvent du sulfate de fer, qui leur donne une teinte verdâtre. Ces cristaux ne se dissolvent point dans l'alcool, mais ils sont très solubles dans l'eau, ainsi qu'on peut le voir par le tableau suivant, donné par *M. Baruel :*

POIDS DE L'EAU.	TEMPÉRATURE. Degrés centigrades.	POIDS DU SEL.	
100 p. d'eau à	0° dissolvent	31,81 p.	de sel.
—	à 10° —	36,95	—
—	à 20° —	42,31	—
—	à 40° —	56,90	—
—	à 60° —	77,39	—
—	à 80° —	118,00	—
—	à 100° —	203,32	—

Les cristaux de sulfate de cuivre s'effleurissent à l'air sec en perdant deux équivalents d'eau de cristallisation, ce qui les rend opaques. Par l'action d'une chaleur suffisante ($+$ vers 200 degrés), ils deviennent entièrement anhydres ; mais alors, si on les abandonne au contact de l'air, ils reprennent peu à peu leur eau de cristallisation. Enfin, exposés à une température très élevée, ils se décomposent en laissant un résidu de bioxyde de cuivre.

Le sulfate de cuivre ne peut être employé directement dans les compositions. Il donne toujours une réaction acide au papier bleu par la teinture de tournesol ; le faire entrer dans un mélange contenant du chlorate de potasse, ou un chlorate quelconque, serait donc extrêmement dangereux.

Le sulfate de cuivre nous sert, en pyrotechnie, à faire diverses préparations cuivriques : c'est à ce titre que nous lui avons donné place dans notre livre.

Comme il est utile que ces préparations soient le moins possible souillées par les composés ferriques que renferment presque toujours les sulfates de cuivre du commerce, il sera bon, quand on entreprendra ces opérations, de laisser, pendant quelques jours, exposées à l'air les dissolutions de sulfate de cuivre. Si le sel employé est pur, ou à peu près, les dissolutions seront d'un beau bleu, tandis que, si elles renferment du sulfate de fer, elles auront une teinte verdâtre. En ce cas, leur exposition à l'air aura pour résultat de leur donner une teinte ocracée, puis de déterminer la formation d'un léger précipité ferrugineux qu'on séparera par filtration avant de se servir de la liqueur.

§ 8. — SULFATE D'AMMONIAQUE CUPRICO-AMMONIACAL.

(Sulfate de cuivre ammoniacal).

$$(AzH^3, HO, SO^3), (AzH^3, CuO).$$

Abstraction faite du groupement moléculaire qu'elle représente, cette formule se compose de :

2 éq. d'ammoniaque......................	34,0
1 éq. d'eau de constitution..............	9,0
1 éq. d'acide sulfurique.................	40,0
et 1 éq. de bioxyde de cuivre............	39,5
lesquels, par leur combinaison, constituent l'éq. du sulfate d'ammoniaque cuprico-ammoniacal, soit.....	122,5

Le composé qui fait le sujet de cet article est connu des chimistes sous la dénomination de *sulfate de cuivre ammoniacal*. Cette dénomination ne nous semble pas bien exacte, — nous en donnerons les motifs tout à l'heure, — aussi avons-nous cru devoir la remplacer par un nom qui, à notre avis, exprime mieux la nature de ce corps.

Non-seulement nous n'employons cette substance dans aucun de nos dosages, mais nous devons recommander, de la manière la plus expresse, son exclusion des ateliers dans lesquels on en fait usage. On la prépare ordinairement, pour les besoins de la pyrotechnie, en traitant le sulfate de cuivre cristallisé par deux à quatre fois son poids d'ammoniaque du commerce, et en desséchant le produit à une douce chaleur. La matière, après l'évaporation de l'ammoniaque en excès, renferme une grande quantité de sulfate d'ammoniaque, et peut, par conséquent, donner lieu à des combustions spontanées. Nous avons même de fortes raisons de croire que c'est particulièrement à l'emploi de cet ingrédient qu'il faut attribuer la plupart des incendies qui, dans le temps, se sont manifestés dans plusieurs ateliers d'artifices, et notamment à Marseille, à Lyon, à Vincennes, etc., etc. (*). Les faits ci-après servent de base à cette opinion.

En l'année 1850, un livre, sans nom d'auteur, inti-

(*) Est-ce également l'emploi de ce sulfate qu'il faut donner pour cause à l'incendie qui, en l'année 1859, a dévoré la fabrique de produits pyrotechniques de Mme *Coton*, à Londres ? Nous l'ignorons, puisque, sans tenir compte des accidents ordinaires, plusieurs autres matières offrent des dangers aussi imminents. Les détails de cet événement, dont tous les journaux ont retenti, sont réellement effrayants, et démontrent une fois de plus qu'aujourd'hui, pour être artificier, il ne suffit pas d'être un habile ouvrier.

tulé *Cours abrégé d'artifices*, et publié avec l'autorisation du Ministre de la guerre, fut édité à Strasbourg. Nous n'eûmes connaissance de cet ouvrage que trois ans plus tard, et nous fûmes très étonné, en le lisant, d'y voir le *sulfate de cuivre ammoniacal*, composé depuis longtemps connu des chimistes, indiqué, *seul*, comme substance à employer pour produire les colorations bleues, lorsque tant d'autres, à une foule de titres, devaient lui être préférées. Ayant mis à profit les résultats de nos expériences sur le sulfate d'ammoniaque, nous nous étions assuré de la réaction acide du sulfate d'ammoniaque cuprico-ammoniacal sur le papier bleu par la teinture de tournesol, et, par conséquent, du danger de mélanger ce corps avec les chlorates. Sachant, en outre, la nature hygrométrique de cette substance, il n'avait pu nous venir à la pensée d'essayer de l'utiliser pour la préparation des artifices colorés. Mais, dès ce moment, nous fûmes désireux de la soumettre à quelques essais, et nous en préparâmes sans retard une certaine quantité. Il est inutile d'ajouter que nous prîmes les précautions nécessaires pour conserver sans crainte d'accidents les mélanges dans lesquels nous l'introduisîmes.

Voici quels ont été les résultats de ces expériences :

Quatre-vingt-trois jours après avoir été fabriquées, des lances bleues à base de sulfate ammoniacal, contenues dans une petite boîte exposée à l'air et placée dans un lieu abrité, se sont enflammées spontanément.

Afin de ne rien négliger pour rendre nos expériences plus concluantes, nous avons préparé de nouveau du sulfate d'ammoniaque cuprico-ammoniacal en prenant toutes les précautions possibles, c'est-à-dire en nous servant de sulfate de cuivre *pur* et en le traitant par un très grand excès d'ammoniaque. Nous l'avons fait dessécher sans le secours du feu, en le mettant simplement dans des vases plats, exposés à l'air, à l'abri des rayons du soleil. Une fois sec, nous nous en sommes servi pour faire deux compositions : l'une de feu bleu, l'autre de feu lilas. Ces compositions ont été renfermées dans des flacons de cristal, lesquels, bouchés soigneusement avec de bon liège, ont été placés ensuite dans une caisse en bois assez spacieuse et convenablement close. Un peu moins de deux ans plus tard, après avoir de temps en temps visité la caisse, nous avons pu constater que la composition de feu bleu avait conflagré. La déflagration s'était opérée en entier dans le flacon qui fut trouvé seulement fêlé et non brisé. Une des parois de la caisse, — celle contre laquelle était appuyé le flacon, — portait de fortes marques de carbonisation ; mais la composition de feu lilas était restée intacte, malgré le voisinage comburant auquel elle avait été soumise.

Le simple exposé de ces faits aurait pu nous dispenser de chercher à les expliquer. Cependant, comme l'importance du sujet est réelle, nous ferons suivre cet exposé d'une appréciation que nous croyons exacte sur la cause du danger présenté par l'emploi du sulfate d'ammoniaque cuprico-ammoniacal.

On voit, en examinant la composition brute de ce corps, qu'il contient de l'ammoniaque, de l'eau, du bioxyde de cuivre et de l'acide sulfurique. Nous le considérons comme une combinaison d'ammoniaque et de bioxyde de cuivre, — combinaison dans laquelle le bi-

oxyde de cuivre joue en quelque sorte le rôle d'acide,
— unie à du sulfate d'ammoniaque (*).

(*) A l'appui de cette opinion et du nom par nous donné au
composé qui fait le sujet de cet article, nous citons l'extrait suivant d'un mémoire de M. *Kane*, inséré dans le 72ᵉ volume des *Annales de chimie et de physique*, p. 265 année 1839).

« En considérant la manière dont le *sulfate ammoniacal de
« cuivre* se forme, nous ne pouvons admettre que l'oxyde de cui-
« vre soit uni à l'acide sulfurique ; en ajoutant de l'ammoniaque
« liquide à une dissolution de sulfate de cuivre, l'action consiste
« à séparer graduellement l'acide sulfurique du cuivre, et quand,
« par un excès d'alcali, le précipité se redissout, il n'y a rien
« dans la réaction qui tende à faire rentrer le cuivre dans sa com-
« binaison primitive, tant s'en faut. Par cette raison, j'applique-
« rai à ce composé la formule

$$AzH^3,HO,SO^3 + AzH^3,CuO.$$

« c'est-à-dire que je le regarde comme du *sulfate d'ammoniaque uni
« à de l'oxyde de cuivre et à un autre équivalent d'ammoniaque.* »

Notre manière d'envisager la constitution de ce composé est,
à peu de chose près, on le voit, la même que celle de M. *Kane*.
Pour nous, cependant, le sulfate d'ammoniaque y est uni à une
combinaison de bioxyde de cuivre et d'ammoniaque, combinaison
anormale, il est vrai, mais favorisée par la présence même du
sulfate d'ammoniaque. Notre formule, qui, d'ailleurs, est exactement la même que celle du chimiste par nous cité, exprime cette
combinaison. Nous sommes même porté à croire que M. *Kane*, par
inadvertance, a mal rendu compte de sa formule, laquelle, pour
être conforme à l'explication donnée, aurait dû être écrite ainsi :

$$AzH^5,HO,SO^3 + CuO + AzH^5.$$

Ce qu'il y a de très remarquable dans ce sulfate ammoniacal,
dont on doit l'analyse à M. *Berzelius*, c'est l'absence d'un second
équivalent d'eau ; fait contraire à la constitution ordinaire des
sels ammoniacaux produits par les oxacides.

Mais, à coup sûr, dans ce composé, les propriétés du dernier sel ne se trouvent aucunement modifiées en ce qui concerne sa réaction acide ; c'est-à-dire que, en séchant, même à la température ordinaire, il perd une partie de son ammoniaque, et qu'il contient dès lors une certaine quantité d'acide sulfurique libre dont l'action sur les chlorates peut tôt ou tard se faire sentir. Nous disons tôt ou tard, car, peu de temps avant le moment où nous écrivions ces lignes, — vers la fin de l'année 1857, — nous possédions, encore intact, le flacon de composition de feu lilas que, par des raisons de sécurité qui seront appréciées de nos lecteurs, nous n'avons pas jugé à propos de conserver plus longtemps.

Pourquoi, de ces deux mélanges placés dans les mêmes conditions, et contenant tous deux le même élément dangereux, — en des proportions différentes, il est vrai, — un seul s'est-il enflammé spontanément ? Pendant quel espace de temps l'autre se serait-il conservé sans altération ? Ce sont là des questions auxquelles il ne nous est pas possible de répondre. Nous nous bornons donc à constater les faits ; mais nous sommes effrayé en songeant aux conséquences désastreuses que peut occasionner la présence d'un tel composé dans les magasins d'artifices, à bord des navires, et partout enfin, car, partout, son emploi est un danger.

Nous aimons à penser que, depuis la publication de la première édition de ce traité, les artificiers civils et militaires ont abandonné l'emploi d'un composé aussi dangereux pour le remplacer par l'oxychlorure de cuivre, dont nous leur avons indiqué les propriétés avantageuses à tant de titres ; mais comme les vieilles routines sont en général difficiles à déraciner ; que, d'un autre côté, nous n'avons pas la prétention de croire que notre livre a été répandu et lu partout ; comme, enfin, il ne saurait être recommandé trop de précautions pour la sécurité des ateliers, nous n'avons pas cru devoir nous dispenser de faire de nouveau mention d'une substance que l'artificier doit à jamais proscrire de ses manipulations.

§ 9. — SULFATE DE CUIVRE QUADRIBASIQUE.

$$(CuO)^4, SO^3, 4HO.$$

Cette formule représente :

4 éq. de bioxyde de cuivre.	158
1 éq. d'acide sulfurique.	40
et 4 éq. d'eau.	36
dont la combinaison forme l'équivalent du sulfate de cuivre quadribasique, soit.	234

Le composé que nous venons de formuler est un de ceux qui ont leur emploi tout indiqué en pyrotechnie, à cause de son insolubilité et de son inaltérabilité. Aussi, dès que nous avons eu constaté, après de nombreux essais, tout le parti qu'on en pouvait tirer, l'avons-nous signalé à quelques adeptes de l'art pyrotechnique, qui se sont empressés de l'utiliser et en ont eu toute satisfaction. Ce corps rivalise en effet avec l'oxychlorure de cuivre pour la production des feux bleus, qu'on peut, grâce à son aide, obtenir de toute beauté. Quant à sa préparation, elle a l'avantage d'être beaucoup plus prompte, sinon plus facile, que celle de l'oxychlorure.

Le sulfate de cuivre quadribasique peut être produit

par plusieurs méthodes ; celle que nous préférons, parce qu'elle est la plus économique et qu'en même temps elle donne un produit d'une composition constante, consiste dans le traitement du sulfate de cuivre cristallisé par l'ammoniaque en dissolution.

L'équation suivante indique la réaction :

	PROPORTIONS RÉAGISSANTES.		PROPORTIONS PRODUITES.		
	Sulfate de cuivre crist.	Ammoniaque.	Sulfate de cuivre quadribasique.	Sulfate d'ammoniaque.	Eau.
Formules.........	$(CuO,SO^3,5HO)^4$ +	$3AzH^3$ =	$(CuO)^4,SO^3,4HO$ +	(AzH^3,HO,SO^3) +	$13HO.$
Nombres qu'elles re-présentent.......	498	51	234	198	117

Somme des proportions réagissantes. 549   Somme des proportions produites. 549

Dans cette réaction les **3** équivalents d'ammoniaque se combinent avec 3 des équivalents du sulfate de cuivre pour former du sulfate d'ammoniaque qui reste en dissolution, tandis que le sulfate de cuivre quadribasique se précipite à l'état insoluble.

Les **13** équivalents d'eau devenus libres proviennent de l'eau de cristallisation du sulfate de cuivre mis en réaction, lequel en contenait **20** équivalents en totalité, et dont **4** se sont fixés sur le sulfate quadribasique ; les **3** autres représentent l'eau nécessaire à la constitution du sulfate d'ammoniaque.

PRÉPARATION.

Afin d'être aussi explicite que possible, nous basons les détails de la préparation du sulfate de cuivre quadribasique sur les nombres mêmes qui figurent dans l'équation précédente, en y ajoutant celui de l'eau nécessaire à la réaction, c'est-à-dire :

4 équivalents du sulfate de cuivre cristallisé. . . . . 498 gram.

3 équivalents d'ammoniaque contenus dans 269 grammes d'ammoniaque liquide à 21 degrés (Baumé), soit. . 29 centilit.

et eau. . . . . 10 litres.

Le sulfate de cuivre, grossièrement écrasé, est mis dans un vase de grès ou de verre avec l'eau destinée à le dissoudre.

Dans la dissolution, qu'on peut peut activer par l'agitation, on verse à petit filet l'ammoniaque liquide en agitant le mélange sans interruption, puis on laisse le précipité se rassembler au fond du vase et l'eau surnageante devenir limpide. Si l'ammoniaque employée était exactement au degré voulu, cette eau, qui tient en dissolution le sulfate d'ammoniaque produit, sera à peu près incolore ou *très légèrement* teintée de bleuâtre. Il est bon, du reste, d'y ajouter quelques gouttes d'ammoniaque pour déterminer cette teinte si elle n'existe pas.

Le précipité étant bien massé au fond du vase, on décante la liqueur et on la remplace par de nouvelle eau, qu'on agite avec le dépôt afin de le bien laver. On recommence une deuxième fois le même lavage, puis, après avoir enfin décanté la plus grande partie du liquide, on verse tout le contenu du vase sur un filtre de toile assez serrée pour ne pas laisser passer le dépôt.

Si les dernières portions du liquide que laisse égoutter le filtre rougissent le papier de tournesol, on verse de l'eau sur ce filtre pour achever de purger le sel quadribasique des dernières traces du sulfate d'ammoniaque qui le souillent.

Le sulfate de cuivre quadribasique, devenu sec, forme une masse pulvérulente légèrement agglomérée. Sa teinte est verdâtre si le sulfate de cuivre dont on s'est servi contenait un peu de sulfate de fer, ce qui arrive assez souvent, ou bien si la quantité d'ammoniaque s'est trouvée insuffisante. Dans le cas contraire, elle est bleuâtre. Quoi qu'il en soit, le produit obtenu doit s'écarter fort peu du poids théorique, qui est de 234 grammes, et il donne les mêmes effets dans les compositions où il figure.

Le kilo de sulfate de cuivre cristallisé coûtant 0 fr., 70 centimes et celui de l'ammoniaque 0 fr., 70 centimes, le sulfate de cuivre quadribasique reviendra à 2 fr. 35 cent. le kilo.

§ 10. — SULFATE CUPRICO-CALCIQUE.

$$(CuO)^4, SO^3, 4HO + (CaO, SO^3, 2HO)^3.$$

Cette formule représente :

1 éq. de sulfate de cuivre quadribasique.......	234
et 3 éq. de sulfate de chaux..................	258
dont la combinaison, ou plutôt le mélange intime, constitue le sulfate cuprico-calcique..........	492

Toujours mû par le désir de fournir à l'artificier des matériaux nouveaux et, en même temps, économiques, nous avons imaginé de préparer le composé formulé ci-dessus, auquel nous avons donné le nom de sulfate cuprico-calcique. En faisant cette préparation, nous avions la persuasion que nous en obtiendrions de bons résultats ; notre attente n'a pas été trompée.

Bien que le sulfate cuprico-calcique contienne un peu plus de moitié de son poids de sulfate de chaux, comme ce dernier sel ne donne par lui-même qu'une coloration rose très pâle, cette coloration n'atténue pour ainsi dire pas celle fournie par le sulfate de cuivre quadribasique ; elle l'atténue d'autant moins qu'ici l'oxyde de cuivre se trouve dans un état d'extrême division, ce qui permet à son pouvoir colorant de se manifester avec toute son intensité. Aussi, avons-nous pu préparer, à l'aide de ce composé, des étoiles violettes et lilas remarquables, et même, sans l'addition d'aucun autre sel cuivrique, de belles lances bleues. On en trouvera les diverses formules au chapitre des compositions.

La préparation du sulfate cuprico-calcique est des plus simples ; elle consiste à traiter le sulfate de cuivre par le carbonate de chaux en excès en présence de l'eau.

L'équation et le tableau qui suivent expriment le résultat de la double décomposition produite par l'action du sel de cuivre sur celui de chaux.

	PROPORTIONS RÉAGISSANTES.		PROPORTIONS PRODUITES.			
	Sulfate de cuivre cristallisé.	Carbonate de chaux.	Sulfate de cuivre quadribasique	Sulfate de chaux.	Eau.	Acide carboniq.
Formules.........	$(CuO,SO^3,5HO)^4$ +	$(CaO,CO^2)^3$ =	$(CuO)^4,SO^3,4HO$ +	$(CaO,SO^3,2HO)^3$ +	$(HO)^{10}$ +	$3CO^2$.
Nombres qu'elles représentent.	498	150	234	258	90	66

Somme des proport. réagissantes. 648   Somme des proportions produites. 648

La réaction est des plus simples :

Le sulfate de cuivre décompose le carbonate de chaux en se décomposant lui-même ; 3 équivalents d'acide sulfurique de ce sulfate s'en séparent, se combinent avec la chaux du carbonate en expulsant l'acide carbonique qui devient libre, tandis que les 3 équivalents de bioxyde de cuivre laissés par l'acide sulfurique forment, avec l'équivalent de sulfate de cuivre non décomposé, du sulfate quadribasique. Enfin, des **20** équivalents d'eau que renfermaient les **4** équivalents de sulfate de cuivre mis en réaction, **10** sont mis en liberté.

Toutefois, pour que la décomposition du sulfate de cuivre s'effectue convenablement, il faut, nous l'avons dit, employer un excès de carbonate calcaire, et il est même nécessaire que ce carbonate soit à l'état de craie. Ainsi, au lieu de 150 parties de carbonate, quantité théorique figurée dans l'équation précédente, on en prendra 160 parties.

Voici maintenant le détail de l'opération, pour laquelle nous emploierons les nombres mêmes de l'équation, plus l'excès de craie nécessaire.

Dans un vase de grès d'une capacité suffisante, on fait dissoudre 498 grammes de sulfate de cuivre cristallisé, aussi pur que possible (*), dans 2,500 grammes d'eau de fontaine bien limpide. Dans un autre vase, on met en bouillie avec 1500 grammes d'eau 160 grammes de craie préalablement pulvérisée et passée au tamis n° 1. Cette bouillie est versée en entier dans la dissolution cuivrique, et l'on brasse bien le tout pendant un instant. Comme le dépôt gagne promptement le fond du vase, on brasse ainsi deux ou trois fois, puis on laisse le mélange en repos. Au bout de quinze à vingt minutes, la réaction commence. De grosses masses se détachent du fond du vase et gagnent la surface du liquide ; des bulles gazeuses s'en séparent, tandis que le dépôt s'affaisse.

A ce moment-là, il convient, pour activer la réaction, d'agiter le mélange : on peut se servir, à cet effet, d'une spatule ou d'une tige de bois dur ; la liqueur commence

---

(*) Il faut le choisir bien bleu et non verdâtre.

à être d'un bleu moins foncé, et le dépôt, plus volumineux, prend une teinte verdâtre.

La réaction continue ainsi lentement. Il est bon, pour précipiter l'opération, d'agiter le mélange de temps à autre, parce que le sulfate de chaux, devenant de plus en plus abondant, forme une sorte de pâte qui s'oppose au dégagement du gaz acide carbonique.

Au bout de trois ou quatre heures environ, si l'on a eu soin de ne pas laisser trop longtemps le mélange sans l'agiter, la liqueur surnageante n'a plus qu'une teinte bleu pâle. On agite alors la masse sans interruption pendant deux minutes ; on recommence à deux ou trois reprises à remuer fortement le dépôt, et on laisse le tout en repos jusqu'au lendemain. L'eau, devenue limpide, est alors à peu près incolore et ne contient qu'une très faible quantité de sulfate de cuivre qu'on achève de précipiter avec un peu d'ammoniaque.

La durée de l'opération dépend du temps qu'on a employé à agiter la préparation. Elle est beaucoup moins longue en été qu'en hiver, et de l'eau très chaude, sinon bouillante, l'active notablement.

Pour séparer le composé cuprico-calcique de sa liqueur, on verse le mélange sur un carré de toile ou sur un filtre quelconque ; on laisse filtrer le liquide en presque totalité, puis on lave la matière saline sur le filtre avec une quantité d'eau suffisante pour que les dernières gouttes ne rougissent plus le papier du tournesol.

Il ne s'agit plus que de laisser sécher le produit qui, à l'état sec, constitue une poudre volumineuse, légère, farineuse, et d'un bleu très pâle, légèrement verdâtre. Cette poudre est à peine agglomérée et se laisse aisément diviser à l'état impalpable dans les mélanges où on l'introduit.

Les quantités de sulfate de cuivre et de craie employées devraient donner un produit pesant 502 grammes, composé de :

Sulfate de cuivre quadribasique. . . . . . 234 gr.
Sulfate de chaux. 258
Carbonate de chaux en excès. 10
Poids total. . . . . 502 gr.

Mais ce poids est un peu réduit par le lavage, parce que le sulfate de chaux est légèrement soluble dans l'eau. Quoi qu'il en soit, le sulfate de cuivre cristallisé coûtant environ 0 fr., 70 centimes le kilo, il est facile de se rendre compte du bas prix de notre nouveau composé, soit environ 0 fr., 90 centimes le kilo.

CHAPITRE VIII.

Carbonates.

Les carbonates, combinaisons du gaz acide carbonique avec les bases, forment une nombreuse famille.

Cristallisés ou amorphes, quelques-uns sont très répandus dans la nature ; d'autres sont des produits de l'art.

Nous traiterons seulement ici de ceux de ces corps qui, directement ou indirectement, peuvent être utiles à l'artificier.

§ 1ᵉʳ. — CARBONATE DE POTASSE.

KO,CO².

Cette formule représente :

1 éq. de potasse.	47
et 1 éq. d'acide carbonique.	22
formant l'éq. du carbonate de potasse, soit.	69

La formule ci-dessus s'applique au carbonate de potasse pur et anhydre. Ce sel, tel qu'il est livré par le commerce sous les différents noms de *potasse*, *sous-carbonate de potasse*, *perlasse*, *sel de tartre*, est loin d'être du carbonate pur ; il contient ordinairement de 3 à 5 p. 100 de carbonate de soude, une assez forte proportion de sulfate de potasse, une petite quantité d'autres sels, et quelques matières fixes insolubles. En général, les diverses potasses du commerce ne renferment que les trois quarts de leur poids, au plus, de carbonate de potasse réel. Le sel de tartre seul fait exception à ce qui vient d'être dit ; préparé par la calcination du bitartrate de potasse ou par celle d'un mélange de bitartrate et d'azotate de potasse, il fournit un carbonate presque pur ; mais ce sel est très rare aujourd'hui.

A ce qui précède, nous devons ajouter qu'il existe un produit commercial fort abondant, fréquemment vendu sous le nom de potasse, lequel n'est autre chose que de la *soude artificielle*, provenant de la décomposition du sulfate de soude par la craie et le charbon. Il n'est sans doute pas utile d'insister sur la nécessité de se tenir en garde contre cette prétendue potasse. Pour les usages domestiques et une foule d'autres emplois, elle remplit parfaitement le but qu'on en attend ; mais, dans les manipulations qui concernent les produits pyrotechniques, elle donnerait certainement de détestables résultats.

Le carbonate de potasse ne pouvant avoir d'utilité dans le laboratoire de l'artificier que pour la préparation des carbonates insolubles, les renseignements précédents étaient nécessaires afin de démontrer la préférence qui, pour ces sortes d'opérations, doit être accordée au carbonate d'ammoniaque. Ce dernier sel fournit, en effet, des produits constamment purs, résultats qu'on ne saurait atteindre, avec le carbonate de potasse, sans une purification préalable qui en augmenterait considérablement le prix, car cette purification devrait principalement avoir pour objet l'élimination de l'élément sodique.

Le carbonate de potasse, abandonné au contact de l'air, absorbe rapidement la vapeur d'eau qui y est contenue, et se résout en un liquide sirupeux, autrefois nommé *huile de tartre*. Si donc on était obligé de se servir de carbonate de potasse pour effectuer la préparation des carbonates insolubles, il faudrait, d'après ce que l'on vient de voir, tâcher de se procurer la qualité la plus pure, du sel de tartre, par exemple, et jusqu'au moment d'en faire usage, le conserver dans des vases bien bouchés.

§ 2. — CARBONATE DE SOUDE CRISTALLISÉ.

$$NaO,CO^2,10HO.$$

Cette formule représente :

1 éq. de soude............................	31
1 éq. d'acide carbonique...................	22
et 10 éq. d'eau de cristallisation..............	90
lesquels constituent l'éq. du carbonate de soude cristallisé, soit...........................	143

Les cristaux de ce sel, nommés communément *cristaux de soude*, sont des prismes rhomboïdaux très gros, incolores et transparents. Exposés à l'air, ils s'effleurissent et perdent la moitié de leur eau de cristallisation. Par l'action d'une douce chaleur, ils fondent dans cette eau, qui, à $+ 100$ degrés, se dégage entièrement et laisse le sel à l'état anhydre. Si l'on élève suffisamment la température, le carbonate de soude subit la fusion ignée. Après avoir été ainsi fondu et pulvérisé, il est employé par quelques artificiers, mais bien à tort, car il ne tarde pas à reprendre de l'eau à l'atmosphère, ce qui fait que les compositions dont il fait partie ne peuvent se conserver ou brûlent mal.

L'extrême bon marché de ce sel nous a engagé à l'utiliser pour précipiter le carbonate de strontiane destiné aux feux jaunes.

La solubilité du carbonate de soude a été déterminée par *M. Payen.* Il est bon de la faire connaître.

D'après ce chimiste,

POIDS DE L'EAU.	TEMPÉRATURE. Degrés centigrades.	POIDS DU SEL cristallisé.
100 parties à $+$ 14 dissolvent		60,4 p.
100 id. à $+$ 36 id.		833,0 p.
100 id. à $+$ 104 id.		445,0 p.

Ainsi la solubilité, au lieu de croître d'une manière uniforme avec la température, jusqu'à l'ébullition, comme cela a lieu ordinairement, n'augmente en réalité que jusqu'à $+$ 36 degrés pour diminuer au delà.

Un litre d'une dissolution de carbonate de soude, saturée à $+$ 15 degrés, contient :

Sel.	Eau.
464,23 gr.	702,75 gr.

La densité de cette dissolution est de 1166,98.

§ 3. — BICARBONATE DE SOUDE.

$$NaO,(CO^2)^2,HO.$$

Cette formule représente :

1 éq. de soude.	31
2 éq. d'acide carbonique, $22 \times 2 =$	44
et 1 éq. d'eau d'hydratation.	9

lesquels constituent l'éq. du bicarbonate de soude.

soit.	84

Le bicarbonate de soude n'offre pas les inconvénients du carbonate neutre. Il n'est point hygrométrique, et, comme il ne contient qu'un seul équivalent d'eau, il peut brûler facilement. De plus, son prix commercial n'est pas élevé.

Il serait facile d'obtenir le bicarbonate de soude en cristaux blancs et transparents, mais, tel que l'offre le commerce, il se présente en masses amorphes et opaques. L'eau, à la température de $+$ 10 degrés, n'en dissout que la dixième partie de son poids. A 70 degrés, 100 parties d'eau dissolvent 16 p. 69 de ce sel. Au-dessus de 70 degrés, une dissolution de bicarbonate de soude commence à laisser dégager de l'acide carbonique. On voit que ce sel n'est pas très soluble. Aussi les compositions dans lesquelles on le fait entrer se gardent aisément, surtout dans un air sec. Il ne faudrait pas les abandonner pendant plusieurs mois consécutifs dans un air chargé d'humidité, parce que le bicarbonate de soude se décomposerait peu à peu, et, en perdant son acide carbonique, finirait par se changer en carbonate neutre. Pour qu'un tel résultat eût lieu, il faudrait cependant l'action constante et prolongée de l'humidité, car nous avons conservé, pendant près de deux ans, sans trop de précaution, des lances au bicarbonate de soude; au bout de ce temps, elles ont brûlé parfaitement, et tout aussi bien que si elles eussent été nouvellement confectionnées. Il est vrai qu'elles ne contenaient aucun azotate au nombre de leurs éléments.

Cependant nous avons pour ainsi dire abandonné l'emploi de ce sel depuis que nous avons appliqué la kryolithe à la production de toutes les sortes de feux jaunes sans exception, ce dernier composé pouvant être mélangé sans subir la moindre altération à toutes les substances dont on se sert dans les ateliers, tandis que le bicarbonate de soude, en contact intime avec les azotates de baryte et de strontiane, ne saurait supporter l'action de l'humidité sans se décomposer en partie et tromper l'attente de l'artificier.

Le bicarbonate de soude contient 27,38 p. 100 de sodium.

§ 4. — CARBONATE NEUTRE D'AMMONIAQUE.

$$AzH^3, HO, CO^2.$$

Cette formule représente :

1 éq. d'ammoniaque. 17
1 éq. d'eau de constitution.   9
et 1 éq. d'acide carbonique. 22

dont la combinaison produit l'équivalent du carbonate neutre d'ammoniaque, soit. 48

Le carbonate neutre d'ammoniaque est toujours un produit artificiel qui ne peut exister à l'état solide, mais seulement en dissolution dans l'eau ou l'alcool.

C'est toujours la dissolution aqueuse de carbonate neutre d'ammoniaque que nous employons pour produire les carbonates insolubles, et non celle du sel décrit dans le paragraphe suivant, dont on se sert assez ordinairement, et à tort.

La raison en est simple. Quand, pour opérer ces précipitations, on fait usage du sesquicarbonate d'ammoniaque, ce sel étant composé de **2** équivalents d'ammoniaque et de 3 équivalents d'acide carbonique, — c'est-à-dire de **2** équivalents de carbonate neutre et de 1 équivalent d'acide carbonique, — les **2** équivalents de carbonate neutre entrent seuls en réaction, tandis que l'acide devenu libre s'échappe à l'état gazeux, et est perdu pour l'opérateur.

L'équation suivante exprime la production du carbonate neutre d'ammoniaque au moyen de l'ammoniaque et du sesquicarbonate d'ammoniaque:

	PROPORTIONS RÉAGISSANTES.		PROPORTIONS PRODUITES.	
	Sesquicarbonate d'ammoniaque.	Ammoniaque.	Carbonate neutre d'ammoniaque.	Eau.
Formules....................	$(AzH^3)^2,2HO,(CO^2)^3,3HO$	$+ \quad AzH^3 \quad =$	$(AzH^3,HO,CO^2)^3$	$+ \quad 2HO.$
Nombres qu'elles représentent..	145	17	144	18

Sommes des proportions réagissantes........ 162 Somme des proportions produites. 162

Pour donner naissance au carbonate neutre d'ammoniaque, il suffit de faire dissoudre, dans une quantité convenable d'eau, un équivalent de sesquicarbonate d'ammoniaque, et d'ajouter à la dissolution l'équivalent d'ammoniaque nécessaire pour neutraliser le troisième équivalent d'acide carbonique. On obtient ainsi trois équivalents de carbonate neutre.

A l'article qui concerne le carbonate de strontiane précipité, au lieu des nombres théoriques précédents, nous donnerons ceux qu'il convient d'employer pour la réalisation de l'opération.

§ 5. — SESQUICARBONATE D'AMMONIAQUE.

$$(AzH^3)^2,2HO,(CO^2)^3,3HO.$$

Cette formule représente :

2 éq. d'ammoniaque.	34
2 éq. d'eau de constitution.	18
3 éq. d'acide carbonique.	66
et 3 éq. d'eau de cristallisation.	27
formant l'éq. du sesquicarbonate d'ammoniaque, soit.	145

Le sesquicarbonate d'ammoniaque formulé ci-dessus est le sel produit par la distillation d'un mélange de carbonate de chaux et de sulfate ou de chlorhydrate d'ammoniaque, et qu'on a fait cristalliser à une basse température, après l'avoir préalablement dissous dans l'eau. Il est alors sous la forme de gros octaèdres transparents, contenant 5 équivalents d'eau, tandis que les croûtes cristallines produites directement par la condensation des vapeurs du même sel n'en renferment que 2 équivalents.

On donne aussi au sesquicarbonate d'ammoniaque les noms de *sel volatil d'Angleterre*, *carbonate d'ammoniaque des pharmacies* (*).

Le sesquicarbonate d'ammoniaque est très volatil. Pour le conserver, il faut le renfermer dans des flacons de verre ou dans des pots de grès que l'on bouche bien et que l'on tient dans un lieu frais. Le sesquicarbonate

______

(*) Voir les articles *Carbonate de potasse* et *Carbonate de strontiane*.

d'ammoniaque cristallisé est soluble dans deux fois son poids d'eau froide. L'eau bouillante le décompose.

Ce sel n'est utile à l'artificier que pour la préparation du carbonate neutre d'ammoniaque, comme nous venons de l'expliquer dans le paragraphe précédent.

§ 6. — CARBONATE DE BARYTE.

$$BaO, CO_2.$$

Cette formule représente :

1 éq. de baryte.........................	76,50
et 1 éq. d'acide carbonique.................	22,00
dont la combinaison forme l'éq. du carbonate de baryte, soit.........................	98,50

Le carbonate de baryte préparé par précipitation est d'un blanc pur et mat, mais celui que l'on trouve dans la nature est ordinairement en masses rayonnées, ou en masses cellulaires translucides et tirant sur le gris jaunâtre. Le carbonate de baryte naturel est très abondant dans quelques parties de l'Angleterre, où il est connu sous le nom de *Withérite*. On en trouve aussi dans d'autres contrées.

On a tenté quelques essais pour faire servir le carbonate de baryte à la confection des feux verts. Ces essais n'ont pas donné les résultats qu'on en espérait. La coloration produite par ce sel est d'une nuance trop jaunâtre pour qu'on ne doive pas s'en tenir à l'emploi de l'azotate de baryte, sel dont le prix est très peu élevé, ou à celui du chlorate de baryte, beaucoup plus cher, il est vrai, mais qui brûle avec un éclat et une fraîcheur de teinte admirables.

§ 7. CARBONATE DE STRONTIANE.

$$StO,CO^2.$$

Cette formule représente :

1 éq. de strontiane...................... 51,75
et 1 éq. d'acide carbonique................ 22,00

dont la combinaison constitue l'éq. du carbonate de strontiane, soit.................. 73,75

Le carbonate de strontiane existe dans la nature. Il a été trouvé d'abord à *Strontian*, en Écosse, puis dans d'autres lieux, mais il paraît beaucoup moins répandu que le carbonate de baryte. Il cristallise en prismes hexaèdres réguliers formant des masses translucides, blanchâtres, jaunâtres ou verdâtres, et d'autres fois incolores.

Le carbonate de strontiane est aujourd'hui une substance indispensable à l'artificier. Sans doute, pour la production des feux rouges dits de Bengale, l'azotate de strontiane est et sera toujours le corps par excellence et sans rival, à cause de l'admirable reflet qu'il donne en brûlant; mais son hygrométricité en restreint l'emploi, tandis qu'avec le carbonate de strontiane il est facile de produire des lances et des étoiles rouges inaltérables, et dont la splendeur rivalise presque avec celle des compositions à base d'azotate de strontiane. On en jugera par les nouveaux dosages que nous avons été assez heureux de pouvoir préparer.

Nous employons le carbonate de strontiane sous quatre états : précipité par le carbonate d'ammoniaque , obtenu par voie sèche, à l'état naturel, précipité par le carbonate de soude.

Des expériences comparatives réitérées, exécutées avec le plus grand soin, nous permettent d'affirmer d'une manière formelle que le carbonate de strontiane précipité par le carbonate d'ammoniaque, ainsi que le carbonate préparé par voie sèche, sont les seuls qu'il faille employer si l'on tient à produire des rouges foncés et éclatants. Si quelques expérimentateurs n'ont pas obtenu du sel précipité les résultats attendus, c'est qu'ils ont certainement négligé, s'ils l'ont préparé eux-mêmes, de contrôler l'état de l'eau au sein de laquelle s'est accomplie la précipitation. Il est indispensable en effet de se servir pour cette opération, sinon d'eau de pluie ou, ce qui vaudrait encore mieux, d'eau distillée, du moins d'une eau bien limpide et, *surtout*, ne contenant pas de sels sodiques en dissolution. Personne n'ignore que dans les eaux de certaines localités figurent en quantités assez sensibles le sulfate de soude et le bicarbonate de la même base. Or, de telles eaux ne peuvent manquer de produire un carbonate détestable pour la production des feux rouges; il est utile de ne pas l'oublier (*).

Mais, bien que la supériorité des sels préparés comme nous venons de l'expliquer soit incontestable, nous nous empressons d'ajouter qu'on peut néanmoins tirer un fort bon parti du carbonate naturel, si l'on a soin de se

---

(*) Le lecteur nous pardonnera ces recommandations réitérées au sujet des effets des sels sodiques, et partagera sans doute notre opinion que, dans un ouvrage élémentaire tel que celui-ci, les conseils ne sauraient être trop multipliés.

mettre dans les conditions de succès que nous mentionnons plus loin.

Il n'est pas jusqu'au carbonate précipité par le carbonate de soude qui ne puisse trouver son emploi chez l'artificier pour les feux jaunes et aurores, où il vaut beaucoup mieux l'utiliser que le carbonate naturel, parce qu'il rend la flamme plus brillante que ce dernier sel, et qu'on le prépare à très bas prix avec la première eau venue.

Nous allons successivement nous occuper du carbonate de strontiane sous chacun de ces quatre états.

Carbonate de strontiane précipité par le carbonate d'ammoniaque.

Tous les sels solubles de strontiane pourraient servir à la préparation du carbonate de strontiane, mais l'azotate étant le plus abondant et le moins cher doit être préféré.

La réaction qui détermine la formation du carbonate de strontiane au moyen du carbonate d'ammoniaque et de l'azotate de strontiane est exprimée par l'équation suivante :

	PROPORTIONS RÉAGISSANTES.		PROPORTIOMS PRODUITES.		
	Azotate de strontiane cristallisé.	Carbonate neutre d'ammoniaque.	Azotate d'ammoniaque.	Carbonate de strontiane.	Eau.
Formules.........	$StO,AzO^5,5HO$ +	AzH^3,HO,CO^2 =	AzH^3,HO,AzO^5 +	StO,CO^2 +	$5HO.$
Nombres qu'elles re-présentent......	150,75	48	80	73,75	45

Somme des proportions réagiss. 198,75   Somme des proportions produites. 198,75

Cette réaction est des plus simples. L'acide azotique de l'azotate de strontiane se déplace, entre en combinaison avec la base du carbonate d'ammoniaque et forme de l'azotate d'ammoniaque, en même temps que l'acide carbonique du carbonate se fixe sur l'oxyde de strontium et produit du carbonate de strontiane qui se précipite à l'état insoluble.

PRÉPARATION.

Pour produire 1 kilo de carbonate de strontiane, il faut mettre en réaction 2,045 grammes d'azotate de strontiane cristallisé et 651 grammes de carbonate neutre d'ammoniaque.

La préparation préalable de ce dernier composé est nécessaire. Toutefois, au lieu de 651 grammes, — nombre théorique, — il est utile d'en préparer une quantité un peu plus forte, le sesquicarbonate du commerce étant rarement d'une composition constante, et l'ammoniaque, qu'il est bon d'ailleurs d'employer en excès pour déterminer la précipitation complète du carbonate de strontiane, n'offrant presque jamais le degré pour lequel elle est vendue. Afin d'avoir la quantité convenable de carbonate neutre d'ammoniaque, on doit opérer avec 615 grammes de sesquicarbonate, 45 centilitres d'ammoniaque, et 1 litre à $1^{lit},10$ cent. d'eau. Le sesquicarbonate, pulvérisé grossièrement, est mis dans un flacon avec les deux liquides, et, si l'on a soin d'agiter le vase de temps à autre, la dissolution du sel est complète au bout de vingt-quatre heures, sinon plus tôt.

A ce moment, dans un vase de grès d'une capacité suffisante, on verse :

Azotate de strontiane grossièrement
    écrasé...................... 2045 à 2050 gr.
Eau (assez chaude pour opérer la
    dissolution du sel)............ 3 à 4 litres.

On agite le mélange afin d'activer la dissolution. Dès que cette dissolution est achevée, on y introduit, peu à peu et en agitant sans cesse, la totalité de la liqueur contenant le carbonate neutre d'ammoniaque. Ce dépôt de carbonate de strontiane s'effectue assez rapidement.

Aussitôt que le liquide surnageant est devenu limpide, on le décante, puis on remplit le vase d'eau et l'on agite le dépôt afin de le bien laver. On le laisse de nouveau se rassembler au fond du vase pour en séparer l'eau de lavage. Il est bon de répéter encore une fois cette opération afin que le carbonate ne reste pas souillé d'azotate d'ammoniaque. Il ne s'agit plus ensuite que de verser le dépôt sur un carré de linge d'un tissu peu serré, ou bien, si l'on a réduit les proportions des matières indiquées, sur un filtre de papier dans un entonnoir de verre. On le laisse bien égoutter et sécher en cet état, à moins qu'on ne préfère en hâter la dessiccation en l'exposant au soleil ou dans une étuve, sur des feuilles de papier non collé.

Le carbonate de strontiane ainsi préparé est sous forme de poudre impalpable, très blanche et plus ou moins agglomérée, mais qui se laisse aisément diviser (*).

Le kilo des matières employées coûtant :

Azotate de strontiane cristallisé. . .	1 fr.	20
Sesquicarbonate d'ammoniaque . .	2 fr.	00
Ammoniaque.	0 fr.	70
le kilo de carbonate de strontiane coûtera.	4 fr.	00

(*) Pour les vrais amateurs de pyrotechnie, tout travail qui concerne cet art est une satisfaction ; aussi engageons-nous vivement ceux qui désirent obtenir de beaux rouges au moyen du carbonate de strontiane, à préparer eux-mêmes ce composé en employant de l'eau distillée, ou même simplement de l'eau de pluie filtrée, à

Carbonate de strontiane préparé par voie sèche.

Cette préparation consiste à décomposer l'azotate de strontiane par le charbon, à l'aide de la chaleur. L'équation suivante exprime la réaction :

---

moins qu'ils n'aient à leur disposition d'autres eaux qu'ils se seront assurés être dépourvues de tout sel sodique.

	PROPORTIONS RÉAGISSANTES.			PROPORTIONS PRODUITES.		
	Azotate de strontiane anhydre.	Carbone.		Carbonate de strontiane.	Acide carbonique.	Azote.
Formules..................	$2StO,AzO^5$	$+$ $5C$	$=$	$2StO,CO^2$	$+$ $3Cl^2$	$+$ $2Az$
Nombres qu'elles représentent.	211,50	30		147,50	66	28

TOTAL des corps réagissants......... 241,50   TOTAL des corps produits par la réaction. 241,50

Les matières étant placées dans les conditions favorables à leur décomposition, la chaleur détermine la séparation des éléments constitutifs de l'acide azotique. L'oxygène de cet acide se combine avec le carbone pour former du gaz acide carbonique ; une partie de ce gaz s'unit à l'oxyde de strontium et produit le carbonate de strontiane, pendant que le reste se dégage à l'état gazeux avec l'azote devenu libre.

La réaction ne s'arrête pas, toutefois, au résultat formulé dans l'équation précédente et qui vient d'être expliqué. Ainsi, le carbonate de strontiane se trouvant, à mesure qu'il se produit, dans des circonstances tout à fait propices pour être décomposé, c'est-à-dire très divisé, exposé à une haute température et à l'action d'un dégagement rapide de corps gazeux (acide carbonique, azote), la totalité de l'acide carbonique est expulsée, et il ne reste dans le creuset que de l'oxyde de strontium (*). Cet oxyde, exposé à l'air pendant quelques jours, s'hydrate d'abord rapidement en absorbant la vapeur d'eau atmosphérique, puis s'unit à l'acide carbonique ambiant, et passe à l'état de carbonate.

(*) Cette méthode pour se procurer l'oxyde de strontium est plus simple, plus expéditive et plus économique que toute autre ; elle est notamment préférable à celle qui est généralement suivie, consistant à soumettre à l'action du feu l'azotate de strontiane seul : opération qui dure longtemps, exige l'application d'une forte chaleur et l'emploi de cornues en porcelaine qu'il faut briser ensuite.

L'azotate de baryte, traité de la même manière, ne produit point d'oxyde de baryum, mais seulement du carbonate de baryte.

PRÉPARATION (1).

Pour réussir dans cette préparation, il faut opérer comme suit : On prend deux équivalents d'azotate de strontiane cristallisé, — soit 302 grammes, — et cinq équivalents, plus un excès, de charbon léger en poudre fine, passée au tamis n° 2, — soit 31 grammes. — On fait dessécher l'azotate sur un feux doux, en l'agitant continuellement, afin de le réduire aussi en poudre. On mélange avec soin les deux matières, et on les introduit dans un creuset de terre qu'on ne remplit pas entièrement. Il est bon de bien tasser la poudre, pour avoir le moins de perte possible. On recouvre ensuite le creuset de son couvercle, sans le luter, mais en le fixant avec un brin de fil de fer. Cela fait, on place le creuset au milieu d'un brasier; — il n'est pas nécessaire que le feu soit très ardent. — Au bout de quelques minutes, la réaction commence : la matière devient incandescente; les gaz, accompagnés d'une flamme rougeâtre, s'échappent avec un léger bruit par les jointures du creuset, et, en un instant, la déflagration est terminée. On laisse, néanmoins, la réaction se compléter pendant une ou deux minutes, puis on retire le creuset du feu, ou, ce qui vaut mieux, on retire le feu de dessous le creuset. Lorsque celui-ci est refroidi, on en sépare le couvercle, et l'on voit la strontiane sous forme d'une masse spongieuse, de cou-

---

(*) Nous employons pour cette préparation les nombres mêmes de l'équation précédente, au lieu de nombres plus élevés, afin d'être mieux compris des personnes tout à fait étrangères à la chimie.

leur grisâtre, occuper en grande partie le fond du vase ; le reste se trouve fixé aux parois et même au couvercle du creuset. On la détache aisément, en prenant soin de n'en pas respirer la poussière, parce que c'est une base très caustique, et on l'expose à l'air, sur des feuilles de carton, où, comme on vient de le dire plus haut, elle se délite et absorbe l'acide carbonique. Si l'on désire hâter cette absorption, on pulvérise la masse dès qu'elle est extraite du creuset. Il ne faut pas plus de quatre ou cinq jours, alors, pour que la tranformation soit accomplie.

Préparé de cette manière, le carbonate de strontiane est presque entièrement en poudre impalpable, et peut se réduire totalement en cet état par la plus légère trituration ; mais il n'est pas aussi blanc que celui fourni par voie humide ; il a même, généralement, un ton grisâtre, provenant probablement d'une très petite quantité de charbon échappée à la réaction. Quant à ce qui concerne ses propriétés au point de vue pyrotechnique, nous les avons trouvées en tout semblables à celle du carbonate précipité par le sesquicarbonate d'ammoniaque, avec cet avantage que son prix de revient est beaucoup moins élevé. Les chiffres suivants en font foi.

Les quantités de matières employées donnent théoriquement un produit de 147^{gr},50 ; mais les gaz, en se dégageant, entraînent toujours une certaine portion d'oxyde ; peut-être même une partie de ce dernier entre-t-elle en combinaison avec la silice du creuset. En définitive, le produit en carbonate ne s'élève guère au delà de 140 grammes.

Le prix de revient ci-après est calculé sur ce résultat.

Le kilo des matières employées coûtant :		Le kilo de carbonate coûtera :
Azotate de strontiane cristallisé.	Charbon pulvérisé.	
fr. c.	fr. c.	fr. c.
1,20	0,50	2,80

L'économie de ce procédé est notable, on le voit, car les creusets peuvent servir un grand nombre de fois (*), et, de plus, à chaque nouvelle opération, la quantité de strontiane qu'on obtient devient plus considérable.

On pourrait préparer directement du carbonate de strontiane par voie sèche, sans passer par la production préalable de l'oxyde. Il suffirait pour cela, au lieu de faire réagir *deux* équivalents d'azotate de strontiane et *cinq* équivalents de charbon, d'employer ces deux matières dans les proportions d'*un* équivalent de sel strontique et de *deux* équivalents de charbon. C'est du moins le résultat auquel nous sommes arrivé en essayant de préparer de l'*azotite de strontiane* au moyen de la formule

$$StO,AzO^3 + 2C = StO,AzO^3 + C^2O^2.$$

Il ne s'est point formé d'azotite, mais bien du carbonate sans mélange d'oxyde. La réaction a eu lieu assez vivement : aussi les composés gazeux ont-ils entraîné une partie du produit, lequel s'est alors trouvé moins abondant que par le procédé précédent ; enfin ce carbonate était assez dense, et il a été moins facile de lui

---

(*) Il faut avoir soin, lorsqu'on retire un creuset du feu, de ne pas le déposer sur un corps froid et de ne pas lui faire subir un brusque changement de température, faute de quoi il se fêle et ne dure guère.

14

donner le degré de ténuité qui le rend le plus apte à entrer dans les mélanges pyrotechniques.

Pour compléter cet article, nous ajoutons que, dans un autre essai, nous avons fait déflagrer des équivalents égaux d'azotate de strontiane et de charbon. La réaction a été vive ; les composés gazeux, en se dégageant, ont entraîné une proportion de matière plus forte encore que dans l'expérience qui précède. La matière s'est détachée avec difficulté ; il a fallu briser le creuset. Analysée, elle ne nous a offert qu'un mélange d'*azotite* et de *carbonate* de strontiane. En l'amalgamant convenablement avec un corps combustible et du chlorate de potasse, elle brûle avec un très grand éclat et une belle couleur pourpre ; mais elle s'altère à l'air humide.

Carbonate de strontiane naturel.

Un des buts de nos travaux en pyrotechnie ayant toujours été d'arriver autant que possible à des résultats économiques, nous avons soumis, depuis déjà longtemps, le carbonate de strontiane naturel à une série d'expérimentations pour tâcher de l'utiliser, et nous y sommes parvenu sans peine.

Bien qu'on ne puisse obtenir de l'emploi de ce corps des nuances rouges aussi foncées et aussi éclatantes que celles fournies par le carbonate précipité, il peut suffire dans beaucoup de cas, notamment dans les lances appliquées aux grandes décorations, et même en étoiles, ainsi qu'on le verra dans des formules spéciales.

Une condition indispensable pour l'emploi du carbonate de strontiane naturel, c'est un très grand degré de ténuité, une pulvérisation, qui le rapprochent de l'état d'impalpabilité dans lequel on l'obtient par précipitation.

Pour se rendre compte de la nécessité de ce grand état de division, on n'a qu'à songer à ce que serait une poudre à canon, par exemple, dont les matériaux constitutifs n'auraient été que très imparfaitement broyés. Il est de toute évidence qu'un tel mélange serait loin de produire les effets d'une poudre bien préparée.

En outre, on choisira avec soin les fragments de carbonate de strontiane avant de les soumettre à la pulvérisation, c'est-à-dire que l'on n'emploiera pas ceux qui contiennent des parties siliceuses, lesquelles altéreraient les colorations, et, en lances, nuiraient certainement à la déflagration.

Carbonate de strontiane précipité par le carbonate de soude.

La préparation s'exécute comme celle indiquée pour la précipitation du sel par le carbonate neutre d'ammoniaque, avec cette seule différence qu'au lieu de carbonate d'ammoniaque on se sert de carbonate de soude.

L'équation suivante exprime la réaction :

	PROPORTIONS RÉAGISSANTES.		PROPORTIONS PRODUITES.		
	Azotate de strontiane cristallisé.	Carbonate de soude cristallisé.	Azotate de soude.	Carbonate de strontiane.	Eau.
Formules..........	$StO,AzO^5,5HO$ $+$	$NaO,CO^2,10HO$ $=$	NaO,AzO^5 $+$	StO,CO^2 $+$	$15HO.$
Nombres qu'elles re-présentent.......	150,75	143	85	73,75	135

Somme des proportions réagissantes. 293,75   Somme des proportions produites. 293,75

Nota. — Nous engageons vivement le lecteur qui n'aurait en chimie que des notions très superficielles à comparer cette équation avec celle qui concerne la précipitation du carbonate de strontiane par le carbonate d'ammoniaque ; il se rendra ainsi mieux compte de l'action des sels les uns sur les autres par l'intermédiaire de l'eau.

Les quantités de sels à employer pour produire 1 kilo de carbonate de strontiane sont :

Azotate de strontiane cristallisé. . . 2045 à 2050 gr.
Carbonate de soude cristallisé. . . . 1950 à 2000 gr.
Eau pour la dissolution de l'azotate   3 à 4 litres.
Eau pour la dissolution du carbonate
de soude. . . . .   3 litres 50.

La précipitation du carbonate de strontiane accomplie et l'eau surnageante décantée, on peut se contenter de remplir une seule fois le vase d'eau pour laver le dépôt, et verser celui-ci sur le filtre ; la très faible quantité d'azotate de soude qui pourrait rester mélangée au carbonate après sa dessiccation ne saurait nuire à son emploi.

Le kil. des matières employées coûtant :

Azotate de strontiane cristallisé. . .   1 fr., 20
Carbonate de soude cristallisé. . . .   0 fr., 25
Le kil. de carbonate de strontiane coûtera 2 fr., 70.

NOTE IMPORTANTE AU SUJET DES DIVERS CARBONATES PRÉCÉDENTS.

Nous expliquons ici, une fois pour toutes, que dans les formules de nos compositions où figure le carbonate de strontiane sous ces simples dénominations : *carbonate de strontiane*, ou *carbonate de strontiane précipité*, il s'agit expressément du sel précipité par le carbonate d'ammoniaque ou préparé par voie sèche. Les deux autres sortes de carbonate de strontiane sont toujours désignées, lorsqu'il y a lieu, sous les dénominations de *carbonate de strontiane naturel* et de *carbonate de strontiane sodique*.

Nous insistons absolument sur cette observation, afin de mettre notre responsabilité à couvert quant aux résultats pour le cas où l'on négligerait de s'y conformer.

§ 8. — CARBONATE DE CHAUX.

$$CaO, CO_2.$$

Cette formule représente :

1 éq. de chaux............................	28
et 1 éq. d'acide carbonique.................	22
formant, par leur combinaison, l'éq. du carbonate de chaux, soit........................	50

Ce sel est très abondant dans la nature. Seul ou mélangé à quelques matières étrangères, il constitue les différents marbres, certains albâtres, la pierre à chaux, la craie, aussi nommée *blanc de Paris*, *blanc d'Espagne*, etc., etc.

Le carbonate de chaux le plus propre à entrer dans la préparation des artifices est celui dont les molécules ont le moins de cohésion. Telle est la craie ou blanc de Paris, par exemple, et mieux encore serait le carbonate qu'on obtiendrait par double décomposition, ce sel étant insoluble dans l'eau. Quant au marbre, à l'arragonite, au spath d'Islande, enfin à tous les carbonates calcaires cristallisés, nous conseillons de ne pas les employer, parce qu'on ne saurait atteindre en les pulvérisant le degré de ténuité nécessaire à ces corps pour qu'ils produisent une coloration suffisante. Nous en avons fait maintes fois l'expérience.

Le carbonate de chaux est un peu moins employé depuis que le carbonate de strontiane a été mis au nombre des agents chimiques produisant les feux colorés. Il est vrai que le sel de strontiane brûle avec plus d'éclat que le sel de chaux, et que la couleur qu'il donne est plus rouge, moins carminée que celle fournie par la craie; mais là s'arrêtent ses avantages. Le vil prix de cette dernière matière, joint aux bons résultats qu'elle procure, en étoiles de chandelles romaines surtout, la rend précieuse, et lui conservera toujours une place dans le domaine pyrotechnique. Au surplus, la craie, selon ses lieux de provenance, donne des nuances qui varient entre le rouge légèrement carminé et le rouge jaunâtre.

Le carbonate de chaux est inaltérable à l'air et, par conséquent, ne donne aucune hygrométricité aux compositions dans lesquelles on le fait entrer. On le passera au tamis n° 1.

§ 9. — CARBONATE DE CUIVRE BIBASIQUE MONOHYDRATÉ.

$$(CuO)^2, CO^2, HO.$$

Cette formule représente :

2 éq. de bioxyde de cuivre, $39,50 \times 2 =$ 79
1 éq. d'acide carbonique. 22
et 1 éq. d'eau d'hydratation. 9

lesquels constituent l'éq. du carbonate de cuivre bibasique monohydraté, soit. 110

Le carbonate de cuivre a été fort peu employé en pyrotechnie, et cependant il aurait certes mieux valu se servir de ce sel concurremment avec les *cendres bleues*, plutôt que d'avoir eu recours, comme on l'a fait si mal à propos et si imprudemment, au sulfate de cuivre ammoniacal, composé dont il a été question précédemment.

On peut en effet obtenir d'assez jolis bleus avec le carbonate de cuivre. Cependant, dans toutes les expériences auxquelles nous avons soumis ce corps, nous avons constamment produit des nuances bleues pourvues de tons généralement rosés.

Nous avons cessé d'employer le carbonate de cuivre dans nos compositions depuis le moment où nous avons eu la bonne fortune de découvrir les précieuses qualités de l'oxychlorure de cuivre, auxquelles sont venues s'ajouter celles peut-être préférables encore du sulfate de cuivre quadribasique.

§ 10. — CARBONATE DE CUIVRE SESQUIBASIQUE

(*Cendres bleues*).

$$(CuO)^3,(CO^2)^2,HO.$$

Cette formule représente :

3 éq. de bioxyde de cuivre	118,50
2 éq. d'acide carbonique	44,00
et 1 éq. d'eau d'hydratation	9,00
formant l'éq. du carbonate de cuivre sesquibasique hydraté, soit	171,50

Ce carbonate existe dans la nature et notamment à Chessy (Rhône). Sa poudre est d'une belle couleur bleue ; elle porte le nom de *cendres bleues naturelles*. On a réussi, en Angleterre, à produire artificiellement des cendres bleues possédant la même composition que le

carbonate plus haut formulé. Le procédé en est tenu secret. Les cendres bleues que l'on prépare dans les fabriques de produits chimiques présentent des compositions
différentes. Elles sont, en général, obtenues en précipitant une dissolution d'azotate de cuivre par un lait de
chaux, et en ajoutant au précipité 7 à 10 centièmes d'hydrate de chaux. On broie le mélange encore humide ; il
devient bleu, et, après avoir été convenablement séché
et divisé, constitue les cendres bleues.

Ces diverses matières, et d'autres analogues, ont été
très employées, et le sont même encore par la plupart
des artificiers pour produire des colorations bleues. Les
meilleures sont les cendres naturelles et celles que l'on
tire d'Angleterre, puis, parmi les autres, celles qui contiennent le plus de bioxyde de cuivre, ce que l'on reconn-
naît à leur couleur d'un bleu d'autant plus foncé qu'elles
renferment une plus grande quantité de cet oxyde. Les
cendres bleues de bonne qualité ont l'avantage de ne
pas attirer l'humidité de l'air, et de se bien conserver à
l'état de mélange avec les substances destinées à les faire
brûler ; mais celles qui viennent d'Angleterre sont à un
très haut prix, et toutes les autres coûtent encore trop
cher, quoique bien inférieures en qualité. Nous en avons,
par ce motif, tout à fait abandonné l'emploi depuis le
moment où nos expériences sur l'oxychlorure de cuivre
nous ont donné les heureux résultats consignés dans la
première édition de ce livre. Nous omettons donc à dessein de plus longs détails sur un corps dont la composition est beaucoup trop variable et destiné à disparaître
des ateliers.

CHAPITRE IX.

Arséniates. — Phosphates. — Chromates. — Plombates.

§ 1er. — ARSÉNIATES DE CUIVRE.

ARSÉNIATE NEUTRE.

$$(CuO)^2, AsO^3.$$

2 éq. de bioxyde de cuivre............... 79
1 éq. d'acide arsénique, $\begin{cases} 1 \text{ éq. d'arsenic..} \\ 5 \text{ éq. d'oxygène.} \end{cases}$ = 115
formé de...........

Équivalent de l'arséniate neutre............... 194

BIARSÉNIATE.

$$CuO, AsO^5.$$

1 éq. de bioxyde de cuivre............... 39,5
1 éq. d'acide arsénique................ 115,0

Équivalent du biarséniate........... 154,5

ARSÉNIATE DE CUIVRE AMMONIACAL.

$$(CuO)^3, AsO^5, (AzH^3)^3 + 4HO.$$

Cette formule se décompose ainsi :

3 éq. de bioxyde de cuivre............... 118,50
1 éq. d'acide arsénique................ 115,00
3 éq. d'ammoniaque.................. 51,00
4 éq. d'eau de combinaison............. 36,00

Équivalent de l'arséniate ammoniacal........ 320,50

Les expériences faites sur ces sels, insolubles tous

trois, nous ont donné des résultats tout à fait médiocres. L'arséniate ammoniacal, sur lequel nous comptions un peu à cause de la quantité d'ammoniaque qu'il renferme, agit bien, il est vrai, comme atténuant, et, en cela, est préférable aux deux autres; mais son pouvoir colorant est très faible, et la propriété qu'il possède de ralentir la combustion, tout en lui conservant son uniformité, ne saurait le faire employer à cause du défaut qui vient d'être signalé, lequel est excessif. Il est donc inutile de donner les procédés de préparation de ces arséniates. Nous n'en faisons mention que pour mémoire, et afin d'éviter à ceux qui aiment les recherches la peine de faire des travaux infructueux.

§ 2. — PHOSPHATES DE CUIVRE.

Les phosphates de cuivre sont insolubles. Il existe plusieurs phosphates basiques dans la nature; ils constituent des minerais peu abondants. Ces divers sels, qu'on peut reproduire artificiellement, ne donnent pas des effets assez satisfaisants pour qu'il soit utile de leur consacrer plus de détails, et de décrire leur composition et leur préparation.

§ 3. — BICHROMATE DE POTASSE.

$$KO,2CrO^3.$$

Cette formule représente :

1 éq. de potasse........................ 47,00
et 2 éq. d'acide chromique...... $50,z5 + 2 =$ 100,50

constituant l'éq. du bichromate de potasse...... 147,50

Ce sel ne contient pas d'eau de cristallisation. Il est

inaltérable à l'air, soluble dans dix fois son poids d'eau froide, et dans beaucoup moins d'eau bouillante. Ses cristaux sont des tables rectangulaires d'une belle couleur rouge brun.

Dans notre première édition nous ne faisions figurer le bichromate de potasse que dans une seule composition des tubes de couleur de nos pastilles *diamant*. Les nouvelles combinaisons que nous avons adoptées nous ont fait renoncer à nous servir de ce sel, qui n'est ici mentionné que pour mémoire.

§ 4. — PLOMBATE D'OXYDE DE PLOMB.

$$(PbO)^2, PbO^2.$$

(*Minium*).

Cette formule représente :

2 éq. de protoxyde de plomb...............	223,0
et 1 éq. d'acide plombique..................	119,5
constituant l'éq. du plombate d'oxyde de plomb, soit.................................	342,5

La formule précédente exprime, d'après M. *Dumas*, la composition ordinaire du minium, mais il est rare de le trouver sous cet état de pureté. Il contient, en général, un excès de protoxyde, et cet excès peut même s'élever quelquefois jusqu'à plusieurs équivalents.

Le minium est le produit de la double action du calorique et de l'oxygène sur l'oxyde du plomb divisé, appelé *massicot*, ou sur le carbonate de plomb, à une température qui ne doit pas dépasser 300 degrés, une chaleur plus élevée décomposant le minium. Cette substance est en poudre impalpable d'une belle couleur rouge. On la falsifie souvent avec de la brique pulvérisée et d'autres matières inertes. On tâchera, pour l'avoir de bonne qualité, de se la procurer de première main, chez les fabricants.

On en fait presque exclusivement usage dans les feux blancs.

CHAPITRE X.

Acétates.

§ 1er. — ACÉTATE DE CUIVRE CRISTALLISÉ.

$$CuO, C^4H^3O^3, HO.$$

Cette formule représente :

1 éq. de bioxyde de cuivre.................	39,5
1 éq. d'acide ⎧ 4 éq. de carbone......... 24	
acétique, ⎨ 3 éq. d'hydrogène......... 3 $=$ 51,0	
formé de ⎩ 3 éq. d'oxygène.......... 24	
et 1 éq. d'eau de cristallisation...............	9,0
dont la combinaison constitue l'éq. de l'acétate neutre de cuivre, soit.....................	99,5

Cette formule est celle de l'acétate de cuivre cristallisé à la température ordinaire. A $+$ 8 degrés, le sel prend 5 éq. d'eau de cristallisation.

L'eau bouillante dissout le cinquième de son poids d'acétate de cuivre. Le sel se dépose en grande partie par le refroidissement de la liqueur.

L'acétate neutre de cuivre est connu dans les arts sous les noms de *verdet cristallisé, vert-de-gris cristallisé.* On le prépare en grand, à Montpellier, en dissolvant du vert-de-gris dans le vinaigre. Il se dépose de sa dissolution en gros cristaux d'un vert très foncé, qui s'effleurissent à l'air. Il se dissout en petite quantité dans l'alcool. La dissolution alcoolique d'acétate de cuivre brûle avec une flamme verte dont les teintes varient pendant la combustion. On utilise cette propriété en la faisant entrer dans la confection des torches employées sur les théâtres, à l'occasion de cértaines cérémonies funèbres.

Nous n'avons mentionné l'acétate de cuivre qu'à cause de cet emploi, qui, à notre avis, est le seul que doive lui conserver l'artificier.

§ 2. — ACÉTATE NEUTRE DE PLOMB.

$$PbO,C^4H^3O^3,3HO.$$

Cette formule représente :

1 éq. d'oxyde de plomb....................	111,5
1 éq. d'acide acétique.	51,0
et 3 éq. d'eau de cristallisation...............	27,0
lesquels constituent l'éq. de l'acétate neutre de plomb, soit.	189,5

L'acétate de plomb a, pendant longtemps, porté les noms de *sucre de Saturne*, *sel de Saturne*. Il n'entre pas directement dans les mélanges combustibles. Il sert à faire la mèche ou corde à feu, et peut être employé à préparer le chlorure de plomb, en versant, dans sa dissolution concentrée, de l'acide chlorhydrique jusqu'à cessation de précipité. Ce sel, exposé à l'air, s'effleurit. 100 parties d'eau à + 15 degrés en dissolvent 45,65 parties.

Un litre d'une dissolution d'acétate neutre de plomb, saturée à + 15 degrés, contient :

Acétate	Eau.
387^{gr},62.	849^{gr},5.

La densité de cette dissolution est de 1236,67.

CHAPITRE XI.

Oxalates.

---

§ 1er. — OXALATE NEUTRE DE SOUDE.

$$NaO, C^2O^3.$$

Cette formule représente :

1 éq. de soude..........................	31
et 2 éq. d'acide oxalique anhydre.............	36
constituant l'éq. de l'oxalate neutre de soude, égal à...	67

L'oxalate neutre de soude est pulvérulent, blanc, anhydre, soluble dans 36,4 p. d'eau d'une température moyenne, et dans 24,6 p. d'eau bouillante. Il n'attire pas l'humidité de l'air et se conserve parfaitement. Il ne contient point d'eau de cristallisation; cependant, lorsqu'il se dépose lentement de ses dissolutions, il en renferme 12 p. 100. Il est très combustible, et, comme tous les sels de soude, colore la flamme en jaune.

L'oxalate de soude ne peut être employé mélangé avec

les azotates. Dès que l'air devient humide, une réaction, déterminée par le contact intime des sels, se manifeste assez rapidement. Ces sels se décomposent peu à peu, échangent leurs bases, et donnent ainsi naissance à de l'azotate de soude, lequel est hygroscopique.

L'oxalate neutre de soude, étant peu soluble dans l'eau, peut être préparé au moyen de plusieurs procédés; mais nous n'en décrivons aucun parce que nous jugeons l'emploi de ce composé désormais inutile en pyrotechnie, la kryolithe ayant sur lui l'avantage d'être inaltérable dans tous les mélanges, suffisant à tous les besoins de l'artificier, et se vendant en outre à très bas prix.

§ 2. — OXALATE NEUTRE DE STRONTIANE.

$$\text{StO}, \text{C}^2\text{O}^3, \text{HO}.$$

Cette formule représente :

1 éq. de strontiane	71,75
1 éq, d'acide oxalique anhydre	36,00
et 1 éq. d'eau de combinaison	9,00
formant l'éq. de l'oxalate neutre de strontiane, soit	116,75

L'oxalate de strontiane peut être préparé par double décomposition, ou, plus directement, en traitant un sel soluble de strontiane, l'azotate ou le chlorure, par l'acide oxalique. L'oxalate de strontiane se forme immédiatement, et se précipite en cristaux blancs microscopiques; à l'œil nu, ce sel est pulvérulent. D'après MM. *Pelouze* et *Frémy*, il ne contient qu'un équivalent d'eau de cristallisation, et retient cette eau au delà de 100 degrés. Il est soluble dans l'eau et les dissolutions de chlorhydrate et d'azotate d'ammoniaque. Cette solubilité dans l'eau serait extrêmement faible, si l'on s'en rapporte à M. *Berzélius*, d'après lequel il faudrait 1920 parties d'eau bouillante pour dissoudre une partie d'oxalate de strontiane.

Il est facile de faire brûler ce sel avec un vif éclat; cependant la coloration qu'on en obtient n'est jamais d'un rouge ponceau, mais seulement plus ou moins rosée. Une petite quantité d'un sel de cuivre, ajoutée à un dosage à base d'oxalate de strontiane, fait virer tout à fait au rose la couleur de la flamme, qui, par cette addition, devient très éclatante et d'un ton magnifique. Cet effet est sans doute dû aux éléments gazeux dégagés par l'oxalate, lesquels réduisent le cuivre pendant la déflagration, ou du moins le laissent à l'état d'oxyde, car la coloration verte, propre au métal sous ces deux états, se manifeste très nettement à l'extrémité de la flamme, mais terne et considérablement affaiblie par l'éclat du foyer incandescent d'où elle sort.

Après avoir étudié avec soin l'oxalate de strontiane, nous avons renoncé à son emploi pour nous en tenir à celui du carbonate de la même base, ce dernier sel, sous les différents états que nous avons précédemment indiqués, pouvant donner toute satisfaction à l'artificier le plus exigeant.

§ 3. — OXALATE DE CUIVRE.

$$CuO, C^2O^3.$$

L'oxalate de cuivre représenté par cette formule possède une couleur bleu verdâtre très pâle. Il est insoluble dans l'eau, légèrement soluble dans une dissolution d'acide oxalique.

C'est pour mémoire seulement que ce sel est mentionné ici ; car tous les essais auxquels nous l'avons soumis ne nous ont donné que des résultats médiocres.

§ 4. — OXALATE DE CUIVRE ET D'AMMONIAQUE.

$$(CuO,C^2O^3),(AzH^3,HO,C^2O^3),2HO.$$

L'observation faite à propos du sel précédent s'applique de tous points à celui-ci. Il est donc inutile d'entrer dans l'explication des procédés au moyen desquels on les obtient l'un et l'autre.

CHAPITRE XII.

Picrates.

Les picrates résultent de la combinaison des composés basiques avec l'acide picrique. Ces sels possèdent, comme l'acide qui leur a donné naissance, des colorations jaunes plus ou moins intenses, et leur saveur est fortement amère. Leurs formes cristallines sont en général bien nettes. Ils ont différents degrés de stabilité, peuvent déflagrer et même détoner dans des conditions spéciales et déterminées.

Fallait-il, ne songeant qu'à la catastrophe de la place de la Sorbonne, négliger l'étude des picrates au point de vue de l'art pyrotechnique ? De ce que le picrate de potasse, imprudemment employé, avait occasionné un déplorable événement, devait-il s'ensuivre que d'autres composés picratés, le picrate de potasse lui-même, ne pussent pas être utilisés par l'artificier? Tel n'a pas été notre avis.

Nous avons donc soumis à l'examen un certain nombre de picrates, ceux notamment qui nous semblaient pouvoir avoir accès en pyrotechnic, et nous avons été assez heureux de reconnaître que l'un d'eux surtout, le picrate d'ammoniaque, donnait pleinement raison à notre appréciation.

Après avoir passé en revue les principales combinaisons salines formées par l'acide picrique, nous donnons le détail des épreuves auxquelles nous avons soumis quelques picrates, dans le but de chercher à en tirer parti au profit de l'artificier.

§ 1ᵉʳ. — PICRATE DE POTASSE.

$$KO,C^{12}H^2(AzO^4)^3O.$$

Cette formule représente :

1 éq. d'oxyde de potassium	47
et 1 éq. d'acide picrique anhydre	220
dont la combinaison forme l'éq. du picrate de potasse, soit	267

De tous les sels formés par l'acide picrique, le picrate de potasse est certainement celui dont les propriétés on appelé le plus l'attention et qui a été le mieux étudié jusqu'ici.

Ce sel est anhydre; il cristallise en petites aiguilles prismatiques d'un beau jaune d'or et possédant un brillant reflet. Il se dissout dans **260** parties d'eau froide (à $+$ **15** degrés) et dans **14** parties d'eau bouillante. L'alcool ne le dissout pas. Si on le chauffe brusquement, il détone violemment, mais il faut pour cela que la température ait dépassé 300 degrés. Mis en contact avec un corps en ignition, à l'air libre, il ne détone pas, mais déflagre subitement avec une sorte de crépitation très vive, et en ne laissant que des *traces* d'un résidu noir pulvérulent. Il ne détone pas non plus par le choc, à moins toutefois que la température développée par ce choc ne s'élève au-dessus de 300 degrés, ce qui nécessite des conditions qui ne se présentent pas ordinairement. Aussi, un chimiste d'Auxerre, M. *Designolle*, après avoir étudié avec soin les propriétés du picrate de potasse, s'est-il servi de ce corps pour préparer diverses poudres de guerre; les unes composées de picrate de potasse et d'azotate de potasse, les autres fabriquées avec les mêmes éléments additionnés de charbon : les premières, brisantes et bonnes pour torpilles; les autres, destinées aux canons et aux mousquets.

C'est, si nous ne nous trompons, en l'année 1868 que M. *Designolle*, muni de l'autorisation du ministre de la guerre, a fabriqué, à la poudrerie du Bouchet, ses poudres nouvelles en quantités considérables, sans que le moindre accident se soit produit.

Mais si le picrate de potasse peut sans inconvénient être trituré avec le salpêtre, il n'en est malheureusement pas de même de son mélange avec le chlorate de potasse. C'est précisément ce mélange, explosible au premier chef, qui a occasionné, on le sait, la terrible explosion de la place de la Sorbonne, chez M. *Fontaine*.

A la suite des essais auxquels nous avons soumis nous-même le picrate de potasse pour étudier son explosibilité possible avec certains mélanges, nous avons préparé des feux de Bengale ayant pour base ce composé ; mais nous avons dû renoncer à l'utiliser à cause de la crépitation particulière et fâcheuse qui a toujours accompagné la déflagration de nos compositions, ajoutée à la difficulté d'obtenir des combustions assez lentes.

§ 2. — PICRATE DE SOUDE.

$$NaO, C^{12}H^2(AzO^4)^3O.$$

Cette formule représente :

1 éq. d'oxyde de sodium....................	31
et 1 éq. d'acide picrique........................	220
dont la combinaison produit l'éq. du picrate de soude, soit.............................	251

Ce sel est anhydre. Il cristallise en aiguilles d'un jaune clair, brillantes et déliées, qui se dissolvent dans 12 à 14 parties d'eau à 15 degrés (20 à 24 d'après *Berzélius*). Ses propriétés détonantes sont à peu près les mêmes que celles du picrate de potasse. Prévoyant que nous n'aurions pas à faire emploi de ce composé, nous ne l'avons soumis à aucun essai.

§ 3. — PICRATE D'AMMONIAQUE.

$$AzH^3, HO, C^{12}H^2(AzO^4)^3O.$$

Cette formule représente :

1 éq. d'ammoniaque.......................	17
1 éq. d'eau de constitution..................	9
et 1 éq. d'acide picrique.......................	220
formant, par leur combinaison, l'éq. du picrate d'ammoniaque, soit........................	246

Le picrate d'ammoniaque est, comme les deux sels précédents, dépourvu d'eau de cristallisation; il ne renferme que l'équivalent d'eau de constitution nécessaire à tous les sels ammoniacaux produits par les acides oxygénés. Il cristallise en beaux prismes jaunes, qui ont six à huit côtés et produisent un reflet irisé à la lumière solaire. Ce sel est plus soluble dans l'eau que le picrate de potasse, beaucoup moins que celui de soude, et à peine soluble dans l'alcool.

Si l'on met en contact un corps en ignition avec du picrate d'ammoniaque pulvérisé, disposé en tas ou en traînée sur une plaque de tôle, le sel brûle très lentement, silencieusement, avec une flamme jaunâtre peu éclairante, accompagnée d'une fumée noire assez abondante et en laissant un résidu goudronneux.

A la suite de la série d'examens auxquels nous avons soumis les principaux picrates dont il est fait mention dans ce traité, le picrate d'ammoniaque nous a paru seul apte à être introduit utilement et sans danger dans le domaine pyrotechnique, du moins dans les conditions d'emploi où nous nous sommes placé.

Nous compléterons à la fin de ce chapitre nos explications au sujet du picrate d'ammoniaque.

§ 4. — PICRATE DE BARYTE.

$$BaO,C^{12}H^2(AzO^4)^3O,5HO.$$

Cette formule représente :

1 éq. d'oxyde de baryum	76,50
1 éq. d'acide picrique	220,00
et 1 éq. d'eau de cristallisation	45,00

lesquels, par leur combinaison, forment l'éq. du picrate de baryte cristallisé, soit. 331,50

Les cristaux de ce sel, d'un beau jaune un peu orangé, sont assez solubles dans l'eau, fusibles et explosibles. Exposés à la lumière solaire, leur coloration devient presque aussi rougeâtre que celle du picrate de strontiane. Ce sel contient 13,17 pour 100 d'eau de cristallisation, et non 11,16, comme nous l'avons vu mentionné par erreur dans le Traité de chimie générale de MM. *Pelouze* et *Fremy*, où il est dit encore que cette eau s'en va *en grande partie* à 100 degrés. D'après nos propres observations, il n'est pas nécessaire d'une aussi haute température pour enlever au picrate de baryte la totalité de son eau de cristallisation. Il nous a suffi de l'exposer pendant quelques jours aux rayons ardents d'un soleil d'été.

Le dernier équivalent d'eau enlevé, nous avons laissé le sel étalé à l'air libre dans un appartement clos, où, dans l'espace de quatre jours, il a repris trois équivalents d'eau. Pendant les cinq jours suivants, l'atmosphère étant très chargée d'humidité, le poids du picrate est resté stationnaire. A ce moment nous avons jugé à propos d'interrompre notre expérience.

Le picrate de baryte à trois équivalents d'eau ne brûle,

seul, à l'air libre, qu'au contact d'un corps en ignition, avec de fortes crépitations et production d'une flamme verte ; ces crépitations éteignent à chaque instant la flamme de la petite bougie servant à l'expérience.

Un mélange de picrate d'ammoniaque et de picrate de baryte produit à peu près les mêmes effets. Ce mélange, additionné d'azotate de baryte, brûle, sans s'éteindre comme les précédents, en crépitant très fortement et en donnant une lumière verte.

§ 5. — PICRATE DE STRONTIANE.

$$StO,C^{12}H^2(AzO^4)^3O,5HO.$$

Cette formule représente :

1 éq. d'oxyde de strontium	51,75
1 éq. d'acide picrique	220,00
et 5 éq. d'eau de cristallisation	45,00
formant, par leur combinaison, l'éq. du picrate de strontiane cristallisé, soit	316,75

Les cristaux de ce sel sont durs, brillants, et d'une couleur jaune rougeâtre plus foncée que celle du picrate de baryte. Par leur exposition à l'air et à la lumière solaire cette coloration augmente d'intensité. Le picrate de strontiane est décrit comme modérément soluble dans l'eau froide, facilement soluble dans l'eau bouillante et détonant par la chaleur. Ce sont là des termes assez vagues que nous aurions précisés s'il nous avait paru utile de faire à ce sujet le travail nécessaire. Les cinq équivalents d'eau de ce sel se rapportent à 14,18 pour 100 de son poids.

Nous avons exposé le picrate de strontiane à l'action de la chaleur solaire dans les mêmes conditions que le picrate de baryte. Il a fallu plus de temps au premier sel qu'au second pour se séparer de son eau de cristallisation ; il lui en restait même deux tiers d'équivalent lorsque nous avons interrompu l'expérience, pendant laquelle la teinte rougeâtre du composé s'était accentuée. Exposé alors à l'air libre, dans le lieu clos où se trouvait déjà placé le picrate de baryte, le picrate de strontiane a repris plus rapidement que le sel de baryte la totalité de son eau de cristallisation ; il s'en est même chargé d'un demi-équivalent en sus qu'il a reperdu le lendemain. Pendant cette expérience, la feuille de papier fort et épais sur laquelle le sel était étalé s'est colorée en jaune rougeâtre, et cette coloration a même pénétré jusqu'à la surface opposée du papier.

Le picrate de strontiane pulvérisé, mis en petit tas, décrépite au contact d'une allumette-bougie, qu'elle éteint à chaque petite détonation ; il y a, chaque fois, production d'une lumière rouge. Mélangé avec du picrate d'ammoniaque, l'effet est à peu près le même ; il n'en diffère guère non plus lorsqu'on opère sur un mélange de picrate de strontiane, picrate d'ammoniaque et azotate de strontiane, lequel, à cause de la trop grande quantité d'eau contenue dans les deux sels de strontiane, ne peut déflagrer que très partiellement au contact d'un corps en ignition.

De tels résultats, en partie dus à l'impossibilité de priver le picrate de strontiane de son eau de cristallisation, nous paraissent de nature à empêcher l'artificier de se servir de ce composé.

§ 6. — PICRATE DE CHAUX.

$$CaO,C^{12}H^2(AzO^4)^3O,HO \text{ indéterminé.}$$

Ce picrate est plus soluble que les précédents. Les cristaux bouillis avec un lait de chaux produisent un sel basique presque insoluble.

§ 7. — PICRATE DE MAGNÉSIE.

Ce sel, qui contient probablement cinq équivalents d'eau, cristallise en aiguilles assez longues, d'un jaune moins foncé que les cristaux de picrate de baryte ; il est très soluble dans l'eau, à peine dans l'alcool, même bouillant.

§ 8. — PICRATE DE ZINC.

Le picrate de zinc contient sept équivalents d'eau. On l'obtient en beaux cristaux facilement solubles dans l'eau et l'alcool. Ce sel, qui est efflorescent, perd 8 pour 100 d'eau à l'air sec et 14 pour 100 en totalité à 140 degrés.

§ 9. — PICRATE DE PROTOXYDE DE FER.

Ce sel cristallise en gros prismes d'un jaune verdâtre contenant une quantité d'eau qui n'a pas été déterminée. Quoique oxydable, il est assez permanent pour pouvoir cristalliser à l'air libre sans altération. Il est assez difficile de priver à l'aide de la chaleur ce sel de son eau de cristallisation. Il arrive fréquemment qu'au moment d'atteindre ce résultat, tout le contenu de la capsule dans laquelle on opère s'enflamme en produisant de belles gerbes d'étincelles brillantes.

§ 10. — PICRATE DE PLOMB.

L'acide picrique fournit avec l'oxyde de plomb diverses combinaisons : 1° un sel neutre étudié par M. *Kopp;* 2° un sel bibasique décrit par M. *Laurent;* 3° un sel tribasique étudié par M. *Marchand;* 4° un sel quintibasique, et peut-être même d'autres sels encore plus basiques.

Le sel neutre $PbO,C^{12}H^2(AzO^4)^3O,HO$ est très détonant par le choc et a été appliqué à la fabrication d'amorces et capsules de guerre pour laquelle il a été pris un brevet en l'année 1872.

§ 11. — PICRATE DE CUIVRE.

$$CuO,C^{12}H^2(AzO^4)^3O,5HO.$$

Le picrate de cuivre cristallise en aiguilles brillantes ou longs prismes quadrilatères d'un vert émeraude, solubles dans l'eau, fusibles à 110 degrés, qui s'effleurissent et jaunissent à l'air.

Picrate de cuivre ammoniacal.

Ce sel se produit en ajoutant une solution ammoniacale de sulfate de cuivre à la solution d'un picrate alcalin. Il se forme un précipité abondant, volumineux, jaune verdâtre, que l'eau décompose en produisant de l'hydrate de cuivre bleu. D'après certains chimistes, l'eau décompose le précipité en picrate de cuivre et en picrate d'ammoniaque.

Note sur les picrates.

Il existe, paraît-il, des picrates de baryte, de strontiane, de chaux, de cuivre, insolubles et basiques. Ces
sels, à notre connaissance, n'ont pas été formulés, mais
seulement indiqués. Si les picrates neutres avaient été à
des prix abordables, nous aurions préparé les sous-sels
ci-dessus désignés et nous les aurions étudiés ; mais,
outre que la plupart des picrates ne sont en général
que des produits de laboratoire, cette étude ne nous a
pas paru suffisamment intéressante pour nous engager
à l'entreprendre, surtout avec la pensée qu'un tel travail
n'aboutirait, actuellement du moins, qu'à des résultats
inutiles à l'artificier.

Comme complément aux notions que nous avons précédemment données sur les picrates de potasse et d'ammoniaque, nous enregistrons ici les épreuves que nous
avons fait subir à ces sels afin d'apprécier si leurs propriétés détonantes devaient permettre ou non l'application de tels composés à l'art pyrotechnique. Nous avon
même soumis à ces épreuves les picrates de baryte et de
strontiane, bien que l'eau de cristallisation dont ils paraissent ne pouvoir être privés s'oppose à leur emplo
dans les compositions d'artifices.

§ 12. — EXPÉRIENCES SUR QUELQUES PICRATES EN VUE DE LEUR INTRODUCTION EN PYROTECHNIE.

Ces épreuves ont été effectuées en soumettant au choc
du marteau sur une enclume, en premier lieu le picrate
seul, puis ce même picrate mélangé avec les différentes
substances dénommées.

Nous avons opéré de deux manières : 1° les substances déposées en petit tas sur l'enclume même ; 2° placées entre deux feuilles de papier fort afin d'éviter leur éparpillement.

Le marteau, à tête d'acier, pesait 600 grammes. Les coups ont été fortement appliqués, bien d'aplomb et réitérés. Après chaque épreuve, lorsqu'il n'y a pas eu détonation, nous avons constaté que les chocs avaient comprimé la matière de telle sorte qu'elle faisait pour ainsi dire corps avec le papier lui servant d'enveloppe, et qu'il était très difficile de l'en séparer.

Nous ajoutons que les expériences suivantes ont été faites une première fois par un temps très pluvieux, puis répétées quelques jours après, l'atmosphère étant chargée d'électricité et la température élevée.

PICRATE DE POTASSE.

Picrate seul. . . . . Point de détonation.

Même sel et azotate de potasse. .   Id.

    Id.   et azotate de baryte. .   Id.

    Id.   et azotate de strontiane
        desséché . . . . . .   Id.

    Id.   et soufre. . . . . . .   Id.

    Id.   et sulfure d'antimoine. Au 3ᵉ choc, déflagration rapide, mais sans détonation et même sans bruit.

    Id.   et chlorure de plomb. . Point de détonation.

    Id.   et poudre à canon. . .   Id.

    Id.   et chlorate de potasse. Très forte détonation : c'était prévu.

PICRATE D'AMMONIAQUE.

Picrate seul. . . . . Point de détonation.
Même sel et azotate de potasse. .　　　Id.
　　Id.　　et azotate de baryte. .　　　Id.
　　Id.　　et azotate de strontiane.　　Id.
　　Id.　　et soufre. . . . .　　Id.
　　Id.　　et sulfure d'antimoine.　　Id.
　　Id.　　et chlorure de plomb. .　　Id.
　　Id.　　et poudre à canon. . .　　Id.
　　Id.　　et azotate de plomb. .　　Id.
　　Id.　　et chlorate de potasse. Détonation au 2e coup, mais bien moins forte que celle du picrate de potasse mélangé au chlorate de potasse.

PICRATE DE BARYTE.

Picrate seul. . . . . Point de détonation.
Même sel et azotate de potasse (*)　　Id.
　　Id.　　et azotate de baryte. .　　Id.
　　Id.　　et azotate de strontiane.　　Id.
　　Id.　　et soufre.. . . . . . .　　Id.
　　Id.　　et sulfure d'antimoine.　　Id.

(*) D'après M. *Abel* (*Journal de pharmacie et de chimie*, octobre 1872), le picrate de baryte détone avec le chlorate et l'azotate de potasse. Ce qu'il y a de sûr, c'est que dans les conditions où nous nous sommes placé, nous n'avons obtenu de détonation qu'avec le premier de ces sels.

Même sel et chlorure de plomb. Point de détonation.

Id. et azotate de plomb. . Id.

Id. et picrate d'ammoniaque. . . . . Id.

Id. et chlorate de potasse. Au 3ᵉ coup, détonat.

Id. et chlorate de baryte. . Au 1ᵉʳ coup, détonat.

PICRATE DE STRONTIANE.

Picrate seul. . . . . Point de détonation.

Même sel et azotate de potasse. . Id.

Id. et azotate de strontiane. Id.

Id. et azotate de plomb. . Id.

Id. et soufre. . . . . . . Id.

Id. et sulfure d'antimoine. Id.

Id. et chlorure de plomb. . Id.

Id. et picrate d'ammoniaque. . . . . Id.

Id. et chlorate de potasse. Au 4ᵉ coup, détonation
partielle ; le reste a
détoné en totalité
au 6ᵉ coup.

De cette série d'expérimentations ajoutées aux connaissances déjà acquises sur les principaux picrates
précédemment formulés, et avec la condition que le
manipulateur ne doive jamais négliger de se renfermer
dans des limites nécessaires et maintenant connues, ne
nous est-il pas permis de conclure que certains de ces
sels peuvent impunément avoir accès en pyrotechnie ?

Nous nous croyons d'autant plus fondé à émettre cette
opinion que, dans tous les ateliers d'artifices, il est fait
ournellement emploi de compositions chloratées conte-

nant du soufre en fortes proportions, et que, cependant, il ne se produit pas de déflagration par le fait de la compression de la matière dans les cartouches des flammes de Bengale. Et pourtant, — on l'a vu précédemment, — sur l'enclume, le mélange de soufre et de chlorate de potasse détone facilement sous le choc du marteau. Donc, si ce même mélange ne détone pas lorsqu'on le comprime dans les cartouches, c'est que, évidemment, la compression qu'on lui fait subir est, dans ce cas, insuffisante. Mais alors, comment le picrate d'ammoniaque, par exemple, offrirait-il le danger de déflagration, puisque, seul ou mélangé avec les différents corps ci-dessus signalés, — le chlorate de potasse et l'azotate de plomb exceptés,—il reste insensible au choc du marteau sur l'enclume ?

Nous n'avons donc pas hésité, à la suite de nos expériences, à formuler des dosages dans le but de tirer parti du picrate d'ammoniaque principalement, lequel nous a paru le plus propre à être utilisé, entre autres motifs, parce que sa déflagration n'est pas accompagnée de crépitation comme celles du picrate de potasse et des autres picrates.

Après plus ou moins de tâtonnements, nous avons réussi à obtenir avec le picrate d'ammoniaque des feux rouges, verts, blancs et jaunes, fort beaux d'éclat et de reflet ; mais ce qui a certainement augmenté notre satisfaction, c'est de n'avoir remarqué, pendant la déflagration des dosages par nous essayés, que des traces de fumées blanchâtres à peu près inodores. Il est vrai que nous avions eu le soin d'éliminer le soufre de nos compositions, en vue de ce but, mais le résultat s'est manifesté encore plus réel que nous ne l'espérions.

Les feux de Bengale picratés nous paraissent donc destinés à remplacer sur les théâtres, et même dans les jardins et les locaux peu spacieux, les compositions dont on fait usage actuellement, et qui répandent plus ou moins des fumées insupportables et des odeurs fort désagréables.

Dans la partie de cet ouvrage qui concerne les *compositions*, nous avons réuni en un chapitre spécial les formules picratées qui nous ont semblé être les meilleures parmi toutes celles que nous avons préparées.

SECTION TROISIÈME.

SUBSTANCES DIVERSES TIRÉES DU RÈGNE VÉGÉTAL ET DU RÈGNE ANIMAL.

CHAPITRE PREMIER.

Amidon. — Fécule. — Dextrine. — Sucre. — Alcool. Gomme arabique.

---

§ 1er. — AMIDON. — FÉCULE.

$$C^{12}H^9O^9,HO.$$

Cette formule représente :

12 éq. de carbone..........................	72
9 éq. d'hydrogène..........................	9
9 éq. d'oxygène...........................	72
et 1 éq. d'eau d'hydratation.................	
formant la composition de l'amidon, ou son équivalent, soit..............................	162

Cette formule s'applique à l'amidon séché dans le vide, de 100 à 140 degrés. L'équivalent d'eau auquel il est uni ne paraît pouvoir lui être enlevé que lorsque ce corps se combine avec une base ; il est alors anhydre. L'amidon du commerce contient toujours une quantité d'eau considérable, et qui varie suivant l'état hygrométrique de l'air au sein duquel il est conservé. Séché à une température de $+20$ degrés, il renferme 5 équivalents d'eau.

L'amidon s'extrait des céréales, la fécule est obtenue en râpant les pommes de terre. Malgré cette différence d'origine et les caractères physiques qui semblent les séparer, l'amidon et la fécule ont la même composition chimique. On a proposé d'employer ces corps comme combustibles dans plusieurs feux colorés. Les effets qu'ils produisent sont peu satisfaisants. En général, les compositions qui contiennent une quantité un peu considérable de fécule brûlent vite, et leur flamme a très peu d'éclat. On fera bien de laisser à ces substances leur véritable destination chez l'artificier: celle d'être converties en colle pour la confection des tubes et des cartouches.

§ 2. — DEXTRINE.

$$C^{12}H^9O^9,HO.$$

La dextrine est une modification de l'amidon, produite par l'action des acides ou celle de la diastase. La dextrine est solide, soluble dans l'eau, insoluble dans l'alcool, et incristallisable. Elle est blanche à l'état de pureté. On voit, à l'inspection de la formule qui précède, que la dextrine possède la même composition chimique que l'amidon monohydraté. Cette observation est due à M. *Payen.*

En introduisant de la fécule humide dans un cylindre métallique, qu'on chauffe ensuite graduellement jusqu'à 140 ou 160 degrés, on obtient de la dextrine impure, nommée *amidon grillé*, et très employée dans les arts.

La dextrine a aujourd'hui remplacé la gomme arabique dans une foule de ses applications. Comme cette dernière, elle se dissout dans l'eau en toutes proportions et forme un mucilage plus ou moins épais. Ce mucilage constitue, dans quelques cas, une excellente colle. Afin de pouvoir la conserver, on y ajoute une petite quantité d'alcool affaibli.

La dextrine a été essayée comme corps combustible dans quelques formules de feux colorés, mais cette tentative n'a pas été heureuse ; nous nous en sommes assuré en contrôlant les essais faits à ce sujet. Nous conseillons de laisser à cette substance le seul emploi qui lui convienne dans les artifices, et qui, sur nos indications, est généralement adopté aujourd'hui : celui de lier les compositions d'étoiles.

Il suffit d'ajouter à ces compositions une petite quantité de dextrine (3 p. 100 environ), et de les humecter ensuite avec un peu d'alcool dilué, pour en former, à l'aide d'un emporte-pièce, des étoiles qui, par la dessiccation, acquièrent toute la consistance convenable. La dextrine est ici préférable à la gomme arabique, dont le prix est d'ailleurs beaucoup plus élevé, et qui, ne se dissolvant que lentement dans l'eau, ne peut être employée aisément de la même manière. Cette simplification des procédés généralement suivis sera surtout appréciée lorsqu'on aura à opérer sur de faibles quantités de matière, ou qu'on désirera obtenir de prompts résultats.

§ 3. — SUCRE.

$$C^{12}H^{11}O^{11}.$$

Cette formule représente :

12 éq. de carbone	72
11 éq. d'hydrogène	11
et 11 éq. d'oxygène	88
dont la combinaison forme l'éq. du sucre, soit	171

Telle est la composition du sucre ordinaire ou sucre de canne, lequel s'extrait aussi, comme chacun le sait, de la betterave, et même de la citrouille, du navet, etc. Si nous mentionnons cette substance, c'est qu'elle a été préconisée comme un excellent combustible par M. *Chertier*, et cela fort mal à propos, d'après nos propres expérimentations.

Nous avons préparé, avec tout le soin possible, les divers dosages donnés par cet auteur, dans lesquels il fait entrer le sucre comme principal élément combustible : nous avons constamment obtenu des flammes sans éclat et sans reflet. A ces défectuosités vient se joindre a grande solubilité du sucre, et par conséquent son altération facile par l'humidité atmosphérique. De telles causes doivent faire rejeter absolument l'emploi du sucre dans les compositions d'artifices quelles qu'elles soient.

§ 4. ALCOOL.

$$C^4H^6O^2.$$

Cette formule représente :

4 éq. de carbone. 24
6 éq. d'hydrogène. 6
et 2 éq. d'oxygène. 16

dont la combinaison constitue l'éq. de l'alcool, soit. . 46

L'alcool s'obtient par la fermentation des liquides sucrés et leur distillation. La formule ci-dessus s'applique à l'alcool pur et anhydre, et non à l'alcool du commerce, connu sous les noms de *trois-six, esprit-de-vin, eau-de-vie*, lequel, sous ces différents états, n'est qu'un mélange, en proportions variables, d'alcool pur et d'eau. Plusieurs instruments ont été imaginés pour apprécier le titre de ces mélanges. Celui que l'on doit préférer est l'alcoolomètre de M. *Gay-Lussac*. Plongé dans le liquide, à la température de $+ 15$ degrés centigrades, cet alcoolomètre exprime immédiatement, en centièmes, la quantité d'alcool qui y est contenue en volume. Ainsi, dans l'alcool pur, cet instrument s'enfonce jusqu'au 100e degré, tandis que, dans le *troix-six* du commerce, il plonge seulement jusqu'au 86e ou au 90e degré, en indiquant par ces chiffres que la masse ne contient que 86 ou 90 centièmes d'alcool pur.

La densité de l'alcool anhydre, déterminée par M. *Gay-Lussac*, est de $0,794$. La densité de l'alcool aqueux augmente proportionnellement avec la quantité d'eau qu'il contient.

L'alcool est excessivement répandu et possède une foule d'applications qu'il ne convient pas de développer dans cet ouvrage, non plus que ses propriétés générales et particulières. On les trouvera détaillées dans les traités spéciaux.

Dans les artifices, il sert à la confection des torches qu'on fait brûler sur les théâtres ; on l'emploie à lier les compositions d'étoiles et toutes celles destinées à être mises en pâte. C'est aussi à l'aide de l'alcool que l'on prépare les meilleures étoupilles de communication. On en fait également un vernis dont nous indiquons plus loin la préparation et la destination.

L'alcool, pour être propre aux besoins de l'artificier, ne s'emploie pas tel qu'il est livré par le commerce, — à 86 ou 90 degrés alcoolométriques, — mais étendu d'eau de manière à marquer les degrés convenables à l'emploi qui doit en être fait ; ces degrés seront indiqués aux compositions.

Comme notre traité n'est pas destiné seulement aux artificiers de profession, mais aussi aux amateurs, qui, généralement, opèrent dans des proportions restreintes, nous conseillons à ces derniers de se munir, pour mesurer l'alcool, d'une petite éprouvette graduée et dont chaque division mesure un gramme d'eau, c'est-à-dire un millilitre. Cet instrument leur permettra d'opérer sur de faibles quantités de composition et d'expérimenter ainsi aisément toutes les nouvelles formules que nous leur offrons.

Quelques artificiers, au lieu d'alcool dilué, ont l'habitude de se servir d'eau-de-vie commune dont le titre est à peu près le même. Cependant le mélange d'alcool et d'eau que nous proposons est préférable : d'abord, parce que son prix est toujours inférieur même à celui des eaux-de-vie de basse qualité, et ensuite, parce que ces dernières, toujours souillées de mélasse ou de caramel, contiennent quelquefois une certaine quantité d'acide sulfurique qu'on y ajoute pour leur donner du montant : fraude excessivement condamnable à tous égards, mais qui pourrait, chez l'artificier, avoir de bien graves résultats (*).

Afin de donner au lecteur les moyens d'opérer sur des quantités quelconques d'alcool, même les plus minimes, et d'arriver sans tâtonnements à obtenir le degré indiqué, nous retraçons ci-dessous la règle communément suivie pour le mouillage des eaux-de-vie.

Pour réduire à un degré voulu, avec de l'eau, une quantité donnée d'alcool à un degré quelconque, il faut multiplier la *quantité* d'alcool à réduire par son degré centésimal, et diviser le *produit* par le degré que l'on veut obtenir. Le quotient donnera la *quantité totale* du mélange : si l'on en ôte la *quantité donnée* d'alcool, le nombre restant exprimera la quantité d'eau nécessaire pour faire le mouillage.

(*) Le fait que nous citons, quelque étonnant qu'il puisse paraître à nos lecteurs, est réel. Nous avons eu occasion de nous en assurer une fois. L'eau-de-vie par nous analysée contenait à peu près un millième d'acide sulfurique supposé anhydre.

Exemple.

Soient 100 centilitres (un litre) d'alcool à 90 degrés, qu'on veuille réduire à 55 degrés ; on opérera ainsi :

$$
\begin{array}{l}
100 \\
\;\,90 \\
\hline
9000 \quad | \;\; 55 \\
\;350 \\
\;\;200 \qquad 163 \\
\;\;\;\,35\,(^*) \quad 100 \\
\hline
\qquad\qquad\;\; 63
\end{array}
$$

Il faudrait y ajouter 63 centilitres d'eau.

§ 5. — GOMME ARABIQUE.

Il n'est personne qui ne connaisse cette substance ; nous n'en dirons donc que peu de mots.

La gomme *arabique* et la gomme dite du *Sénégal*, bien que produites par des arbres différents, ont, à très peu près, la même composition chimique, les mêmes propriétés et les mêmes usages. Elles sont formées d'une matière gommeuse particulière à laquelle on a donné le nom d'*arabine*, d'eau et d'une petite quantité de sels divers. Dans les gommes de belle qualité, ces substances se trouvent unies dans des proportions qui se rapprochent plus ou moins des suivantes :

$$
\left.\begin{array}{lr}
\text{Arabine.} & 80 \\
\text{Eau.} & 16 \\
\text{Matières salines.} & 4
\end{array}\right\} 100.
$$

(*) On néglige les fractions lorsqu'on opère sur de très-petites quantités, comme dans cet exemple.

L'arabine, séchée à 130 degrés, a la même composition que l'amidon : $C^{12}H^{10}O^{10}$, avec lequel elle devient alors isomérique.

La gomme est insoluble dans l'alcool et très soluble dans l'eau. Toutefois, malgré sa grande solubilité dans ce liquide, la gomme ne s'y dissout à froid qu'avec assez de lenteur. Employée en suffisante proportion, elle forme avec l'eau un mucilage qu'on peut rendre plus ou moins épais, et qui se conserve longtemps sans altération. Depuis la découverte de la dextrine, qui, dans la plupart des circonstances, peut être substituée à la gomme, cette dernière substance a beaucoup perdu de son importance. Nous avons restreint son emploi à la confection des pastilles pour lesquelles il faut une certaine force adhésive qu'on obtiendrait sans doute avec la dextrine, mais qui ne résisterait peut-être pas aussi bien que celle produite par la gomme à l'influence de l'humidité.

CHAPITRE II.

Colophane. — Résine laque. — Alcoolé de résine laque. — Succin. — Oliban. — Paraffine.

---

§ 1er. — COLOPHANE.

$$C^{20}H^{16}O.$$

Cette formule représente :

20 éq. de carbone.	120
16 éq. d'hydrogène.	16
et 1 éq. d'oxygène.	8
formant l'éq. de la colophane, égal à.	144

La colophane se produit par la distillation de la térébenthine commune qui exsude en grande abondance du pin maritime. Il se forme, dans cette opération, de l'huile volatile (essence de térébenthine commune) qui distille, et de la colophane qui reste dans la cucurbite à l'état liquide, mais qui se solidifie par le refroidissement.

La colophane est un composé de plusieurs principes acides. D'après les travaux des chimistes qui ont étudié cette substance, on peut la considérer comme le résultat de l'oxydation naturelle de l'essence de térébenthine. Convenablement purifiée, l'analyse chimique lui a fait donner la formule transcrite en tête de cet article ; mais celle du commerce n'offre pas des proportions aussi absolues : elle contient ordinairement moins de carbone, et plus d'oxygène et d'hydrogène.

La colophane est jaunâtre, demi-transparente, sans odeur et sans saveur. Elle est très cassante et facile à réduire en poudre, surtout par trituration, car le choc réitéré du pilon la fait s'agglomérer en une masse ayant beaucoup de cohésion. Elle se dissout dans l'éther, l'alcool, les huiles volatiles et les huiles grasses.

On a, jusqu'ici, très peu employé la colophane dans les artifices de réjouissances. Nous ne nous expliquons pas cette exclusion d'une matière très combustible, abondante et économique à la fois. On verra, par les nombreuses formules où nous la faisons figurer, le parti qu'on en peut tirer, avec d'autant plus de raison qu'elle est inaltérable à l'eau et à l'air. Enfin, les expérimentations auxquelles nous l'avons soumise en contact avec le chlorate de potasse démontrent qu'on peut sans danger la conserver mélangée à ce sel. On la passe au tamis n° 2.

§ 2. — RÉSINE LAQUE.

Cette résine est très connue sous le nom de *gomme laque :* ce dernier terme est tout à fait impropre et doit être rejeté.

La résine laque est un produit de l'Inde. A la suite de la piqûre faite par un insecte hémiptère sur les jeunes branches de certains arbres, elle en exsude sous forme d'un liquide laiteux qui s'épaissit ensuite. On trouve dans le commerce trois sortes de résines laques : la laque en bâtons, — *stick lac,* — la laque en grains et la laque en écailles. La première est celle qui adhère à l'extrémité des branches : elle est d'une nuance brun rougeâtre ; c'est avec elle que se prépare la laque en grains.

A cet effet, après l'avoir détachée des branches où elle est fixée, on la réduit en poudre grossière, et on la fait bouillir avec du carbonate de soude, pour en extraire une partie de la matière colorante. La laque en écailles n'est autre chose que la laque en grains fondue, séparée de ses impuretés, et coulée sur une pierre plate. Selon qu'elle est plus ou moins colorée, elle porte les noms de laque *brune, rouge* ou *blonde*. C'est à cette dernière qu'on donne ordinairement la préférence comme étant la plus pure, mais elles peuvent être employées indistinctement, — même le *stick lac ;* — nous nous en sommes assuré par des expériences comparatives. Ces diverses sortes de laques sont composées de plusieurs principes, tels que résine, matière colorante, cire, etc., comme on peut le voir par l'analyse suivante de la laque en écailles :

$$
\begin{array}{l}
\text{100 parties} \\
\text{de laque} \\
\text{ont donné}
\end{array}
\left\{
\begin{array}{ll}
\text{Résine.} \dots\dots\dots & 90,9 \\
\text{Cire.} \dots\dots\dots & 4,0 \\
\text{Gluten.} \dots\dots & 2,8 \\
\text{Matière colorante.} \dots & 0,5 \\
\text{Perte.} \dots\dots\dots & 1,8 \\
\hline
& 100,0
\end{array}
\right.
$$

La résine laque est très combustible. Son principal mérite est d'aider à la combustion des différents mélanges dans lesquels on la fait entrer, sans en altérer la coloration : aussi est-elle très employée dans les dosages des feux colorés. A côté d'une telle qualité, il y a le prix de cette substance, qui, pour un corps combustible, est assez élevé ; il y a encore la difficulté que présente sa pulvérisation : aussi avons-nous fait des tentatives pour trouver des substances plus économiques, possédant en même temps des propriétés analogues, et pouvant la remplacer dans la plupart des cas. Nous espérons avoir réussi ; on en jugera.

La résine laque est inaltérable à l'air et à l'eau. Elle se dissout presque entièrement dans l'alcool à un degré élevé, ainsi que dans l'ammoniaque en dissolution. On l'emploie, dans les compositions, passée aux tamis n°s 2 et 3.

Alcoolé de résine laque.

Cet alcoolé sert à lier quelques compositions d'étoiles. On en humecte la matière avant de la mouler. L'alcool, en s'évaporant, laisse la laque à l'état d'une sorte de vernis qui peut, pendant quelque temps, préserver de l'humidité les compositions hygrométriques.

La préparation de cet alcoolé consiste simplement à faire dissoudre dans de l'alcool à **90** degrés centésimaux la dixième partie de son poids de résine laque blonde. On agite de temps en temps le mélange jusqu'à parfaite dissolution.

L'alcoolé de résine laque, abandonné au repos, laisse déposer, au bout de peu de temps, une petite quantité de matière insoluble qu'on pourrait séparer par filtration ; mais cette matière est ordinairement trop peu abondante pour altérer la qualité du vernis et nuire aux résultats qu'on en attend.

§ 3. — SUCCIN.

On nomme aussi cette substance *ambre jaune, karabé.* C'est une sorte de résine fossile dont la couleur varie du jaune au brun. On en trouve de petites quantités dans quelques parties de la France ; c'est principalement sur les côtes de la mer Baltique que le succin est répandu avec assez d'abondance. Pendant longtemps, les artificiers n'ont préparé leurs feux jaunes qu'à l'aide du karabé, qu'ils mélangeaient à cet effet avec du poussier et du soufre. Ils n'obtenaient ainsi que des couleurs tout à fait dépourvues de brillant et de reflet. Le succin n'entrant dans aucune de nos compositions, nous bornons à ces quelques mots l'article qui le concerne.

§ 4. — OLIBAN.

L'oliban, plus connu sous le nom d'encens, paraît être un mélange de plusieurs gommes-résines dont l'une, la plus abondante, a pour formule $C^{40}H^{64}O^{6}$, tandis qu'une seconde, ressemblant à la colophane ordinaire, a été formulée par M. *Jonston* $C^{50}H^{64}O^{4}$.

De toutes récentes expériences sur diverses matières résineuses nous ont fait reconnaître à celle que cet article a pour objet des propriétés permettant de l'appliquer à la pyrotechnie. Ainsi, tandis que le copal, la sandaraque et nombre d'autres substances analogues, employés comme corps combustibles dans les compositions de feux rouges, par exemple, atténuent dans de fortes proportions la coloration des flammes, l'oliban agit, sous ce rapport-là, d'une manière négative, comme la résine laque.

Obligé de ne pas étendre outre mesure dans ce livre le nombre déjà considérable de nos compositions, nous nous sommes borné à y mentionner une seule formule où figure l'oliban. C'est une composition pour lances rouges. Elle est fort remarquable, et a l'avantage d'être à plus bas prix que celle qui porte le n° 1, qui n'a ni plus d'éclat ni plus de reflet. La seule différence entre les deux compositions, c'est que l'une est ponceau, tandis que l'autre possède une teinte carminée.

L'oliban est fragile et se laisse assez aisément réduire en poudre. Nous employons cette poudre passée au tamis n° 3.

§ 5. — PARAFFINE.

Plusieurs formules — $C^{60}H^6$, $C^{54}H^{54}$, $C^{48}H^{50}$ — servent à désigner, sous le nom de paraffine, divers carbures, d'hydrogène qui ont de très grandes ressemblances physiques, et sur la composition exacte desquels les chimistes ne paraissent pas être d'accord.

La paraffine, dont diverses industries tirent parti, existe dans les pétroles d'Amérique, dans les goudrons de brais et de tourbe, ainsi que dans les huiles de schiste brutes.

Ce composé, fusible à 43 degrés, insoluble dans l'eau et peu soluble dans l'alcool, est très soluble dans l'éther; il cristallise en belles lames nacrées. A l'état de pureté il est tout à fait inodore.

On en fait des bougies translucides dont la flamme est aussi pure et aussi éclairante que celle des bougies de cire.

De telles qualités devaient nous engager à chercher à utiliser la paraffine dans les compositions pyrotechniques comme corps combustible. C'est ce que nous avons fait, et nous avons vu se réaliser nos prévisions avec d'autant plus de satisfaction que la paraffine, dont le prix est moitié moins élevé que celui de la résine laque, peut être substituée à ce dernier corps dans quelques-unes de ses applications.

On se procure la paraffine chez les fabricants de produits chimiques, ou bien on se borne, si l'on veut opérer en petit, à se servir des déchets de bougies de paraffine. Ces bougies sont aujourd'hui généralement répandues dans le commerce, et souvent colorées en bleu, rouge, vert, etc. On fera bien de n'employer que celles qui sont incolores.

Il est bon de faire remarquer qu'à cause de leurs points de fusion peu élevés, la paraffine et la stéarine sont bien plus faciles à diviser en hiver qu'en été, surtout la paraffine du commerce, généralement débitée en plaques du poids de 500 grammes, qui n'est jamais bien pure et possède ordinairement une odeur *sui generis* provenant des composés d'où elle a été extraite.

CHAPITRE III.

Lycopode. — Pollen des conifères.

§ 1ᵉʳ. — LYCOPODE.

On a donné le nom de *lycopode*, ou *soufre végétal*, à la matière fécondante du *lycopodium clavatum*, sorte de mousse compacte qui croît dans les bruyères et les bois de diverses parties de l'Europe. On le récolte principalement en Suisse et en Allemagne.

Ce pollen, dont la composition est complexe, comme

celle de toutes les substances analogues, est très inflammable, et sert, sur les théâtres, à produire des flammes vives et brillantes imitant les éclairs. Il est probable qu'on pourrait l'utiliser comme combustible, si son prix, trop élevé pour cette destination, n'y mettait obstacle.

§ 2. — POLLEN DES CONIFÈRES. — POLLEN DU PIN.

Tous les arbres résineux produisent abondamment, au printemps, une poussière plus ou moins colorée en jaune. Cette poussière est le pollen ou matière fécondante de ces végétaux. Le pin maritime, le pin sylvestre, le fournissent avec une extrême abondance. Il serait si facile d'en recueillir de grandes quantités sur les lieux où cet arbre croît naturellement, dans l'ouest de la France particulièrement, qu'il nous est venu à l'esprit de soumettre cette matière à quelques essais. Nous avons éprouvé une véritable satisfaction en voyant nos prévisions se réaliser. C'est particulièrement par son mélange avec la colophane qu'on en obtient les meilleurs effets. Ce mélange, en proportions convenables, peut souvent remplacer la résine laque dans la plupart des diverses combinaisons produisant les feux colorés.

Le pollen a été analysé par plusieurs chimistes. Tous y ont trouvé une substance particulière qu'ils ont nommée *pollénine*, et dont les éléments sont les mêmes dans les différents végétaux qui donnent naissance au pollen, mais dont les proportions sont variables, comme le montrent les deux analyses ci-après. Il contient, en outre, du sucre, de la gomme, des sels minéraux, une matière grasse et une matière colorante.

POLLÉNINE.

	du cèdre.	du lycopode.
Carbone..........	40,0	52,2
Hydrogène........	11,7	8,6
Oxygène...	48,3	39,2
	100,0	100,0

Le pollen, abandonné à lui-même, ne tarde pas à se putréfier s'il est un peu humide, en dégageant des produits ammoniacaux, et en finissant par répandre une très mauvaise odeur. Introduit dans une composition, sans aucune préparation préalable, et tel qu'il a été recueilli sur l'arbre, il rend cette composition hygrométrique par le fait des sels solubles et du sucre qu'il contient. Pour le conserver et le rendre propre à être employé, il faut lui faire subir plusieurs lavages, d'abord à l'eau froide, puis à l'eau chaude. On le purge ainsi de toutes ses parties solubles et altérables. En le desséchant ensuite, il ne reste qu'une poudre jaune, excessivement fine, très légère, insoluble dans l'eau, l'alcool et les huiles volatiles, et qui se conserve parfaitement.

SECTION QUATRIÈME.

CORPS ET MÉLANGES EXPLOSIBLES.

PYROXYLINE. — POUDRE DE GUERRE. — POUDRE BLANCHE. — POUSSIER ORDINAIRE ÓU POUSSIER DE TONNEAU. — POUSSIER SODIQUE. — POUSSIER PLOMBIQUE. — OBSERVATIONS GÉNÉRALES SUR LES MATIÈRES TRAITÉES DANS LE LIVRE PREMIER. — APPAREIL A LAVER LES PRÉCIPITÉS.

Corps et mélanges explosibles.

Il est des composés que la division extrême ou la mobilité de leurs éléments constitutifs rendent explosibles au plus haut degré. Quelques-uns de ces corps sont utilisés dans l'art militaire, en pyrotechnie, appliqués au tirage des mines, à la fabrication des capsules fulminantes, etc., etc. ; il en est qui, jusqu'à présent, sont restés sans emploi.

Si l'étude de ces substances n'est pas indispensable à l'artificier, elle serait certainement très intéressante pour lui en agrandissant le cercle de ses connaissances, et ne pourrait que lui être utile. Le cadre de notre ouvrage ne nous permettant pas d'entrer dans tous les développements désirables au sujet des corps explosibles proprement dits, nous nous bornons à donner sur un d'entre eux, la pyroxyline, considérée comme un des plus importants et pouvant avoir des applications dans l'art pyrotechnique, des notions utiles à connaître.

CHAPITRE PREMIER.

Corps explosibles.

PYROXYLINE.

(Pyroxyle. — Fulmicoton. — Poudre-coton).

En traitant la cellulose sous ses différentes formes, — coton, pâte à papier, sciure de bois, etc., etc., — par l'acide azotique concentré, ou plutôt par un mélange d'acide sulfurique et d'acide azotique monohydraté, on donne naissance à des produits azotés plus ou moins explosibles, dont la composition est variable selon les méthodes de traitement employées, et auxquels on a appliqué les différents noms qui figurent en tête de cet article.

C'est ainsi qu'on peut obtenir, d'après M. *Béchamp*, les celluloses nitriques suivantes :

$$\text{Cellulose trinitrique} \ldots \ldots \ldots C^{24}H^{17}O^{17},3AzO^5;$$
$$\text{Cellulose tétranitrique} \ldots \ldots C^{24}H^{16}O^{16},4AzO^5;$$
$$\text{Cellulose pentanitrique} \ldots \ldots O^{24}H^{15}O^{15},5AzO^5.$$

sans compter les produits azotés mal définis constituant les collodions des photographes.

Nous n'avons pas à décrire ici les manipulations au moyen desquelles on obtient ces diverses sortes de produits, et qui se réduisent à immerger les matières cellulosiques dans les acides, à les laver à grande eau jusqu'à ce que les eaux de lavage soient sans action sur la teinture de tournesol, et à les sécher à la température ordinaire ou dans un courant d'air chaud à 30° ou 40°.

La cellulose pentanitrique, considérée au point de vue balistique comme la plus importante de toutes les celluloses nitrées, du moins en France, a reçu le nom de pyroxyline.

L'équation suivante peut expliquer la transformation de la matière cellulosique en pyroxyline :

	PROPORTIONS RÉAGISSANTES.				PROPORTIONS PRODUITES.		
	Cellulose.		Acide azotique monohydraté.		Pyroxyline.		Eau.
Formules.................	$2(C^{12}H^{10}O^{10})$	$+$	$5(AzO^5,HO)$	$=$	$C^{24}H^{13}O^{15},5AzO^5$	$+$	$10HO.$
Nombres qu'elles représentent.	324		315		549		90

Somme des proportions réagissantes...   639   Somme des proportions produites. 639

On voit, par cette équation, que 5 équivalents d'acide azotique monohydraté, en réagissant sur 2 équivalents de matière cellulosique, donnent naissance à 1 équivalent de pyroxyline et à 10 équivalents d'eau, lesquels sont produits moitié par l'acide azotique monohydraté et moitié par la cellulose.

La formule de la pyroxyline, si l'on ne considère que les éléments de ce corps, correspond à la composition centésimale suivante :

Carbone	26,23
Hydrogène..................	2,73
Azote......................	12,75
Oxygène....................	58,29
	100,00

La pyroxyline, dès sa découverte, a vivement excité la curiosité des chimistes. Depuis lors, de nombreuses recherches ont été faites, dans les principaux pays d'Europe notamment, sur cette matière éminemment inflammable et brûlant sans résidu. Ces deux propriétés l'ont même fait proposer pour remplacer la poudre à tirer dans la plupart de ses emplois, et aujourd'hui elle est comprise au nombre des moyens de destruction dont se sert l'art militaire.

La pyroxyline est complètement insoluble dans l'eau à froid ou à chaud. Soumise à l'action de la chaleur, elle s'enflamme à des températures variant entre 136 et 150 degrés centigrades. Enflammée sur une feuille de papier, sur une assiette de porcelaine, elle ne laisse aucune trace de résidu lorsqu'elle est bien pure, et les produits de sa combustion sont à peu près inodores. Au nombre de ces produits, les plus abondants sont l'oxyde de carbone, l'acide carbonique, l'azote et la vapeur d'eau.

La pyroxyline que l'on enflamme à l'air libre brûle sans bruit et avec une flamme blanche ; mais il n'en est pas de même en vases clos. Dans les armes et aux charges de guerre, elle déflagre avec bruit ; la détonation est au moins aussi forte que celle des charges de poudre de guerre de même effet balistique. Cependant le coup est beaucoup plus sec, moins ronflant ; ce qui peut s'expliquer par la grande différence de densité des produits de la combustion.

Aujourd'hui, les soins extrêmes apportés à la fabrication de la pyroxyline paraissent pouvoir donner à ce corps une stabilité qu'on lui a pendant longtemps contestée, non sans raison. On ne s'expliquerait pas, s'il en était autrement, son emploi dans l'art de la guerre.

Cette considération nous a engagé à soumettre la pyroxyline à quelques essais dans le but de son application à la pyrotechnie, soit pour les artifices détonants, bien que, sous ce rapport, elle ne puisse lutter encore de bon marché avec les moyens dont dispose l'artificier, soit comme pouvant être utilisée dans des compositions de feux colorés, à cause de la grande quantité d'azote qu'elle renferme à l'état d'acide azotique anhydre.

Nous nous sommes servi pour nos expériences d'une pyroxyline appliquée depuis peu de temps aux armes de chasse, dans lesquelles le résultat offre, paraît-il, toute satisfaction. Cette pyroxyline est sous forme de grains arrondis, de dimensions très différentes, légers, élastiques, et d'une couleur blanc roussâtre. Une telle matière est évidemment constituée par des poudres de bois légers converties en pyroxyline au moyen d'un traitement approprié.

Mais c'est vainement que nous avons multiplié nos essais ; notre insuccès a été à peu près complet, en ce sens que les colorations produites par nos mélanges ont toujours manqué d'intensité. Nous attribuons en grande partie cet insuccès à la quantité considérable de vapeur d'eau produite par la déflagration de la pyroxyline introduite dans nos compositions, vapeur qui n'est pas nuisible dans une arme, où, au contraire, elle fournit un effet utile à la haute température développée par l'explosion, mais qui, dans une composition pyrotechnique, ne peut qu'atténuer dans une forte proportion les colorations dues aux divers agents chimiques employés à cet effet.

Nous avons cru devoir signaler notre tentative, sans cependant oser affirmer que d'autres ne réussiront pas là où nous avons échoué, et nous devons ajouter que déjà, depuis quelque temps, le fulmi-coton est employé sous forme de mèche par les artificiers pour produire des illuminations instantanées.

Quant à l'emploi de la pyroxyline dans les marrons, saucissons et artifices détonants en général, les personnes qui seraient tentées de l'essayer pourront se baser sur cette donnée que, dans les armes à feu, 35 à 40 grammes de pyroxyline occupent à peu près le même volume et produisent les mêmes effets que 100 grammes de poudre, et que, en outre, d'après les expériences de M. *Combes* appliquées au tirage des mines, il est opportun de mélanger la pyroxyline avec de l'azotate de potasse dans la proportion de 10 parties du premier composé avec 8 ou 9 parties du second, pour obtenir les meilleurs résultats.

Pour que la pyroxyline, quel que soit son état, puisse être conservée sans danger de combustion spontanée, il est nécessaire qu'un traitement alcalin l'ait purgée de tout vestige d'acide sulfurique. Elle doit n'avoir ni odeur ni saveur, et, imbibée d'eau, être sans action sur du papier de tournesol avec lequel on la mettrait en contact.

CHAPITRE II.

Mélanges explosibles.

POUDRE DE GUERRE. — POUDRE BLANCHE. — POUSSIER ORDINAIRE OU POUSSIER DE TONNEAU. — POUSSIER SODIQUE. — POUSSIER PLOMBIQUE.

§ 1er. — POUDRE DE GUERRE.

De tous les composés explosibles, la poudre de guerre est certainement le plus remarquable et le plus anciennement connu. Bien avant que les progrès de la chimie moderne aient permis de donner les formules les plus rationnelles pour faire produire aux éléments de la poudre, — salpêtre, soufre, charbon, — les plus grandes sommes d'effets utiles, des essais empiriques, qui, sans aucun doute, ont dû être très multipliés, avaient fini par faire trouver des dosages se rapprochant extrêmement de ces formules.

L'État s'étant réservé le monopole exclusif de la fabrication de la poudre sous ses différentes formes, — poudres de guerre, de chasse et de mine, — nous n'entrerons pas dans les détails de cette fabrication, qui est assez compliquée, et au sujet de laquelle des traités spéciaux ont été écrits. Au surplus, depuis que l'emploi du poussier de tonneau s'est généralisé dans les salles d'artifices, la poudre de guerre n'y est plus usitée que pour les chasses des bombes et des marrons d'air, et les artificiers n'éprouvent aucune difficulté à obtenir l'autorisation de s'en faire délivrer dans les dépôts du gouvernement les quantités qui leur sont nécessaires.

§ 2. — POUDRE A CANON BLANCHE.

Cette matière explosible, nommée aussi poudre d'*Augendre*, du nom de son inventeur, est un composé chloraté dont voici la formule :

		En centièmes.
Chlorate de potasse........,...	2	50
Ferrocyanure de potassium..	1	25
Sucre.................	1	25
	4	100

Cette poudre a été proposée pour être utilisée dans les bouches à feu. M. *Pohl*, qui l'a étudiée, estime que le mélange suivant:

Chlorate de potasse...............	49
Ferrocyanure de potassium........	28
Sucre........................	23
	100

qui ne diffère que peu de celui de M. *Augendre*, fournit les meilleurs effets, et, comme tel, doit être préféré parce que les derniers nombres correspondent aux proportions moléculaires $K^2FeCy^3,3HO + C^{12}H^{11}O^{11} + 3(KO,ClO^5)$. D'après M. *Pohl*, 60 parties de cette poudre blanche produisent le même effet que 100 parties de poudre ordinaire.

Ces avantages, séduisants au premier abord, doivent

être mis en balance avec les inconvénients résultant de l'emploi d'un pareil composé. Or, nous avons tout lieu de croire que l'un comme l'autre des mélanges ci-dessus ont des propriétés brisantes et détérioreraient rapidement les armes dans lesquelles il en serait fait usage. Mais, outre de tels inconvénients, il nous est difficile de comprendre comment on a pu avoir l'idée de proposer d'ajouter aux produits destructifs employés dans l'art militaire, une composition renfermant au nombre de ses éléments le sucre, substance si accessible à l'humidité atmosphérique.

Nous ne nous serions pas occupé de la poudre inventée par M. *Augendre*, laquelle, à nos yeux, n'est d'aucun intérêt pour l'artificier, si, à plusieurs reprises, on ne nous avait demandé conseil sur son emploi dans les artifices détonants.

Pour confectionner les saucissons et les marrons, que peut-on, à notre avis, désirer de mieux que la poudre à canon, le poussier de tonneau aggloméré, et même la poudre de mine, soit que l'on considère seulement le prix de ces matières ou bien la sécurité relative qu'offre leur manipulation ?

Notre opinion est que, même à prix égal, la poudre blanche ne doit pas, dans ces artifices, être substituée aux poudres ordinaires, par la raison que les cartouches des marrons sont fabriquées avec des cartons grossiers, renfermant généralement des matières terreuses, et que le forage de ces cartouches, nécessité par l'étoupille devant faire détoner le marron dans lequel se trouverait tassée une composition chloratée, ne nous semble pas absolument dépourvu de danger.

§ 3. — POUSSIER ORDINAIRE OU POUSSIER DE TONNEAU.

On appelle poussier de tonneau, ou simplement poussier, un mélange intime de salpêtre, de soufre et de charbon, dans les proportions qui constituent la poudre à tirer. On préparait autrefois le poussier, qu'on nommait aussi pulvérin, en écrasant la poudre et en la tamisant. Cette méthode était défectueuse, car, à travers les mailles des tamis, passait toujours une certaine quantité de grains de poudre très-fins, mais non entièrement écrasés, lesquels occasionnaient souvent, pendant la déflagration, l'explosion des cartouches dans lesquelles le pulvérin était comprimé. D'ailleurs le produit n'était jamais homogène ; quelle que fût la finesse des mailles du tamis au moyen duquel on en séparait les parties non écrasées, on ne pouvait empêcher que le poussier fût composé de particules ayant divers degrés de ténuité, selon le plus ou le moins de trituration auquel la poudre avait été soumise avant son tamisage. On avait ainsi un pulvérin dont les effets devaient varier d'autant plus que son état n'était jamais exactement le même. Pour obtenir un pulvérin d'une homogénéité parfaite, il aurait fallu avoir recours au tonneau, qui l'aurait réellement réduit en poudre impalpable, état que les tamis dont se servent les artificiers ne sauraient produire. On a donc abandonné une matière si défectueuse, et on l'a remplacée par le poussier dit de tonneau. Ce dernier est le seul employé par nous depuis longtemps : d'abord, à cause de la facilité qu'offre sa préparation, et aussi parce que sa combustion s'effectue avec une régularité parfaite. Ici, en effet, chaque particule, quel que soit son état de

division, n'est jamais que l'un de ces trois corps : salpêtre, charbon et soufre ; de là, uniformité dans la combustion, et point d'explosion à redouter par l'emploi du
poussier de tonneau. Enfin, ce poussier est d'un prix bien
inférieur à celui qu'on peut préparer avec la poudre de
guerre, ainsi qu'on en pourra juger par les évaluations
qui terminent cet article.

Nous nous sommes un peu appesanti sur les caractères
distinctifs de ces deux sortes de poussier ; mais nous
avons cru cette explication nécessaire, afin de chasser
tout doute de l'esprit du lecteur sur la supériorité du
poussier de tonneau.

Tous les ateliers d'artifices sont pourvus aujourd'hui
d'un tonneau à pulvériser ; mais, comme nous n'écrivons
pas seulement pour les artificiers de profession, nous
croyons utile d'entrer dans quelques détails sur la confection d'un tonneau.

La capacité d'un tonneau à pulvériser doit toujours
être proportionnée à la quantité de poussier que l'on
veut préparer d'un seul coup, et former au moins quatre
fois le volume de cette quantité. Quelles que soient les
dimensions que l'on donne à cet instrument, il faut le
construire en bois sec, — le chêne est généralement préférable à tout autre bois, — le cercler solidement en fer,
et faire ses fonds bien épais. Extérieurement, on adapte
au centre de ces fonds deux axes en fer, implantés dans
des plaques à trois branches, faites de même métal.
Chaque branche doit être percée de deux trous, destinés
à recevoir des vis à bois qui servent à fixer avec solidité
les plaques métalliques sur les fonds du tonneau. On
aura soin d'employer des vis d'une longueur moindre

que l'épaisseur des fonds, afin d'éviter entre ces vis et les balles de métal, dont il va être question tout à l'heure, un contact qui pourrait devenir dangereux. Un des axes sera plus allongé que l'autre, et recevra, à son extrémité libre, une manivelle destinée à faire tourner le tonneau. Il est utile de recouvrir ce dernier de bandes de toile imbibées de colle-forte et l'enveloppant entièrement. Quand les bandes sont sèches, on les recouvre elles-mêmes de deux tours de papier bien enduit de colle de farine. De telles précautions sont prises pour éviter toute déperdition de la matière pulvérulente lorsque la machine est en mouvement.

Un chevalet, dont les montants seront entaillés à cet effet, recevra les axes du tonneau, et donnera toute facilité pour le faire mouvoir convenablement.

Avec un alliage, composé de 5 parties de plomb et 1 partie d'antimoine, on coule des balles de 17 à 18 millimètres de diamètre, et on en enlève les bavures. Ce sont ces balles qui, agitées sans cesse avec les matières à pulvériser, par le mouvement imprimé au tonneau, leur donnent le degré de ténuité nécessaire et les mélangent intimement. On peut se servir également de balles en bronze ou en laiton.

Pendant que le tonneau sera en mouvement, on aura soin de frapper de temps en temps, avec une baguette cylindrique de bois, les diverses parties de sa surface, pour détacher à l'intérieur les portions de matière que la compression des balles fait adhérer à ses parois.

Afin de pouvoir aisément vider le tonneau, on y perce sur le flanc, un trou carré qu'on ferme au moyen d'une planchette. Cette planchette, qui s'y adapte exactement, est retenue par une charnière *ad hoc*. Il est bon de recouvrir d'un morceau de peau de veau la partie inférieure de cette planchette pour rendre la fermeture hermétique. On sépare le poussier et les balles en versant tout le contenu du tonneau dans une auge en bois dont le fond est en toile métallique très forte et à mailles larges. Cette auge s'emboîte sur une caisse de bois qui reçoit la matière pulvérisée, tandis que les balles restent sur la toile métallique.

Les proportions à employer pour fabriquer un bon poussier sont celles de la poudre à canon française, savoir :

Salpêtre.......	6 parties,	soit..	750
Soufre........	1 id.	—	125
Charbon.......	1 id.	—	125
	8 parties,	soit..	1000

Dans les ateliers d'artifices, le poussier se prépare généralement en introduisant dans le tonneau, en même temps que les balles, ces trois matières plus ou moins pulvérisées et passées ensemble au tamis de crin, opération qui en commence le mélange. Puis le tonneau est mis en mouvement et tourné pendant un espace de temps qui varie selon le degré de force qu'on désire donner au poussier.

Cette manière d'opérer n'est pas dépourvue de danger, car il arrive quelquefois que la matière mise en mouvement dans le tonneau fait explosion. Ces accidents sont rares, il est vrai, mais il n'est pas possible de les nier.

18

A quelles causes faut-il les attribuer? Est-ce à des parcelles détachées de l'alliage métallique qui forme les balles, échauffées par le frottement, ou bien à des fragments de corps siliceux contenus par hasard, — et, ajoutons-le, faute de soin, — dans l'une des trois matières introduites dans le tonneau, fragments qui par le heurt avec les balles ont pu produire une étincelle?

Ces accidents se sont-ils manifestés seulement par des temps d'atmosphère chargée d'électricité? Ne peut-on pas supposer que, pendant le broyage au tonneau, l'ouvrier chargé de l'opération ayant négligé de frapper suffisamment les diverses parois de l'instrument, des portions de matières accumulées se sont échauffées, que l'équilibre de température ne s'est pas maintenu, et que, dans ces circonstances, l'élément électrique, qui se développe toujours par le frottement, et surtout par celui du soufre, a déterminé l'explosion?

Quoi qu'il en soit, des explosions ont lieu de temps à autre, et il est extrêmement important de chercher à les éviter. Nous nous servons depuis longtemps d'une méthode qui nous paraît propre à écarter le danger, à en diminuer la possibilité dans une forte proportion ; aussi croyons-nous qu'il est utile de ne pas la laisser ignorer de notre lecteur.

Avant tout, les matières destinées à former le poussier doivent être choisies avec soin et se trouver dans l'état suivant :

Le salpêtre, aussi pur que possible, pulvérisé au pilon ou au tonneau et passé aux tamis n° 2 ou n° 3;

Le soufre, — en canon, — pulvérisé au pilon et passé aux tamis n° 2 ou n° 3;

Le charbon, de bois léger, — bourdaine, saule, peuplier, tilleul, — trié avec soin, pulvérisé au tonneau et passé au tamis n° **2**, afin de le séparer, soit des débris de bois imparfaitement carbonisés qu'il contient toujours, soit des particules terreuses, siliceuses, qu'il n'est pas rare d'y rencontrer et qui peuvent être une cause de danger.

Notre procédé, qui a déjà été indiqué, mais non précisé, consiste à triturer séparément des mélanges de salpêtre et de charbon, de charbon et de soufre, et à réunir ensuite ces mélanges dans les proportions nécessaires pour produire le poussier. Le même tonneau est bon à cet usage, sans qu'il soit nécessaire de procéder à un nettoyage spécial à chaque opération. Pendant la trituration, celle surtout du mélange de salpêtre et de charbon, il est nécessaire, — nous ne saurions trop le répéter, — de frapper de temps en temps avec une baguette cylindrique de bois les diverses parties des parois du tonneau, afin de détacher à l'intérieur les portions de matière qui s'accumulent et restent adhérentes par place.

Notre méthode, outre qu'elle diminue considérablement le danger d'explosion, si elle ne l'écarte tout à fait, offre l'avantage que les mélanges binaires ci-dessus n'étant pas explosibles, le poids des balles peut être notablement augmenté pour ces triturations partielles, ce qui diminue proportionnellement le temps à employer pour donner à la matière le degré de ténuité nécessaire.

Les tonneaux dont on se sert dans la plupart des ateliers ont en général 115 litres de capacité, et triturent

12 kilos de matière au moyen de 25 kilos de balles. La durée de chaque opération est de dix heures.

Supposons un tonneau de 115 litres.

Avec cet instrument, par notre procédé, on peut, au lieu de 12 kilog. de poussier, en produire 18 kilog. dans moins de temps.

Les proportions des matières pour une fabrication de 18 kilos étant :

Salpêtre....................	13,500	grammes
Soufre....................	2,250	id.
Charbon....................	2,250	id.
Ensemble.....	18,000	grammes,

voici comment il convient d'opérer, en employant non 25 kilog., mais 30 kilog. de balles :

1° Triturer pendant 180 minutes :

Salpêtre....................	6,750	grammes
et Charbon....................	400	id.
Ensemble.. ..	7,150	grammes,

2° Recommencer l'opération et réunir les deux produits. On aura ainsi employé en totalité :

Salpêtre........	13,500	grammes
et Charbon....................	800	id.
Ensemble.....	14,300	grammes,

qui auront été tournés pendant 360 minutes. Nous désignons ce mélange par la lettre A.

3° Triturer pendant 150 minutes la totalité du

Soufre, soit..............	2,250	grammes,
Avec le reste du charbon...	1,450	id.
Ensemble.....	3,700	grammes.

Ce second mélange sera étiqueté B.

Ces mélanges A et B pourront être préparés en telles quantités qu'il conviendra, et entassés séparément dans des barils jusqu'au moment de leur emploi.

Pour les convertir en poussier, on mettra dans le tonneau :

Mélange A................	7,150	grammes
et Mélange B..............	1,850	id.
Ensemble.....	9,000	grammes,

avec 12 kilog. seulement de balles de petit diamètre, — 10 à 11 millimètres environ,— et l'on tournera lentement l'appareil pendant 10 minutes, temps suffisant pour produire le mélange intime des éléments du poussier.

En recommençant de suite l'opération avec 9 autres kilog. des deux mélanges A et B, on aura produit en totalité 18 kilog. de poussier en 530 minutes, soit en 8 heures 50 minutes.

Notre procédé nous paraît mériter d'être appliqué, à cause du double avantage qu'il offre au praticien, d'une presque absolue sécurité et d'une économie de temps.

Il est clair que, dans le cas où l'artificier n'aura pas besoin d'un poussier d'une aussi grande force que celui préparé par la méthode qui vient d'être décrite, la durée de chaque opération pourra être réduite dans les proportions qui seront jugées convenables.

Pour nos besoins personnels, lesquels sont nécessairement restreints comme ceux de toutes les personnes qui ne font pas leur profession de la pyrotechnie, nous nous servons d'un baril de 16 litres de capacité et de 4 kilog. de balles.

Notre mélange A se compose de :

Salpêtre..................	900	grammes
et Charbon..................	52	id.
Ensemble.....	952	grammes,

et est tourné pendant 180 minutes.

En recommençant l'opération, et en réunissant les deux produits, nous avons en totalité :

Mélange A........	1,904	grammes

qui ont été tournés pendant 360 minutes.

Le mélange B, composé de :

Soufre...................	300	grammes
et Charbon................	196	id.
Ensemble.....	496	grammes,

est tourné pendant 150 minutes.

La moitié de ce mélange B, soit...	248	grammes
est ajoutée à....................	952	id.

du mélange A.

La matière, en totalité....	1,200	grammes.

est tournée pendant 10 minutes avec 2 kilog. de petites balles pour être convertie en poussier.

En réitérant l'opération avec le reste des matières, on obtient en totalité 2,400 grammes de poussier, dont la fabrication a exigé le même espace de temps que celui nécessaire pour opérer en grand. Mais il faut considérer que, dans les deux cas, les forces dépensées ont été proportionnelles aux résultats obtenus.

On voudra bien nous pardonner de nous être en quelque sorte répété en entrant dans les détails de ce second *modus faciendi*, si nous ajoutons que nous n'écrivons pas seulement pour les grands ateliers, mais bien pour l'instruction et l'agrément de toutes les personnes qui s'occupent de pyrotechnie.

Les prix de revient suivants sont établis abstraction faite des frais de main-d'œuvre, lesquels varient selon les localités.

Le kil. des matières employées coûtant :			Le kil. de poussier coûtera :
Salpêtre.	Soufre pulvérisé.	Charbon pulvérisé.	
Fr. c.	Fr. c.	Fr. c.	Fr. c.
0,90	0,50	0,50	0,80

§ 4. — POUSSIER SODIQUE.

Les pastilles sont de si jolis petits artifices que, mû par le désir de les varier le plus possible, nous avons été conduit à préparer, dans ce but, du poussier dans lequel le salpêtre est remplacé par l'azotate de soude. La fabrication de ce poussier ne diffère en aucune façon de celle du poussier de poudre de guerre; elle s'effectue de la même manière, au tonneau ; seulement, l'équivalent de l'azotate de soude étant plus faible que celui du sel de potasse correspondant, il faut diminuer la dose de cet azotate dans la confection du poussier sodique. Ainsi, les nombres employés ordinairement pour faire le poussier de tonneau étant ceux indiqués dans l'article précédent, les 750 parties de salpêtre devront être remplacées par 630 p. d'azotate de soude, à cause de la différence de poids des équivalents des deux sels.

On aura donc le dosage suivant :

		En millièmes.
Azotate de soude...	630 parties.	716 parties.
Soufre.............	125 —	142 —
Charbon..........	125 —	142 —
	880 parties.	1·00 parties.

Pour toutes les manipulations nécessaires à la confection de ce poussier, nous renvoyons le lecteur à l'article précédent, et pour son emploi, au chapitre qui traite des pastilles.

Par un temps sec, le poussier sodique ne s'altère pas à l'air ; mais, dès que l'atmosphère devient humide, il attire et condense assez rapidement la vapeur d'eau qui y est répandue, et s'en imprègne même entièrement si le contact de l'air est suffisamment prolongé. Malgré ce défaut, un tel poussier est précieux, parce qu'il est à bas prix, qu'il varie agréablement les feux, et que les petites pièces dans lesquelles on l'emploie peuvent être aisément conservées à l'abri de l'humidité. On le gardera donc dans des vases qu'on bouchera convenablement, si on les met dans un lieu humide, et simplement dans des boîtes de bois ou de carton, si on les place dans un endroit constamment sec.

Les prix de revient suivants sont établis, comme ceux du poussier ordinaire, abstraction faite des frais de main-d'œuvre :

Le kil. des matières employées coûtant :			Le kil. de poussier sodique coûtera :
Azotate de soude.	Soufre pulvérisé.	Charbon pulvérisé.	
Fr. c.	Fr. c.	Fr. c.	Fr. c.
1,00	0,50	0,40	0,85
1,00	0,60	0,50	0,87

§ 5. — POUSSIER PLOMBIQUE N° 1 (*).

Ainsi que nous l'avons précédemment mentionné, c'est à M. *Chertier* qu'on doit l'introduction de l'azotate de plomb dans les compositions pour pastilles. Les proportions de ce sel, d'azotate de potasse et de charbon, employées par l'auteur que nous venons de nommer pour faire brûler la filière, étant très convenables, et enflammant également bien les limailles de fer et d'acier de tous les numéros, nous avons conservé telles quelles ces proportions, en donnant à leur mélange intime le nom de *poussier plombique* n° 1 (**).

Le poussier plombique se fait exactement de la même manière que le poussier du tonneau. On commence par mélanger grossièrement :

		En millièmes.
Azotate de plomb desséché et passé au tamis n° 2......	12 parties.	705,88
Azotate de potasse n° 2	2 —	117,65
Charbon de bourdaine n° 2.	3 —	176,47
Totaux....	17 parties.	1000,00

(*) Voir à l'article *Pluie d'argent*, la composition et la préparation du poussier plombique n° 2.

(**) Si ce poussier, additionné de fonte ou de filière, est excellent à employer dans les pastilles, à cause du rapide mouvement qu'il leur imprime en brûlant, il n'en est pas de même lorsqu'on essaye de l'utiliser dans les artifices de garniture, précisément par le fait de la rapidité de sa déflagration ; aussi avons-nous dû chercher à préparer, pour ce second usage, un poussier plombique spécial. Nous y avons réussi. Nous en donnerons la formule et la préparation au chapitre ayant pour titre : *Pluie d'argent*.

On introduit ensuite la matière dans le tonneau muni de ses gobilles, et on la triture jusqu'à ce que, par le mélange très intime de tous les éléments qui la composent, elle soit réduite en une poudre impalpable bien homogène.

Les prix de revient ci-après ont été calculés, comme les précédents, sans tenir compte des frais de main-d'œuvre.

Le kil. des matières employées coûtant :			Le kil. de poussier coûtera :
Azotate de plomb.	Azotate de potasse.	Charbon.	
Fr. c.	Fr. c.	Fr. c.	Fr. c.
1,40	0,90	0,40	1,16
1,50	1,00	0,50	1,26

CHAPITRE III.

Observations générales sur les matières traitées dans le livre premier, et sur les mélanges destinés à produire les feux colorés.

La composition chimique, les diverses propriétés et les méthodes de préparation des matières utiles à l'artificier étant maintenant connues du lecteur, il ne nous reste plus que quelques observations à lui présenter pour compléter les notions qu'il a déjà acquises.

Nous revenons d'abord avec une insistance toute particulière sur la recommandation déjà faite dans le cours de ce livre à propos des sels de soude. On n'oubliera pas que, pour la préparation des divers sels qu'on obtient par précipitation, il n'est pas indifférent de se servir de sels de potasse ou de sels de soude indistinctement. Si l'on emploie les derniers, quelque soin que l'on mette à laver les précipités, il est presque impossible de les obtenir tout à fait purs, surtout dans les conditions toutes spéciales qui régissent les manipulations de l'artificier. La petite quantité de sel sodique qui y reste mélangée, et qui même s'y trouve quelquefois combinée chimiquement, suffit pour atténuer très sensiblement les teintes délicates, comme les bleues et particulièrement les vertes. Cela est fâcheux, parce que les sels de soude dont il s'agit ici sont à bien plus bas prix que ceux de potasse.

Il est une autre observation importante à noter relativement aux sels sodiques. Ces sels, même les moins solubles, tels que l'oxalate neutre, ne peuvent être employés dans une composition, mélangés avec un azotate quelconque, sans rendre le mélange hygroscopique. Pour peu que l'air soit humide, il agit par l'eau qu'il contient : il y a double décomposition des sels mis en présence, et formation d'une quantité plus ou moins considérable d'azotate de soude qui condense facilement la vapeur aqueuse répandue dans l'atmosphère, dès que la limite de ce qu'on appelle un temps sec est dépassée.

Il était donc important de chercher à en supprimer l'emploi dans les ateliers, résultat que nous avons complètement atteint, grâce à la kryolithe. Aussi n'avonsnous laissé figurer l'oxalate et le bicarbonate sodiques que dans deux ou trois de nos formules seulement, ces formules pouvant être utilisées par des temps secs.

Les substances que l'artificier est appelé à manipuler sont en général très vénéneuses, et elles n'ont d'emploi qu'après avoir été réduites à une ténuité qui les rend encore plus dangereuses. L'ouvrier devra donc éviter avec le plus grand soin, non seulement d'en respirer la poussière, mais aussi, dans bien des cas, de s'exposer à subir l'influence délétère des produits gazeux de leur combustion.

Celles dont il devra se garder le plus sont :

Les sels de baryte et de strontiane ;

Les sulfures d'arsenic et d'antimoine ;

Les sels de plomb, de cuivre et de mercure.

Les sels à base de soude sont ceux qui colorent avec le plus d'intensité la flamme des mélanges combustibles. Cette intensité est telle qu'elle agit même sur le rouge en le rendant orangé, et qu'elle détruit presque entièrement le vert et le bleu.

La présence de la strontiane, ou de ses sels, dans de semblables mélanges, même en petite quantité, empêche la coloration produite par les sels de baryte de se manifester.

Les sels de cuivre et le cuivre lui-même, introduits dans les dosages devant donner une coloration verte, détruisent cette coloration, surtout s'il y a un chlorure dans le mélange. Ajoutés à une composition à base de strontiane ou de chaux et contenant un chlorure ou un chlorate, ils en font virer la coloration rouge au violet ou au lilas. Une très petite quantité de matière suffit souvent pour produire de tels changements.

Ces faits ne devront jamais être oubliés dans aucune des manipulations que réclame la pyrotechnie, soit celles qui concernent la partie purement chimique de cet art, soit les préparations ordinaires des *composi-*

tions. En insistant sur notre observation, nous croyons pouvoir nous dispenser de la développer davantage.

Nous nous sommes peut-être appesanti un peu longuement dans le cours de cet ouvrage sur les composés cuivriques ; mais ces composés n'ayant pas été suffisamment étudiés avant nous au point de vue pyrotechnique, et quelques-uns n'étant même pas décrits dans les traités de chimie, nous avons cru intéressant de les faire connaître à l'artificier, dont l'instruction, à notre avis, ne saurait jamais être trop étendue.

Ainsi que nous l'avons déjà expliqué, les procédés de fabrication des divers produits employés dans les feux d'artifice sont établis dans ce livre d'après les nombres proportionnels des corps. Il est inutile d'ajouter que ces nombres ou équivalents sont ceux qui ont été le plus récemment attribués aux corps simples et composés.

Nous devons faire remarquer, cependant, qu'il n'est pas de rigueur absolue de s'en tenir scrupuleusement aux poids indiqués par ces équivalents pour obtenir de bons résultats. Ce serait même très difficile, pour ne pas dire impossible, dans la pratique ordinaire, par une foule de motifs. Ainsi, les matières premières ne sont jamais tout à fait pures ; suivant leur état de division, elles contiennent à la fois une certaine quantité de vapeur d'eau condensée, de l'air et différents gaz, en sorte que le poids donné par la balance n'est jamais le poids réel de la substance qui doit servir à la réaction.

Ce qu'il faut, c'est se rapprocher le plus possible des nombres théoriques indiqués, afin que les corps mis en présence soient dans de bonnes conditions pour fournir les produits qu'on en attend. On aura donc soin de peser les matières bien sèches, et, si ce sont des sels cristallisés, on prendra garde qu'ils ne soient effleuris.

On pourra généralement, quand on opérera sur des poids dépassant cent grammes, supprimer les fractions de gramme.

Pour conclure cette série d'observations, qu'on nous permette ici une petite digression.

Nous avons vainement essayé d'obtenir une coloration verte avec le cuivre métallique, ses oxydes et ses divers sels : dans toutes nos tentatives à ce sujet, nous avons constamment échoué. Et cependant, que l'on jette au milieu d'un brasier enflammé une petite quantité d'oxychlorure de cuivre, corps composé, comme on le sait, de bichlorure et d'oxyde de cuivre, à l'instant même la flamme du foyer se teindra en bleu dans quelques-unes de ses parties et en vert dans d'autres. On doit attribuer ce phénomène à la décomposition de l'oxychlorure de cuivre, dont l'oxyde donne la coloration verte, tandis que le chlorure produit la bleue. Pourquoi donc, avec de l'oxyde de cuivre seul, par exemple, ne réussit-on pas dans les *compositions* à obtenir cette coloration verte ? Cela tient, nous n'en doutons pas, à la présence du chlorate de potasse, sel presque exclusivement employé à faire brûler les combinaisons cuivriques. Le chlorate, en se décomposant, forme sans doute avec ces combinaisons, — momentanément si l'on veut, — du chlorure de cuivre, lequel donne une coloration bleue, à moins que celle-ci ne soit détruite par la combustion d'une matière fournissant une coloration différente et très intense. Le même résultat se manifesterait peut-être encore si, dans le cas où l'on parviendrait à faire brûler un sel de cuivre sans l'aide du chlorate de potasse ou d'un chlorate quelconque, on introduisait, dans le mélange, du chlorure de mercure ou un autre chlorure ne possédant par lui-même qu'un faible pouvoir colorant.

Quant à l'azotate de potasse, un des comburants par excellence, il ne faut pas songer à s'en servir pour opérer la combustion des sels de cuivre. La température développée par la déflagration n'est pas assez élevée, cette combustion se fait mal, et la coloration bleue ne se montre pas. On en peut aisément faire l'expérience avec une composition bleue quelconque ; il suffit presque toujours d'y remplacer un tiers du chlorate par une égale quantité d'azotate de potasse, pour que la combustion se ralentisse. La flamme produite a alors beaucoup moins d'éclat, et devient d'un bleu pâle ou même tout à fait lilas ou rose.

Il est possible cependant de s'opposer à la formation momentanée du chlorure de cuivre, qui, pendant la déflagration d'une des compositions dont on vient de parler, colore la flamme en bleu. On y parvient sans peine en introduisant dans ces compositions une suffisante quantité de carbone, — du noir de fumée par exemple. — Ce carbone réduit constamment le sel de cuivre, et alors le métal fournit bien la coloration verte qui lui est propre, mais atténuée, presque détruite par l'excès de carbone qu'il a fallu employer.

Le *fulminate de mercure* convenablement mélangé avec des substances appropriées et des sels de cuivre non chloratés, ou mieux encore le *fulminate de cuivre* lui-même, donneraient très probablement des flammes vertes en brûlant ; mais le haut prix de ces substances, et surtout le danger qu'offrent leurs manipulations, en interdisent l'emploi aux artificiers, qui, pour produire les colorations vertes, ont d'ailleurs à leur disposition les sels de baryte.

Nous n'entrons pas dans de plus longs développements à ce sujet, et nous nous abstenons également de nous étendre sur d'autres faits analogues. Si nous avons exposé ces considérations, c'est avec la pensée qu'elles pourraient offrir de l'intérêt aux artificiers. Au surplus, nous n'avons pas la prétention d'avoir donné la seule (peut-être devrions-nous dire la véritable) raison des faits que nous signalons. Qu'il se présente des contradicteurs, ils seront les bien-venus s'ils sont accompagnés de raisonnements valables. Du choc des idées, comme de celui de certains mélanges combustibles, jaillit également la lumière. Nous avons voulu seulement essayer de jeter quelque jour sur des faits curieux, inexpliqués jusqu'ici, et qui nous ont semblé dignes de fixer l'attention.

Certes, il y aurait une bien belle et bien intéressante étude à faire sur les causes qui donnent naissance aux diverses colorations des flammes, et sur les conditions qui peuvent modifier ces colorations de tant de manières différentes, au nombre desquelles, outre la présence simultanée de certains corps simples, devraient, à notre avis, être prises en sérieuse considération les températures produites par les mélanges déflagrants.

En opérant d'abord sur des mélanges binaires, pour s'élever graduellement aux compositions formées de matériaux multiples, peut-être arriverait-on, après des séries de nombreuses expériences exécutées avec soin à l'aide d'instruments appropriés, à édifier une théorie rationnelle acceptable sur un sujet rendu complexe par les éléments variés qu'il comporte.

Nous avons eu un moment la pensée d'entreprendre cette étude si intéressante à tant de titres; mais, outre qu'elle serait très ardue, et même beaucoup plus qu'on ne pourrait en général se l'imaginer, il aurait fallu lui consacrer de longs jours d'un labeur persévérant pour la mener à bonne fin. Nous avons reculé devant une telle tâche, mais nous espérons que d'autres, dans de meilleures conditions que nous pour la réaliser, combleront cette lacune scientifique sur un sujet si digne d'appeler l'attention du monde savant.

Nous nous sommes donc tenu aux seuls buts que nous nous proposions en écrivant ce livre : éclairer l'artificier, augmenter la somme de ses connaissances, lui apporter des éléments nouveaux pour la pratique de son art, et surtout assurer autant que possible la sécurité de ses ateliers.

Il existe une substance que nous aurions vivement désiré faire connaître à nos lecteurs, le *thallium*, métal qui, au spectroscope, est caractérisé par l'unique raie verte qu'il fournit.

Ce corps, découvert il y a une vingtaine d'années, est malheureusement beaucoup trop rare pour pouvoir être employé dans les artifices, ce qui est certainement fort regrettable car les essais qui ont été faits en petit à l'aide de son chlorate, sel très peu soluble, ont donné des flammes vertes d'une intensité et d'un éclat splendides.

19

CHAPITRE IV.

Appareil à laver les précipités.

Cet appareil, dont il a déjà été question plusieurs fois dans les pages précédentes, est dû à *M. Violette*, commissaire des poudres et salpêtres. Son extrême commodité rend tout commentaire inutile au sujet d'un instrument qui a aujourd'hui sa place dans tous les laboratoires.

Nous extrayons textuellement d'un livre de *M. Violette*, intitulé : *Nouvelles manipulations chimiques simplifiées,* l'article qui concerne ce petit appareil, nommé par l'auteur *fiole à laver les filtres.*

« La fiole à filtre est d'un emploi précieux ; elle fonc-

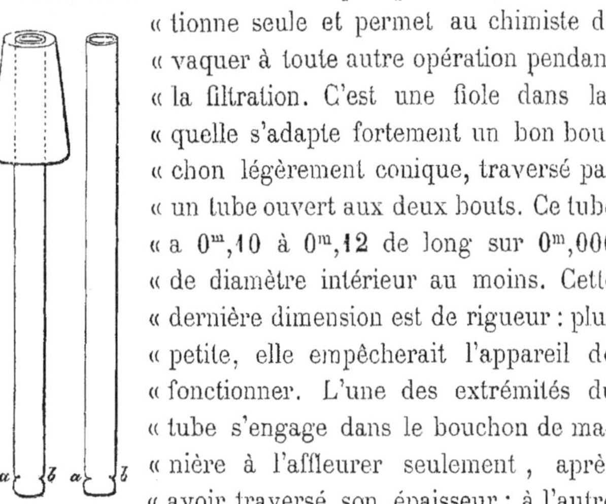

« tionne seule et permet au chimiste de « vaquer à toute autre opération pendant « la filtration. C'est une fiole dans la« quelle s'adapte fortement un bon bou« chon légèrement conique, traversé par « un tube ouvert aux deux bouts. Ce tube « a $0^m,10$ à $0^m,12$ de long sur $0^m,006$ « de diamètre intérieur au moins. Cette « dernière dimension est de rigueur : plus « petite, elle empêcherait l'appareil de « fonctionner. L'une des extrémités du « tube s'engage dans le bouchon de ma« nière à l'affleurer seulement, après « avoir traversé son épaisseur ; à l'autre « extrémité, et tout près de cette même extrémité, « sont pratiquées, vis-à-vis l'une de l'autre, deux ou« vertures circulaires (a) et (b), de $0^m,004$ de diamè-

« tre environ. Celles-ci se font à la lime ou mieux sur la
« meule. Le tube étant préparé, enfoncez-le dans le
« bouchon, que vous adapterez à la fiole préalablement
« remplie d'eau ; renversez maintenant cette fiole sur le
« filtre plein d'eau, en ayant soin d'immerger l'extrémité
« du tube de manière à faire plonger seulement les ou-
« vertures (a) et (b) dans l'eau. Le niveau de celle-ci
« s'abaissant, les ouvertures (a) et (b) se dégagent peu
« à peu. Lorsqu'elles sont entière-
« ment découvertes, l'air extérieur
« y pénètre, et s'élève bulle à bulle
« dans la fiole, qui verse en même
« temps de l'eau dans le filtre ;
« bientôt les ouvertures sont im-
« mergées, et l'écoulement cesse
« pour recommencer de nouveau
« quand les ouvertures sont décou-
« vertes par l'abaissement du li-
« quide dans le filtre. La figure 3
« indique la disposition de l'appa-
« reil : la fiole (a) est soutenue par
« un support au-dessus du filtre
« (b), qui laisse tomber le liquide

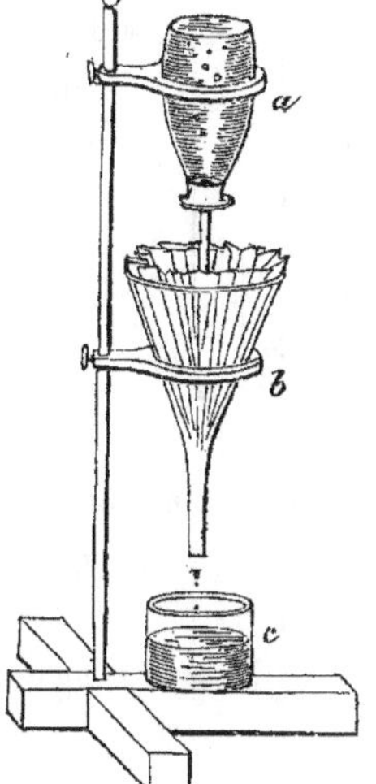

« filtré dans le verre ou récipient (c). Il arrive quelque-
« fois que la *fiole à filtre* s'amorce difficilement dans le
« commencement, surtout si le tube est un peu gras ;
« il suffira de le secouer légèrement pour le faire fonc-
« tionner.

« L'eau tombe verticalement, et soulève légèrement
« le précipité. Si l'on trouvait de l'inconvénient à cette
« agitation, on y remédierait facilement en fermant

« l'extrémité (n) du tube (p), soit au chalumeau, soit
« avec un petit disque de liége, et en pratiquant deux à
« deux, en dessus l'une de l'autre, quatre ouvertures 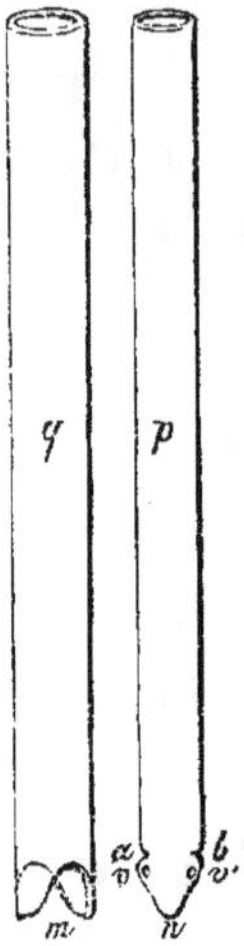
« circulaires. Cette opération se fait facile-
« ment en usant le verre contre l'arête cir-
« culaire de la meule mise en mouvement.
« Par les deux ouvertures supérieures (a)
« (b), l'air extérieur s'introduit dans la fiole,
« et par les deux inférieures (v) (v'), l'eau
« s'écoule dans le filtre suivant une direc-
« tion horizontale.

« On peut substituer aux tubes précédem-
« ment décrits un autre tube plus simple
« encore. L'extrémité (m) du tube (q) est
« façonnée en deux biseaux opposés, qui
« remplacent avantageusement les ouver-
« tures circulaires : cette disposition s'obtient
« en usant sur la meule ou un grès le tube de verre. Ce-
« lui-ci, dans ce cas, doit avoir $0^m,008$ de diamètre inté-
« rieur ; les premiers tubes ont l'avantage d'être plus
« petits et de permettre de laver de plus petits filtres. »

LIVRE DEUXIÈME.

Compositions. — Tamis. — Manipulations. — Pâte d'amorce. — Mèche azotique. — Pluie d'argent. — Lances, étoiles et feux de Bengale de toutes couleurs. — Feux de Bengale picratés.

CHAPITRE PREMIER.

Des compositions en général. — Des tamis. — Des diverses manipulations de l'artificier. — De la pâte d'amorce.

---

§ 1er. — COMPOSITIONS EN GÉNÉRAL. — TAMIS. — MANIPULATIONS DIVERSES POUR LA PRODUCTION DES FEUX COLORÉS.

On donne le nom de *composition* ou *matière* aux mélanges des divers éléments combustibles servant à produire les lances, les étoiles, les flammes de Bengale et les autres feux d'artifice. Il faut cependant, pour que le nom de composition puisse être donné à un de ces mélanges, que ce dernier soit effectué d'après certaines règles qui vont être établies ci-après. De l'observation de ces règles dépendent non seulement l'éclat, l'intensité, le reflet, la beauté enfin, et même la déflagration proprement dite des divers mélanges, mais encore la sécurité des ateliers ; il est donc nécessaire, lorsqu'on veut préparer des feux colorés, de se conformer exactement à toutes les prescriptions qu'on va lire.

Pour être propres à entrer dans un mélange, les matières pyrotechniques doivent avoir été préalablement pulvérisées et passées au tamis. Généralement, plus les poudres approchent de l'état impalpable, plus beaux sont les effets obtenus. Cependant, comme quelques dosages, notamment ceux des pastilles et autres petits artifices, emploient des substances à divers degrés de pulvérisation, il est bon d'entrer dans certains détails sur les tamis dont on doit se servir.

Les différents tamis se désignent dans le commerce par le nombre de fils qui se trouvent compris parallèlement dans un espace de 27 millimètres.

Le tamis de soie le plus fin a 150 fils par 27 mill. On l'appelle tamis n° 1.

Le tamis n° 2 a 140 fils par 27 mill.

	n° 3 a 100 id.	id.
—	n° 4 a 90 id.	id.
—	n° 5 a 70 id.	id.
—	n° 6 a 50 id.	id.

Le tamis n° 7 en a 25 seulement. Ce dernier tamis est généralement en fil de fer, en laiton ou en crin. On trouve même depuis longtemps, dans le commerce, des tamis en laiton de tous les numéros, munis de leurs tambours. Ces tamis ont l'avantage de se détériorer beaucoup moins facilement que ceux de soie.

Lorsque, dans un dosage quelconque, les matières seront suivies de l'indication d'un numéro, on emploiera ces matières passées au tamis désigné par ce numéro, *sans en extraire les parties plus fines pouvant passer à travers les mailles des tamis inférieurs.*

Exemple. Ces mots : *Limaille d'acier n° 2,* désignent de la limaille pour la tamisation de laquelle on ne se sera point servi du tamis *n° 1,* mais seulement du tamis *n° 2.*

Dans le cas où il sera nécessaire de se servir d'une substance à un degré de pulvérisation déterminé, cette substance sera suivie de deux numéros : le premier indiquant par quel tamis on aura dû la faire passer, et le deuxième spécifiant le tamis sur les mailles duquel elle devra rester.

Ainsi, cette désignation : *Limaille d'acier n° 2 à n° 1,* signifie qu'on doit faire usage de limaille tamisée au tamis *n° 2,* mais dont on aura extrait tout ce qui aura pu passer au tamis *n° 1.*

Toutes les matières destinées à la préparation des feux d'artifice colorés doivent être employées très pures. A ce sujet, il est essentiel, en faisant un dosage, de ne pas perdre de vue les observations générales qui terminent le *livre premier.* Ces matières seront, en outre, pesées bien sèches, faute de quoi elles ne représenteraient pas exactement les proportions formulées, et déjoueraient l'espoir du manipulateur. De là l'utilité de les conserver dans des bocaux de verre à large ouverture munis de bons bouchons, dans des boîtes de carton ou de bois bien vernies, ou dans des pots de grès pouvant se fermer hermétiquement, parce que les poudres fines, de quelque nature qu'elles soient, condensent toujours une certaine quantité de vapeur aqueuse : quantité qui varie avec leur état de densité.

A l'exception d'un très petit nombre, les compositions produisant les feux colorés se préparent en mélangeant très intimement les substances qui en font partie. A cet effet, on les pèse soigneusement, et on les réunit à mesure, en réservant toutefois les chlorates, pour ne les ajouter à la masse qu'en dernier lieu, et de la manière qui sera ultérieurement indiquée. On passe deux ou trois fois la matière au tamis n° 5, puis on la verse dans un mortier de porcelaine, où, par une trituration convenable, on en opère le mélange intime.

Si l'on a à préparer une quantité un peu considérable de composition, ce mode de trituration serait certainement défectueux, ou exigerait beaucoup de temps pour être accompli ; il est nécessaire, dans ce cas, de se servir d'un tonneau pulvérisateur, semblable à celui dont il est question à l'article *poussier*, et de dimension appropriée à la quantité de matière à obtenir. Le mélange se fait alors parfaitement, et, de plus, l'ouvrier est à l'abri d'exhalaisons pulvérulentes presque toujours dangereuses à respirer.

C'est seulement lorsque les matières sont triturées de la sorte que l'on y ajoute les chlorates passés au tamis n° 3. On mélange ces sels au reste de la composition, en passant le tout deux ou trois fois au tamis n° 5, ou bien en étendant la matière sur une table unie, et en la pressant légèrement, à plusieurs reprises, avec un rouleau de bois.

Quand on n'a besoin que d'une très petite quantité de composition, les matières étant finement pulvérisées, passées aux tamis désignés, et bien sèches, on peut se dispenser de les triturer, en les mettant dans un flacon qu'on agite pendant un instant. Il nous semble cependant avoir remarqué que, lorsqu'on les triture convenablement dans un mortier, le mélange devient plus intime et fournit de meilleurs résultats.

Après les explications déjà données sur la nature des chlorates et leur stabilité toute relative, il est sans doute superflu d'insister sur la nécessité de n'ajouter ces composés aux différents mélanges qu'après la trituration préalable des autres matières. Pour éviter tout danger, et empêcher que les chlorates puissent se trouver accidentellement mélangés aux compositions avant la trituration, il sera utile que chaque atelier soit muni d'un ou de plusieurs tamis spécialement affectés à l'emploi de ces sels.

S'il arrivait, par hasard, qu'un de nos lecteurs, après avoir préparé une composition, n'en obtînt pas tout le résultat attendu, nous le prions instamment de ne pas se hâter de porter un jugement défavorable sur notre formule, mais de chercher à se rendre compte s'il a exactement rempli toutes les conditions nécessaires à la parfaite déflagration du mélange. Nous ne craignons pas d'affirmer que, dans ce cas, l'omission d'une ou de plusieurs de ces conditions devrait être regardée comme la seule cause de l'insuccès ; car, nous répétons ici ce que nous avons avancé dans notre préface : nos dosages sont tous le résultat d'expériences et de recherches exécutées avec le plus grand soin.

§ 2. — PATE D'AMORCE.

Le mélange de poussier de poudre, de gomme et d'alcool, qui reste après la préparation de l'étoupille, est employé comme amorce pour différents petits artifices, tels que lances, étoiles, etc., etc... A défaut de cette pâte, on se servira avantageusement de poussier ordinaire auquel on ajoutera de la dextrine dans la proportion de 3 pour 100, et qu'on humectera convenablement avec de l'alcool à 50 degrés alcoolométriques.

Pour remplacer l'alcool, dont le prix est quelquefois très élevé, nous avons vu employer du vinaigre dans plusieurs ateliers. Cette substitution peut, dans quelques cas, être adoptée ; mais il est de toute nécessité, avant de faire usage de vinaigre, de le traiter par une dissolution d'un sel soluble de baryte, — du chlorure de baryum par exemple, — pour précipiter à l'état de sulfate de baryte insoluble l'acide sulfurique qu'il pourrait contenir. On n'ignore pas que cette fraude si condamnable a été souvent reconnue dans les vinaigres de qualités inférieures. L'expérience est d'une exécution facile.

On fait dissoudre une petite quantité de chlorure de baryum ou d'azotate de baryte dans de l'eau distillée, et, après avoir filtré le vinaigre à essayer, on y verse quelques gouttes de la dissolution barytique. Si le vinaigre contient de l'acide sulfurique, cet acide, réagissant sur le sel dissous, produit instantanément du sulfate de baryte insoluble qui trouble la transparence de la liqueur et se précipite. On peut, en ajoutant par petites portions de la dissolution au vinaigre, précipiter tout l'acide sulfurique qu'il contient et le rendre propre à être employé (*). Néanmoins, on doit considérer le vinaigre comme très inférieur à l'alcool pour la préparation de la

______

(*) Cette méthode d'essai peut s'appliquer à tous les vinaigres en général, en ce sens que, s'ils contiennent de l'acide sulfurique,

pâte d'amorce, et *encore n'employer une pâte ainsi préparée que pour les artifices autres que ceux destinés à produire les feux colorés.*

§ 3. — MÈCHE AZOTIQUE.

La mèche azotique est une pyroxyline formée de plusieurs brins de coton soumis ensemble à une torsion modérée.

Cette sorte d'étoupille, introduite dans un porte-feu en papier, se consume avec une excessive lenteur, et, si

---

cet acide sera bien réellement précipité à l'état de combinaison insoluble, ainsi que nous venons de l'expliquer. Mais c'est surtout par son application aux vinaigres provenant de l'acétification de l'alcool aqueux qu'elle pourra y faire reconnaître particulièrement l'acide sulfurique qu'on y aurait ajouté pour leur donner du montant, les vinaigres de vin contenant tous une quantité variable d'acide tartrique libre, lequel forme aussi avec la baryte un sel insoluble. De sorte que, après avoir traité du vinaigre de vin par la chlorure de baryum et y avoir ainsi déterminé la formation d'un précipité, on serait loin de pouvoir en conclure *à priori* que ce vinaigre contenait de l'acide sulfurique ; il faudrait, de toute nécessité, faire une analyse qualitative rigoureuse pour être en droit de porter un jugement aussi sérieux : tandis que le même essai exécuté sur les vinaigres dont nous avons parlé en second lieu, et donnant les mêmes résultats, c'est-à-dire un précipité, fournirait la presque certitude qu'ils ont été fraudés par l'acide sulfurique, ces vinaigres, d'après le mode de leur préparation, ne devant contenir un acide étranger que si celui-ci y a été introduit volontairement. Quoi qu'il en soit, en traitant par le chlorure de baryum un vinaigre quelconque, on en précipitera certainement l'acide sulfurique, s'il en contient, et c'est là le seul but que doit se proposer l'artificier.

l'on coude le tube, cesse même de brûler à la partie coudée. Elle ne serait donc nullement propre à remplacer l'étoupille ordinaire que tout le monde connaît. Mais, à l'air libre, il en est tout autrement : la mèche brûle rapidement, avec une flamme vive, et sans laisser de résidu. Aussi s'en sert-on avec succès pour allumer presque instantanément des cordons de lanternes vénitiennes ou des feux de Bengale espacés. On peut même l'employer dans les appartements pour enflammer subitement les bougies des lustres, car la pyroxyline ne donne ni odeur ni fumée en brûlant.

Cependant, s'il s'agit de bougies, après les avoir mises en communication au moyen du coton pyroxyliné assujetti sur chacune de leurs mèches par une boucle simple, il est utile, pour assurer leur inflammation sans exception, d'imbiber chaque mèche d'une goutte de pétrole.

L'étoupille azotique qui nous a servi à nos expériences fournit par kilogramme une longueur moyenne de 2,450 mètres.

CHAPITRE II.

Pluie d'argent.

Nous donnons le nom de *pluie d'argent* à des artifices de garniture dans le genre de ceux que l'on nomme *chevelure* ou *pluie de feu*, avec cette différence que notre composition comprimée dans les petits tubes, au lieu d'être simplement formée, comme les chevelures ordinaires, de poussier, de salpêtre et de charbon, a pour base l'azotate de plomb et contient de la filière ou de la fonte. Le nom de *pluie de diamants* conviendrait aussi bien, sinon mieux, à cet artifice dont la splendeur ne laisse rien à désirer, et dont l'effet contraste fort heureusement avec ceux déjà remarquables de la chevelure ancienne et des autres garnitures.

Nous n'avions pas l'intention de mentionner dans notre livre ces petits artifices qui ne sont pas compris dans les promesses de son titre. Si nous nous sommes décidé à revenir sur notre détermination, c'est que les rares garnitures, dites pluies d'argent, que nous avons vues, nous ont semblé incomparablement moins belles que les nôtres, ou ont eu le défaut capital de retomber enflammées jusque sur le sol, défaut qui nous a été en outre signalé plusieurs fois avec demandes de conseils pour y parer. Nous-même nous avions obtenu ce fâcheux résultat dans nos premiers essais ; mais enfin, non sans nombreux tâtonnements, il est vrai, nous avons eu la bonne fortune de réussir à notre gré, et nous ne voulons pas priver notre lecteur de la satisfaction que lui donnera la composition à laquelle nous nous sommes arrêté.

Cette composition est telle qu'en fusées comme en bombes, elle a fini de produire tout son effet à vingt ou vingt-cinq mètres du sol. Nous la comprimons à l'entonnoir ; non dans des tubes gros et longs, comme on l'a généralement essayé en se servant du poussier plombique n° 1, mais, au contraire, courts et de faible diamètre, ce qui permet de les multiplier et d'avoir, même en fusées, des garnitures splendides.

Nous nous sommes servi, en commençant, de tubes de six millimètres de diamètre intérieur, mais des expériences comparatives avec l'emploi de cartouches de cinq millimètres nous ont permis de constater qu'il n'y avait pour ainsi dire pas de différence entre les effets résultant des deux diamètres; d'où s'ensuivait en faveur des tubes de cinq millimètres le très notable avantage d'un poids bien moindre, et, leur volume étant moindre aussi, la facilité d'en insérer un plus grand nombre dans les artifices destinés à les transporter dans les airs.

Poussier plombique nº 2.

Nous préparons notre matière, que nous désignerons désormais sous le nom de poussier plombique nº 2, par quantité de 1008 grammes. Il est surabondant d'ajouter que les nombres ci-dessous pourraient être remplacés par tous autres qui leur seraient proportionnels.

Azotate de plomb nº 3.......	800 grammes.
— de potasse nº 3......	64 —
Charbon léger nº 2.........	96 —
Noir de fumée léger........	48 —
	1008 grammes.

Peut-être pourrait-on, dans cette composition, supprimer l'emploi du noir de fumée et remplacer ce corps par une égale quantité de charbon; mais comme nous n'avons pas fait cet essai, nous donnons notre procédé tel quel.

Nous nous servons, pour triturer les matières, d'un tonnelet de huit litres de capacité dont un des fonds est mobile et s'y fixe au moyen de trois tiges en fer, également espacées, taraudées et munies d'écrous. Un anneau plat, en caoutchouc, placé dans une rainure circulaire servant à emboîter les bords du tonnelet, aide à compléter l'adhérence et à empêcher la déperdition de la matière pulvérulente pendant le mouvement imprimé à l'appareil.

Cette disposition, qui n'est guère possible que sur un instrument de petite dimension, offre l'avantage de donner toute facilité pour nettoyer et inspecter l'intérieur du tonnelet.

Dans ce tonnelet, naturellement pourvu de ses accessoires indispensables, — support et manivelle, — nous commençons par mettre les trois premières matières ci-dessus désignées avec trois kilog. de balles, et nous tournons pendant trois heures ; puis nous ajoutons le noir de fumée et nous tournons encore pendant trente minutes.

A ce moment-là, si l'azotate de plomb employé a été traité au préalable comme nous l'avons indiqué à l'article qui concerne ce sel, et mis bien sec, ainsi que les autres matières, dans le tonnelet, le poussier doit posséder l'état de ténuité nécessaire ; il est aisé d'ailleurs d'en faire l'essai et de juger s'il est ou non opportun d'arrêter la trituration.

Composition pour pluie d'argent.

N° 1.

Poussier plombique n° 2	5 parties.
Fonte de fer ou filière n° 4 à n° 2.	1 id.
	6 parties.

N° 2.

Poussier plombique n° 2	25 parties.
Fonte ou filière n° 6 à n° 4	1 id.
Id. n° 4 à n° 2	3 id.
Id. n° 2 à n° 1	1 id.
	30 parties.

Ces deux compositions sont splendides ; des gerbes de

grosses fleurs diamantées jaillissent jusqu'à soixante-dix et quatre-vingt centimètres des petits tubes qui en sont chargés.

On peut, dans ces dosages, faire varier, non la quantité de fonte, qui toujours doit former en poids la cinquième partie de celle du poussier, mais les proportions des degrés de ténuité des parcelles métalliques sans différences bien sensibles dans les effets de la déflagration.

Selon l'espace de temps pendant lequel on se propose de conserver les compositions comprimées dans les tubes, la fonte et la filière peuvent être mélangées avec le poussier plombique : 1° sans préparation aucune ; 2° huilées au 20e avec de l'huile de lin ; 3° enduites sur le feu par la méthode qui a été expliquée au commencement de ce volume. Nous donnerons plus loin des notes qui renseigneront le lecteur à cet égard ; mais nous pouvons dire d'ores et déjà que les parcelles métalliques qui n'ont subi aucune préparation ne se conservent guère qu'une huitaine de jours sans être oxydées au point de ne produire aucun effet, surtout les plus ténues.

Tubes.

Pour les façonner, nous nous servons de papier assez mince, — de papier de journal, par exemple, à la condition qu'il ne soit pas mou, — roulé sur une baguette de cinq millimètres de diamètre de manière à former deux révolutions.

Les dimensions à donner au papier pour produire ces tubes sont les suivantes :

<pre>
Largeur................... 35 millimètres.
Longueur................. 39   —
</pre>

Les tubes étant roulés, 4 millimètres sont pris sur leur longueur pour les culasser, ce qui la réduit à 35 mill.

La douille de l'entonnoir à charger a 4 millimètres de longueur, de sorte que la composition tassée dans la petite cartouche n'y occupe qu'une hauteur de 31 millimètres. Les 4 millimètres de vide laissés par cette douille sont remplis à la manière ordinaire par de la pâte d'amorce assez fluide pour pouvoir recevoir *immédiatement* le brin d'étoupille nécessaire à l'inflammation du petit artifice.

La composition doit être assez fortement comprimée, non pas dans le but de donner à la déflagration une durée suffisante, mais pour qu'elle s'accomplisse d'une manière régulière. Nous avons remarqué dans le cours de nos nombreux essais que, lorsque nous comprimions fort peu la matière, il y avait non seulement des intermittences dans la déflagration, mais, en outre, que celle-ci s'effectuait avec plus de lenteur que dans le cas contraire : ce fait nous a paru assez curieux pour mériter d'être signalé.

Observation sur la durée de conservation de la pluie d'argent.

Nous avons fait plusieurs séries d'observations sur le laps de temps pendant lequel la pluie d'argent pouvait être conservée. Les résultats de ces observations n'ont pas varié bien sensiblement.

Voici une de ces séries. Il n'y est question que de tubes entièrement terminés et amorcés, car nous avons constaté que dans des compositions conservées en boîtes de carton, ou simplement dans du papier, les parcelles métalliques paraissaient n'avoir subi aucune altération au bout de neuf à dix mois.

Compositions chargées le 11 octobre 1880.

A	B.
Avec fonte n° 1, huilée au 20ᵉ, à froid, avec de l'huile de lin.	Avec fonte n° 4 à n° 2, huilée au 20ᵉ, à froid, avec de l'huile de lin.
11 novembre. — Déflagration parfaite.	11 novembre. — Déflagration parfaite.
25 novembre. — La matière brûle bien, mais les étincelles sont peu développées.	11 décembre. id.
11 décembre. — La fonte se manifeste à peine.	11 janvier. id.
	11 février. id.
	11 mars. id.
	1ᵉʳ avril. id.
	4 juin. — Fleurs beaucoup moins développées.
	20 juin. — Les paillettes sont à peine sensibles.

Ainsi la fonte n° 1 paraît ne pas se conserver plus d'un mois, du moins en hiver, tandis que la fonte n° 4 à n° 2, dans les mêmes conditions de lieu et de saison, est resté inaltérée pendant plus de cinq mois.

Les tubes ayant servi à ces expériences avaient été mis dans des couvercles de boîtes déposés sur la tablette d'un meuble dans une salle à manger.

Nous pouvons ajouter que la fonte enduite sur le feu est d'une plus longue conservation que celle qui a été simplement huilée à froid.

CHAPITRE III.

Lances.

Les lances sont de petits tubes de papier, chargés de compositions produisant des flammes diversement colorés, et avec lesquels on forme des dessins variés sur les pièces fixes et mobiles.

Pour charger les lances, on se sert d'entonnoirs de fer-blanc. Les dimensions de ces entonnoirs ne sont pas absolues ; toutefois il est bon que leur forme ne soit pas trop évasée, afin que la composition glisse aisément dans le tube. Leur douille, de 2 à 3 millimètres de longueur, doit avoir pour diamètre extérieur le diamètre exact de la lance à son intérieur. On voit d'après cela que, si l'on a à charger des lances de 6, 7 et 8 millimètres de diamètre, il faut avoir des entonnoirs différents pour chacun de ces calibres. Une baguette de fer ou de cuivre, d'un diamètre beaucoup plus faible que celui de l'intérieur de la douille, et longue d'environ 4 décimètres, sert à tasser dans la cartouche les compositions qu'on verse successivement dans l'entonnoir : il suffit pour cela de la soulever et de l'abaisser alternativement. Lorsqu'une lance est chargée, le vide, laissé à son extrémité par la douille qu'on a dû y faire pénétrer tout entière, est rempli avec de la pâte d'amorce ; on ne l'étoupille pas.

Nous venons de citer différents calibres de lances : ces petits artifices doivent, en effet, varier de diamètre selon les dimensions des pièces auxquelles ils sont destinés, et surtout suivant la distance qui, au moment de leur combustion, devra les séparer des spectateurs. Une différence d'un ou deux millimètres, en plus ou en moins sur le diamètre, suffit pour augmenter ou diminuer considérablement l'éclat de ces artifices. Appliquée à certaines compositions, cette différence peut même quelquefois déterminer ou empêcher leur déflagration. Ainsi, tel dosage qui brûlera parfaitement dans un tube de 7 millimètres de diamètre, se consumera ordinairement mal, et avec une flamme petite, terne, irrégulière, dans des tubes de 5 et même de 6 millimètres. A ces inégalités de déflagration se joignent aussi d'autres causes, telles que le degré de compression de la matière, la qualité du papier, l'épaisseur des tubes, etc., etc... Pour réussir à faire brûler les lances avec l'éclat et la régularité qui en sont principalement le charme, il faut donc se conformer exactement aux indications suivantes, ainsi qu'à celles qui accompagnent chaque dosage en particulier, parce qu'elles résultent toutes de nombreux essais.

Afin de ne point donner trop d'extension à ce volume, nous avons dû nous borner à y décrire les dosages pour lances de 7 millimètres de diamètre intérieur principalement. Ces compositions brûlent avec un tel éclat, leur coloration est si nette, si brillante, si intense, que le diamètre de 7 millimètres suffit ordinairement pour la garniture des pièces d'artifice destinées à brûler à une assez grande distance des spectateurs. Ces mêmes compositions, d'ailleurs, un peu plus comprimées, brûleraient également dans des tubes de 8 et 9 millimètres s'il devenait nécessaire d'employer ces calibres.

Elles pourraient également, pour la plupart, être utilisées en calibres de $6^{mm},5$ et même 6 millimètres. Quoi qu'il en soit, nous aurons soin de faire accompagner chaque composition de l'indication du calibre qui lui convient le mieux, afin d'éviter à l'artificier des tâtonnements inutiles.

Le choix du papier pour confectionner de bons tubes de lances ne saurait être indifférent. Le meilleur est, sans contredit, le papier à la forme, appelé aussi papier à la main. Il est solide et souple en même temps ; tandis que le papier à la mécanique, plus lisse et d'une apparence plus belle, est loin d'avoir la consistance du premier ; il est, en général, très cassant, et souvent il jaunit et s'altère avec le temps. De tel papier ferait de mauvais tubes de lances ; non qu'il ne se consume bien, mais parce que les lances, une fois faites et mises en place, ne résistent pas au plus léger choc et se brisent. On choisira donc autant que possible du papier à la forme, en laissant de côté les feuilles les plus épaisses, qui donnent des tubes trop résistants, lesquels brûlent plus difficilement et altèrent les colorations fournies par la plupart des compositions.

La confection des tubes de lances est trop connue pour que nous entrions dans aucun détail à cet égard. Nous recommandons seulement, par la même raison qui doit faire rejeter les feuilles épaisses, de n'employer que deux tours de papier pour faire ces tubes, et de n'encoller que l'extrême bord du papier : trop de colle étant aussi une cause d'altération de la pureté de la flamme en donnant une trop grande consistance à une partie seulement des cartouches.

Quelques auteurs recommandent de donner une certaine humidité aux compositions avant de les introduire dans les tubes. Nous proscrivons tout à fait cette méthode, du moins pour ce qui concerne nos dosages, que nous employons, au contraire, en poudre très sèche. Sous cet état, la matière se tasse uniformément, et le chargement s'en opère avec bien plus de rapidité et de facilité. Il faut, en général, que les lances, une fois chargées, résistent à une pression modérée des doigts sans se déprimer ; un petit nombre fait exception à cette règle. Presque jamais elles ne doivent paraître *très dures* sous cette pression. Nous donnerons, lorsqu'il y aura lieu, des indications particulières à ce sujet.

Les diverses compositions de feux colorés employant plus ou moins de temps à se consumer, nous avons indiqué, pour la plupart de ces compositions, les longueurs à donner aux lances, afin que, si l'on en emploie de différentes couleurs sur une même pièce, leur durée soit égale : effet nécessaire à la bonne réussite des pièces d'artifice dont elles sont la garniture ordinaire ; mais nous devons avertir le lecteur que ces indications ne sont pas absolues, trop de causes pouvant les modifier. Au nombre de ces causes, il suffit de citer : l'état de pulvérisation des matières employées ; leur degré de pureté, de trituration, de compression dans les tubes, etc., etc., qui, variant nécessairement, doivent nécessairement aussi influer sur la déflagration et sa durée. Néanmoins, on verra par les renseignements qui accompagnent la presque totalité des formules, que nous avons tâché de suppléer de notre mieux à l'impossibilité d'indications absolues.

Les longueurs indiquées pour les diverses lances ci-après, *amorce comprise*, sont établies pour une durée de trois cartouches de jets de feu chargées en brillant tournant ; la longueur de ces cartouches étant de 16 centimètres, et leur diamètre intérieur de 12 millimètres.

§ 1ᵉʳ. — **Lances rouges.**

Nº 1. — Diamètre, 7 mill.

Carbonate de strontiane précipité. 3
Résine laque ou stic-lac. . . . . . 2 = 15
Chlorate de potasse. 10

LONGUEUR . . . . 63 MILL.

Cent lances emploient 290 grammes de matière.
Le kilog. de composition coûte 3 fr. 27 c. (*).
Belle flamme ponceau. — Déflagration parfaite.
Bien comprimer la matière.

Nº 2. — Diamètre, 7 mill.

Carbonate de strontiane précipité. 9
Résine laque. 6
Chloramidure de mercure. . . . . 2 = 47
Chlorate de potasse. 30

LONGUEUR. . . . . 64 MILL.

Cent lances emploient 280 gr. de matière.
Le kilog. de composition coûte 3 fr. 47 c.
Même nuance que la précédente, mais plus d'éclat et
de reflet. — Déflagration facile et égale.
Bien comprimer la composition.

(*) Nous nous sommes servi, pour établir le coût du kilo de
toutes nos compositions, du prix des matières à l'état pulvérisé.
Voir à la fin du volume le prix courant des substances pyrotechniques.

Nº 3. — Diamètre, 7 mill.

Carbonate de strontiane précipité. . 2
Oliban . . . . 1 = 9
Chlorate de potasse. 6

LONGUEUR . . . . 53 MILL.

Cent lances emploient **242** gr. de matière.

Le kilog. de composition coûte 3 fr.

Beau rouge un peu carminé. — Grand éclat et bien du reflet. — Excellente composition. — Déflagration facile et égale.

Bien comprimer la matière.

Nº 4. — Diamètre, 7 mill.

Carbonate de strontiane précipité.   4
Paraffine.   1
Colophane.   1   = 18
Chlorate de potasse.   12

LONGUEUR. . . . . 53 MILL.

Cent lances emploient **235** gr. de matière.

Le kilog. de composition coûte 2 fr. 98 c.

Nuance carminée, presque aussi foncée que celle du nº 3.

Nº 5. — Diamètre, 7 mill.

Carbonate de strontiane précipité . . 2
Paraffine. . . . . 1 = 9
Chlorate de potasse. 6

LONGUEUR. . . . . 52 MILL.

Cent lances emploient 260 gr. de matière.

Le kilog. de composition coûte 3 fr. 12 c.

Rouge carmin. — Déflagration parfaite. — La flamme a beaucoup d'expansion.

N° 6. — Diamètre, 7 mill.

Carbonate de strontiane *naturel.* . . 2
Résine laque. . . . . 1 = 8
Chlorate de potasse. 5

Longueur. . . . . 63 mill.

Cent lances emploient 295 gr. de matière.

Le kilog. de composition coûte 2 fr. 35 c.

Il est nécessaire de bien comprimer la composition pour que les lances aient une durée suffisante.

Rouge un peu clair, qui paraît pâle à côté de ceux que produisent les précédents dosages, mais qui, brûlant seul, possède un éclat et un reflet suffisants. Ce sont de très bonnes lances, pour grandes décorations surtout.

La paraffine et la colophane, employées avec le carbonate de strontiane naturel, ne nous ont produit que des flammes de nuances trop pâles pour être mentionnées ici.

Nous nous bornons à enregistrer dans ce recueil les six dosages précédents, qui peuvent suffire à tous les besoins. On peut sans nul inconvénient comprimer assez fortement les compositions dans les lances sans nuire à leur déflagration, et il est probable que la plupart de ces dosages, sinon tous, brûleraient bien dans des calibres de 6^m,5 et même de 6 millimètres.

§ 2. — Lances roses.

N° 7. — Diamètre, 7 mill.

Azotate de potasse.	2
Carbonate de chaux (craie).	3
Résine laque.	2
Chlorate de potasse.	8

$= 15$

LONGUEUR. . . . . 57 MILL.

Cent lances emploient **290 gr.** de matière.
Le kilog. de composition coûte **2 fr. 18 c.**
Joli rose. — Combustion facile et égale.

N° 8. — Diamètre, 7 mill.

Azotate de potasse.	10
Carbonate de strontiane *naturel*. .	5
Résine laque.	3
Chlorate de potasse.	10

$= 28$

LONGUEUR. . . . . 63 MILL.

Cent lances emploient **285 gr.** de matière.
Le kilog. de composition coûte **1 fr. 90 c.**
Déflagration facile et bien égale. — Rose tendre. —
Fumée rose.

N° 9. — Diamètre, 7 mill.

Azotate de potasse. 10
Fluorure de calcium. 5
Résine laque. . . . . 3 $= 28$
Chlorate de potasse. 10

LONGUEUR. . . . . 60 MILL.

Cent lancés emploient 272 gr. de matière.

Le kilog. de composition coûte 1 fr. 90 c.

Même effet et même nuance que ci-dessus, ou peu s'en faut.

En remplaçant dans le dosage précédent les 5 parties de fluorure de calcium par 3 parties de craie, on obtient des lances qui brûlent fort bien, lentement, mais dont la nuance est moins belle que celle de la composition n° 8.

§ 3. — Lances lilas.

N° 10. — Diamètre, 7 mill.

Carbonate de strontiane. 8
Protochlorure de mercure. 10
Sulfate de cuivre quadribasique. . 6
Colophane. . . . . 4 $= 70$
Stéarine. 2
Soufre. 1
Chlorate de potasse. 39

LONGUEUR. . . . . 60 MILL.

Cent lances emploient 318 gr. de matière.

Le kilog. de composition coûte 3 fr. 65 c.

Beau lilas, surtout sur une pièce rotative.

N° 11. — Diamètre, 7 mill.

Sulfate de strontiane. 10
Sulfate cuprico - calcique. 6
Azotate de plomb. 5
Soufre. . . . . 4 = 54
Stéarine 2
Résine laque. 1
Chlorate de potasse. 26

LONGUEUR. . . . . 65 MILL.

Cent lances emploient 325 gr. de matière.
Le kilog. de composition coûte 1 fr. 80 c.
Nuance lilas rosé pâle.

§ 4. — Lances violettes.

N° 12. — Diamètre, 7 mill.

Sulfate de strontiane. 20
Soufre. 20
Sulfate de cuivre quadribasique. . 1 = 66
Chlorate de potasse. 25

LONGUEUR. . . . . 70 MILL.

Cent lances emploient 420 gr. de matière.
Le kilog. de composition coûte 1 fr. 42 c.
Violet foncé, mais flamme terne. — Déflagration facile.

N° 13. — Diamètre, 7 mill.

Sulfate de strontiane.. 18
Soufre. 15
Sulfate de cuivre quadribasique. .   1 $= 61$
Chlorate de potasse. 27

LONGUEUR. . . . . 93 MILL.

Cent lances emploient 545 gr. de matière.

Le kilog. de composition coûte 1 fr. 50 c.

Bien que cette composition diffère peu de la précédente, la nuance qu'elle donne est fort belle ; elle ne manque même pas de brillant, bien qu'elle soit presque aussi foncée.

Nous n'avons employé ce dosage qu'en lances de 7 mill., mais probablement il brûlerait bien en tubes de 6 mill., et avec moins de rapidité.

On peut comprimer fortement la matière.

§ 5. — Lances bleues.

N° 14. — Diamètre, 7 mill.

Sulfate de cuivre quadribasique.   8
Sulfate cuprico-calcique.   4
Sulfate de baryte   4
Stéarine.   4
Soufre. . . . .   2 $= 69$
Résine laque.   1
Chloramidure de mercure. 10
Chlorate de potasse. 36

LONGUEUR. . . . . 56 MILL.

Cent lances emploient **250** gr. de matière.

Le kilog. de composition coûte 3 fr. 35 c.

Bleu pur et foncé. — Fumée bleue. — Déflagration bien égale. — Comprimer fortement la composition.

N° 15. — Diamètre, 7 mill.

Sulfate de cuivre quadribasique..   6

Sulfate cuprico-calcique......   8

Stéarine.   2

Soufre. ....   4 = 67

Résine laque.   1

Protochlorure de mercure.....   10

Chlorate de potasse........   36

Longueur............   58 mill.

Cent lances emploient **280** gr. de matière.

Le kilog. de composition coûte 3 fr. 26 c.

Bleu foncé. — Fumée bleue. — Cette composition peut brûler en tubes de $6^{mm},5$ à la condition de ne pas faire la lance trop dure.

N° 16. — Diamètre, 7 mill.

Sulfate de cuivre quadribasique..   8

Sulfate cuprico-calcique......   4

Paraffine..........   5

Soufre. ....   2 = 69

Sulfate de baryte.........   4

Protochlorure de mercure.....   10

Chlorate de potasse........   36

Longueur............   56 mill.

Cent lances emploient 280 gr. de matière.

Le kilog. de composition coûte 3 fr. 33 c.

Cette composition est celle qui produit le bleu le plus foncé. — La déflagration s'accomplit parfaitement.

N° 17. — Diamètre, 7 mill.

Sulfate cuprico-calcique. 12
Paraffine. 5
Soufre. . . . . 2 = 65
Protochlorure de mercure. . . . 10
Chlorate de potasse. 36

Longueur. . . . . 48 mill.

Cent lances emploient 230 gr. de matière.

Le kilog. de composition coûte 3 fr. 03 c.

Bleu moins foncé que le précédent, mais fort beau. — Déflagration facile et égale. Cette composition brûlerait probablement en 6 mill. ou 6^{mm},5, car on peut sans le moindre inconvénient la bien comprimer dans le tube.

N° 18. — Diamètre, 6 mill.

Oxychlorure de cuivre. 14
Chlorure de plomb. 1
Azotate de plomb. 1
Soufre. . . . . 1 = 47
Résine laque. 4
Chlorate de potasse. 26

Longueur. . . . . 54 mill.

Cent lances emploient 195 gr. de matière.

Le kilog. de composition coûte 3 fr. 37 c.

Le bleu fourni par ce dosage, quoique pur, est moins foncé que celui des cinq premières compositions. — La déflagration s'effectue bien en tubes de 6 mill., à la condition de ne pas faire les lances trop dures.

N° 19. — Diamètre, 6 mill.

Sulfate de cuivre quadribasique. 14
Chlorure de plomb. 1
Azotate de baryte. 1
Soufre. . . . . 1 $= 47$
Résine laque. 4
Chlorate de potasse. 26

LONGUEUR. . . . . 54 MILL.

Cent lances emploient 200 gr. de matière.
Le kilog. de composition coûte 3 fr. 36.
Les observations qui accompagnent le dosage précédent s'appliquent à celui-ci.

N° 20. — Diamètre, 7 mill.

Oxychlorure de cuivre. 10
Sulfate de potasse. 4
Chlorure de plomb. 2
Résine laque. . . . . 4 $= 47$
Soufre. 1
Chlorate de potasse. 26

LONGUEUR. . . . . 54 MILL.

Cent lances emploient 310 gr. de matière.
Le kilog. de composition coûte 3 fr. 05 c.
Beau bleu, mais moins foncé que les cinq premiers.

— Les lances brûlent parfaitement. On peut les faire de 6 millimètres de diamètre.

§ 6. — Lances vertes.

N° 21. — Diamètre, 7 mill.

Protochlorure de mercure. 2
Résine laque. . . . . 1 = 9
Chlorate de baryte. 6

Longueur . . . . 50 mill.

Cent lances emploient 340 gr. de matière.

Le kilog. de composition coûte 6 fr. 27 c.

Vert émeraude. — Splendide de couleur, d'éclat et de reflet. — La composition doit être assez comprimée, afin que les lances aient la durée convenable.

N° 22. — Diamètre, 7 mill.

Azotate de baryte. 2
Résine laque. 1
Protochlorure de mercure. . . . . . 1 = 9
Chlorate de baryte. 5

Longueur . . . . 51 mill.

Cent lances emploient 350 gr. de matière.

Le kilog. de composition coûte 5 fr. 05 c.

Très beau vert. — Brûlant à côté de la composition précédente, il paraît un peu moins foncé ; mais seul il est splendide.

Ces deux dosages sont tellement beaux, la coloration de leur flamme est si nette et si intense, que, lorsqu'on les fait brûler en même temps que des compositions dépourvues de chlorate de baryte, ces dernières paraissent jaunâtres, tandis que brûlées isolément, ou employées en garnitures, elles peuvent produire des effets très satisfaisants.

N° 23. — Diamètre, 7 mill.

Azotate de baryte.	110
Résine laque.	25
Soufre.	1 = 226
Protochlorure de mercure. . .	20
Chlorate de potasse.	70

LONGUEUR. . . . . 35 MILL.

Cent lances emploient 180 gr. de matière.
Le kilog. de composition coûte 2 fr. 70 c.
Joli vert. — Reflet vert. — Déflagration facile et égale.

N° 24. — Diamètre, 7 mill.

Azotate de baryte.	110
Résine laque.	25
Soufre.	1 = 206
Chlorate de potasse.	70

LONGUEUR. . . . . 44 MILL.

Cent lances emploient 220 gr. de matière.
Le kilog. de composition coûte 2 fr. 20 c.
Ce vert n'a pas d'intensité, mais il a de l'expansion, du reflet et beaucoup de brillant.
Déflagration très régulière et pouvant même s'effectuer dans des tubes de 6 mill. de diamètre.

§ 7. — Lances pers.

Le pers, on le sait, est une couleur remarquable, tenant le milieu entre le vert et le bleu. Nous n'avons pu l'obtenir que par l'emploi du chlorate de baryte ; mais le prix de ce sel est aujourd'hui abordable à l'artificier. Parmi les compositions dues à nos multiples essais, nous avons choisi, pour les faire figurer dans ce livre, nos trois plus beaux dosages, et c'est avec une vraie satisfaction que nous les consignons ici.

N° 25. — Diamètre, 7 mill.

Protochlorure de mercure. . . .	4	
Résine laque.	2	= 19
Sulfate de cuivre quadribasique.	1	
Chlorate de baryte.	12	

Longueur. . . . . 44 mill.

Cent lances emploient 314 gr. de matière.

Le kilog. de composition coûte 6 fr. 21 c.

Déflagration parfaite. — Nuance extrêmement remarquable.

L'extrémité de la flamme est bleue ; mais cet effet n'est apparent que de très près, et ne l'est nullement en pièces montées.

N° 26. — Diamètre, 7 mill.

Résine laque.	2	
Oxychlorure de cuivre.	1	= 15
Chlorate de baryte.	12	

Longueur. . . . . 60 mill.

Cent lances emploient 363 gr. de matière.

Le kilog. de composition coûte 5 fr. 73 c.

Bonne déflagration. — Fort joli reflet. — Bien de l'éclat.

Le sulfate de cuivre quadribasique ne devra pas, dans cette composition, être substitué à l'oxychlorure ; il ferait brûler la lance trop rapidement, la nuance restant la même.

Peut-être pourrait-on utiliser ce dosage en lances de 6 mill. de diamètre.

N° 27. — Diamètre, 7 mill.

Protochlorure de mercure. . . . 16
Résine laque. 8
Sulfate de cuivre quadribasique. 5 $= 77$
Chlorate de baryte. 48

Longueur. . . . . 46 mill.

Cent lances emploient 314 gr. de matière.

Le kilog. de composition coûte 6 fr. 20 c.

Cette composition ne diffère de celle qui porte le n° 25 qu'en ce qu'elle contient une partie et quart de sulfate quadribasique au lieu de une partie. La nuance en est peut-être plus franchement pers.

Les trois compositions précédentes doivent être bien comprimées.

§ 8. — **Lances jaunes.**

N° **28.** — Diamètre, 7 mill.

Azotate de baryte.   6
Carbonate de chaux (craie).   4
Colophane. . . . .   4 $=$ 35
Kryolithe.   2
Chlorate de potasse.   19

LONGUEUR . . . .   40 MILL.

Cent lances emploient 189 gr. de matière.
Le kilog. de composition coûte 1 fr. 80 c.
Jaune franc, point rougeâtre. — Déflagration parfaite.

N° **29.** — Diamètre, 7 mill.

Azotate de baryte.   8
Carbonate de strontiane sodique. .   4
Colophane. . . . .   4 $=$ 36
Kryolithe.   2
Chlorate de potasse.   18

LONGUEUR . . . .   39 MILL.

Cent lances emploient 180 gr. de matière.
Le kilog. de composition coûte 2 fr. 08 c.
Très beau jaune, un peu plus foncé que le précédent
et un peu plus brillant.

N° 30. — Diamètre, 7 mill.

Azotate de baryte.	8	
Carbonate de strontiane sodique. .	2	
Sulfate de strontiane.	2	= 36
Colophane.	4	
Kryolithe.	2	
Chlorate de potasse.	18	

LONGUEUR . . . .   41 MILL.

Cent lances emploient **200 gr.** de matière.

Le kilog. de composition coûte **1 fr. 93 c.**

Jaune très légèrement orangé. — Déflagration parfaite.

Cette composition ainsi que la précédente brûleraient probablement dans des tubes de 6 mill. et $6^m,5$.

N° 31. — Diamètre, 7 mill.

Azotate de baryte.	8	
Sulfate de strontianc.	4	
Colophane.	4	= 36
Kryolithe.	2	
Chlorate de potasse.	18	

Ce dosage est bien inférieur comme éclat aux trois précédents; nous l'avons mentionné parce que, dans certaines circonstances, il est bon que les lances n'aient pas trop de brillant, et que, d'ailleurs, c'est une bonne composition.

Le kilo de composition coûte **1 fr. 78 c,**

N° 32. — Diamètre, 7 mill.

Azotate de baryte.. 22
Soufre. 5
Noir de fumée léger.. . . . . . . 1 = 34
Kryolithe. 2
Chlorate de potasse. , ... 4

Longueur. . . . . 48 mill.

Cent lances emploient 266 gr. de matière.

Le kilog. de composition coûte 1 fr. 45 c.

Jaune fort beau. — Nuance franche et foncée. — Déflagration parfaite.

Il est utile que la composition soit bien triturée si l'on veut obtenir un grand éclat.

N° 33. — Diamètre, 7 mill.

Azotate de potasse n° 1. 44
Soufre n° 1. 18
Kryolithe n° 1. . . . . 5 = 69
Charbon de saule ou de peuplier
  impalpable. 2

Longueur. . . . . 51 mill.

Cent lances emploient 220 gr. de matière.

Le kilog. de composition coûte 0 fr. 80 centimes.

Flamme bien jaune. Ces lances n'ont pas assez d'éclat pour brûler à côté des lances chloratées, tandis qu'elles figurent fort bien soit seules, soit avec les lances blanches ordinaires.

Il est nécessaire que la composition soit bien triturée.
Il ne faut pas trop la comprimer.

§ 9. — Lances aurore.

N° 34. — Diamètre, 7 mill.

Azotate de baryte.	5
Carbonate de strontiane précipité.	5
Colophane.	4 = 35
Kryolithe.	1
Chlorate de potasse.	20

LONGUEUR. . . . . 48 MILL.

Cent lances emploient 239 gr. de matière.
Le kilog. de composition coûte 1 fr. 30 c.
Aurore clair, un peu rosé. — Fort bel effet en garniture de pièces tournantes. — Éclat remarquable.

N° 35. — Diamètre, 7 mill.

Carbonate de strontiane précipité.	31
Colophane.	16
Soufre.	2 = 165
Kryolithe.	4
Chlorate de potasse.	112

LONGUEUR . . . . 64 MILL.

Cent lances emploient 296 gr. de matière.
Le kilog. de composition coûte 2 fr. 72 c.
Excellente composition. — Grand éclat. — Déflagration parfaite même avec une forte compression.

§ 10. — **Lances blanches**.

Nº 36. — Diamètre, 7 mill.

Azotate de potasse *nº 4 à nº 2*. . . 16
Soufre. 7
Antimoine. . . . . 4 $= 28$
Minium. 1

Longueur . . . . 63 MILL.

Cent lances emploient 340 gr. de matière.
Le kilog. de composition coûte 1 fr. 05 c.
Flamme éclatante. — Bien comprimer la composition.

Nº 37.

Azotate de potasse *nº 4 à nº 2*. . . 11
Soufre. 3
Antimoine.. . . . . 3 $= 18$
Sulfure d'antimoine. 1

Longueur . . . . 54 MILL.

Cent lances emploient 266 gr. de matière.
Le kilog. de composition coûte 1 fr. 15 c.
Blanc pur. — Très bonne déflagration, même avec
une composition bien comprimée.

Nº 38. — Diamètre, 7 mill.

Azotate de potasse. 16
Soufre. . . . . 6 $= 25$
Sulfure d'antimoine. 3

Longueur . . . . 54 MILL.

Cent lances emploient 266 gr. de matière.

Le kilog. de composition coûte 0 fr. 87 centimes.

Flamme un peu moins pure que celle des deux dosages précédents. — Bonne déflagration.

N° 39. — Diamètre, 6 mill.

Azotate de potasse.   32
Soufre. . . . .   16 = 57
Poussier de tonneau.   9

LONGUEUR. . . . .   49 MILL.

Cent lances emploient 170 gr. de matière.

Le kilog. de composition coûte 0 fr. 78 centimes.

Cette composition est inférieure aux trois précédentes; mais elle est très économique, surtout en grandes décorations, pour lesquelles il est bon de l'employer en calibre de 7 mill.

Si dans les quatre formules qui précèdent on employait du salpêtre n° 3 sans en extraire la poudre la plus fine, les lances brûleraient beaucoup plus vite avec un plus grand éclat; il faudrait alors leur donner quatre mill. environ en sus des longueurs désignées.

CHAPITRE IV.

Étoiles.

Pour former les artifices qu'en terme pyrotechnique on appelle des étoiles, on humecte d'alcool faible une composition gommée ou dextrinée, et l'on en fait une sorte de pâte ferme qu'on découpe ensuite en petits fragments cubiques ou cylindriques. Chaque fragment forme une étoile.

Cette opération, toutefois, n'est pas aussi simple qu'on pourrait le supposer, et, si le procédé succinct qu'on vient de lire s'applique parfaitement aux compositions d'étoiles blanches ordinaires, il n'en est pas de même de celles qui produisent les diverses colorations. Ces dernières exigent, pour leur confection, des soins particuliers, faute desquels elles brûlent mal ou même ne s'enflamment pas.

Les étoiles s'emploient en chandelles romaines, ainsi qu'en garniture de fusées volantes et de bombes. Quelle que soit leur destination, les compositions qui servent à les produire sont généralement les mêmes; mais leur forme et leur confection diffèrent essentiellement : les étoiles de chandelles romaines se font cylindriques; celles qui doivent être employées en garniture de fusées et de bombes sont cubiques.

Étoiles pour chandelles romaines.

Ces étoiles se font dans un moule *ad hoc*, composé d'une virole en cuivre ou en laiton et d'un mandrin en bois dur. On donne à la virole, — qu'on tourne pour qu'elle soit parfaitement cylindrique, — un diamètre intérieur un peu plus faible que celui des cartouches qui doivent contenir les étoiles. Il est important de ne pas négliger cette observation. Pour que toutes les étoiles qui garnissent une chandelle romaine s'enflamment sans exception, il faut que ces artifices, lorsqu'on les introduit dans le tube, en gagnent le fond par leur propre poids et en coulant librement. Si cette condition n'est pas indispensable pour toutes les compositions, elle l'est pour la plupart et ne peut, en aucun cas, être un défaut.

Une partie de la virole s'emboîte à frottement sur une des extrémités du mandrin et peut y être maintenue. La partie vide de la virole ainsi fixée sert à mouler les étoiles.

Une petite tige ou broche en fil de fer, de deux millimètres de diamètre, placée au centre du bout du mandrin sur lequel s'emboîte la virole, est destinée à faire un trou au milieu des étoiles lorsqu'on les moule.

La tige affleure ordinairement l'orifice de la virole, de sorte que lorsque l'étoile est moulée et hors de la virole cette étoile se trouve percée de part en part.

Une heureuse modification à cette méthode usuelle consiste à donner un peu moins de longueur à la petite broche, — un millimètre et même moins. — Le trou central formé par la broche est ainsi bouché à sa partie supérieure, et l'ouvrier, en chargeant les étoiles dans les chandelles romaines, a soin de les y mettre la partie pleine en dessus.

Cette disposition assure l'inflammation de toutes les étoiles, du moins avec la composition d'intervalle dont nous nous servons, qui n'est pas assez ténue pour pouvoir s'introduire le long des parois des cartouches de manière à enflammer les chasses avant que les étoiles aient commencé à brûler; elle offre encore l'avantage de dispenser d'amorcer les étoiles d'une manière quelconque.

Pour former les étoiles, on verse la composition dans un plat de grès, ou bien dans un mortier de cristal muni de son pilon, si l'on n'opère que sur de faibles quantités de matière, et on l'humecte avec de l'alcool dilué. La quantité d'alcool à employer est variable : elle dépend à la fois de la densité du mélange et de l'état particulier de ses éléments constitutifs. Cependant, la dixième partie du poids de la composition suffit ordinairement.

Quelques compositions demandent à être fort peu humectées ; ce sont surtout celles qui contiennent les sels les plus solubles. D'autres durcissent beaucoup en séchant et, par conséquent, ne doivent être que très peu comprimées dans le moule, afin qu'elles puissent bien s'enflammer. En règle générale, il faut que la matière, touchée avec la main, paraisse à peine humide. Le moulage en rapproche tous les éléments, et la dextrine qu'elle contient les lie suffisamment pour peu qu'il y ait d'humectation.

En versant l'alcool sur la matière, on agite celle-ci afin de diviser uniformément le liquide dans toute la masse, et on procède sans retard à la confection des étoiles, pour ne pas laisser à l'alcool le temps de s'évaporer. A cet effet, le bout du mandrin étant entré dans la virole, on enfonce celle-ci dans la matière, et, au moyen d'une légère pression, on fait pénétrer la composition dans le moule ; dès qu'on juge que cette composition est suffisamment tassée, on en enlève l'excédent. On saisit alors la virole d'une main, de l'autre on retire le mandrin, et, avec le bout opposé de ce mandrin, dont le diamètre est un peu plus faible que celui de l'intérieur de la virole, on repousse l'étoile pour la faire tomber avec précaution sur une tablette en bois, à rebords, sur laquelle on n'a plus qu'à la laisser sécher telle quelle.

Étoiles pour bombes et fusées volantes.

Ces étoiles, n'ayant pas besoin d'être moulées, se préparent bien plus rapidement que les précédentes, par la méthode ci-après.

On commence par mélanger les matières en les passant deux ou trois fois au tamis n° 6, ou en les triturant convenablement dans un mortier s'il s'agit d'une petite quantité. On humecte ensuite la composition avec de l'alcool au degré indiqué. S'il arrive que la quantité d'alcool aqueux ne soit pas mentionnée à un dosage, on se rappellera qu'il ne faut pas trop humecter la matière, mais seulement assez pour qu'elle puisse former un corps homogène, une pâte ferme.

Sur une table bien unie, en bois dur ou, ce qui est préférable, en marbre, on dispose un petit châssis ou cadre de bois dont les rebords ont dix millimètres de hauteur; puis on y étale, à l'aide d'un tamis, une légère couche de poussier contenant quatre pour cent de dextrine.

Au moyen d'un rouleau de bois, ou de tout autre instrument approprié, on étend et on comprime bien également la pâte d'étoile dans le châssis. Après avoir enlevé ce dernier, on coupe la matière avec une lame métallique *ad hoc*, dans un sens puis dans le sens opposé, de façon à obtenir de petits cubes sur lesquels on se hâte de tamiser une assez forte couche de poussier dextriné. Il est même opportun de comprimer un peu ce poussier afin de le faire adhérer aux étoiles, qu'on n'a plus qu'à laisser sécher à l'ombre après les avoir disposées sur un châssis spécial, garni de toile métallique ou d'un tissu quelconque qu'on jugera convenable à cet effet.

Dans toutes nos compositions, nous faisons usage de dextrine et non de gomme arabique. La dextrine brûle plus facilement et a l'avantage de pouvoir être mélangée directement au reste des matières, qu'il ne s'agit plus ensuite que d'humecter d'alcool aqueux ; tandis que, en se servant de gomme, il faut la faire fondre d'avance, ce qui est quelquefois fort gênant. La substitution de la dextrine à la gomme est principalement très avantageuse lorsqu'on n'a qu'un très petit nombre d'étoiles à préparer. Enfin, son emploi offre le double avantage de l'économie et de la célérité.

Comme il est indispensable que la dextrine soit uniformément répandue dans toute la masse, nous avons soin, en préparant les compositions, de triturer légèrement cette substance dans un mortier de cristal avec une faible partie d'une des autres matières comprises dans le dosage, avant de l'introduire dans le mélange total, et en n'omettant jamais, ainsi que nous l'avons déjà recommandé, de n'ajouter qu'en dernier lieu le chlorate pulvérulent dans ce mélange; s'il doit en contenir.

Toutes les compositions formulées dans ce chapitre s'appliquent aux étoiles de chandelles romaines, de fusées et de bombes, à moins d'indications spéciales contraires. Ce sont celles qui, après de très nombreux essais, nous ont donné les meilleurs résultats. Toutes, sans exception, sont belles, bien qu'à des degrés différents. Il en est dont la splendeur ne saurait être dépassée. Employées en chandelles romaines, elles ne manquent jamais leur effet ; le résultat est le même, que le tube se trouve un peu juste ou un peu large. Seulement il faut, pour les tubes larges, remonter d'un cran le bouchon de la cuiller, afin d'augmenter la proportion des chasses.

Les dimensions des étoiles de chandelles romaines d'après lesquelles sont basés les rendements indiqués à chaque numéro sont les suivantes :

Diamètre .... 11 millimètres.
Hauteur .... 10 —

On comprend que ces rendements ne sont pas absolus et qu'ils varient, entre autres motifs, selon l'état de compression donné à la matière en la moulant.

Avec un diamètre de 14 millimètres et une hauteur de 12 millimètres, les étoiles pèseraient, à très peu de chose près, un poids double.

Toutes nos étoiles, à l'exception de celle portant le n° 49, se conservent pour ainsi dire indéfiniment, leurs compositions n'étant pas hygrométriques.

Nous nous servions autrefois, pour lier toutes nos compositions d'étoiles indistinctement, d'alcool à 55 degrés. Nous avons reconnu que, dans le plus grand nombre de cas, un alcool beaucoup plus faible est suffisant. Il y a là, pour l'artificier, une économie notable à réaliser que nous ne pouvions omettre de lui signaler. Nous faisons suivre chaque dosage de la quantité d'alcool à employer, ainsi que de son degré centésimal. Dans les prix du kilog. de matière accompagnant chaque composition d'étoile n'est pas compris celui de l'alcool nécessaire à la lier.

22

§ 1er. — Étoiles rouges.

N° 40.

Carbonate de strontiane précipité.	54 grammes.
Soufre..	35
Résine laque.	16 = 279
Dextrine.	7
Chlorate de potasse.	167
Alcool à 35 degrés.	30 millilitres.

Mille étoiles emploient 1355 grammes de matière.

Le kilog. de composition coûte 2 fr. 80 c.

Bien comprimer en moulant.

Ce rouge, de nuance ponceau, rivalise avec les compositions ayant l'azotate de strontiane pour base. L'étoile paraît en sortant du tube, en laissant un splendide sillon lumineux.

Cette composition brûle assez vivement ; si l'on en fait des étoiles cubiques, il faudra, pour les avoir d'une durée convenable en fusées volantes, leur donner au moins 10 millimètres de côté, et l'on humectera les 279 grammes de matière avec 50 millilitres environ d'alcool à 35 degrés.

N° 41.

Carbonate de strontiane précipité.	54 grammes.
Soufre.	35
Paraffine.	15 = 279
Dextrine..	7
Chlorate de potasse.	168
Alcool à 35 degrés.	38 millilitres.

Mille étoiles emploient 1365 gr. de matière.

Le kilog. de composition coûte **2 fr. 72 c.**

Cette composition diffère à peine de la précédente. — Le rouge est *peut-être* un peu moins intense, mais la splendeur est la même.

N° 42.

Carbonate de strontiane précipité.	30 gr.	
Soufre.	35	
Dextrine.	5	= 160
Chlorate de potasse.	90	
Alcool à 35 degrés.	16 millilit.	

Mille étoiles emploient 1450 gr. de matière.

Le kilog. de composition coûte **2 fr. 48 c.**

Bien comprimer la composition en moulant.

Rouge un peu carminé, presque aussi beau que celui fourni par la composition précédente.

Donner aux étoiles cubiques 10 millimètres de côté au moins et humecter la matière avec 28 à 30 millilitres d'alcool à 35 degrés.

N° 43.

Carbonate de strontiane précipité.	27 gr.	
Carbonate de strontiane naturel.	36	
Soufre.	35	
Résine laque.	16	= 289
Dextrine.	7	
Chlorate de potasse.	168	
Alcool à 35 degrés	29 à 30 millilit.	

Mille étoiles emploient 1376 gr. de matière.

Le kilog. de composition coûte **2 fr. 36 c.**

Rouge presque aussi beau que celui du n° 40 ; même nuance. — Bien comprimer en moulant.

Pour étoiles cubiques, humecter avec 50 millilitres d'alcool à 35 degrés et leur donner au moins 10 mill. de côté.

N° 44.

Carbonate de strontiane précipité.   15 gr.
Carbonate de strontiane naturel. .   20
Soufre.   35   = 165
Dextrine.   5
Chlorate de potasse.   90
Alcool à 35 degrés . . . .   17 millilit.

Mille étoiles emploient 1470 gr. de matière.

Le kilog. de composition coûte 2 fr. 06 c.

Bien comprimer en moulant.

Rouge éclatant, un peu carminé, moins intense que le précédent.

N° 45.

Carbonate de strontiane naturel..   72 gr.
Soufre.   35
Résine laque..   16   = 299
Dextrine.   8
Chlorate de potasse.   168
Alcool à 35 degrés . . . .   30 millilit.

Ce rouge étant moins intense et ayant moins d'éclat que les précédents, nous ne l'employons qu'en chandelles romaines, dans lesquelles il produit encore un bon effet.

Le kilog. de composition coûte 1 fr. 95 c.

N° 46.

Carbonate de strontiane naturel. .   40 gr.
Soufre.   35
Dextrine. . . . .   5 $= 170$
Chlorate de potasse.   90
Alcool à 35 degrés . . . .   17 millilit.

Mille étoiles emploient 1400 gr. de matière.

Le kilog. de composition coûte 1 fr. 66 c.

Comprimer fortement en moulant.

Ce rouge n'est pas foncé, mais il est encore assez beau en chandelles romaines.

Nous ne l'employons pas en fusées.

N° 47.

Carbonate de chaux (craie). . . .   30 gr.
Soufre.   35
Dextrine. . . . .   4 $= 154$
Chlorate de potasse.   85
Alcool à 35 degrés . . . .   15 millilit.

Mille étoiles emploient 1388 gr. de matière.

Le kilog. de composition coûte 1 fr. 63 c.

Il n'est pas nécessaire de comprimer fortement la composition en moulant les étoiles.

Ces étoiles ont moins d'éclat que celles qui contiennent du carbonate de strontiane précipité; aussi n'est-il pas à propos de les employer en fusées volantes ni en bombes, mais seulement en chandelles romaines, où elles font bon effet. Selon l'origine des craies employées, les nuances varient du rouge carminé au rouge jaunâtre.

N° 48.

Carbonate de chaux (craie). . . .	54 gr.
Soufre.	35
Résine laque.	16
Dextrine.	7
Chlorate de potasse.	168
Alcool à 35 degrés	29 millilit.

$= 280$

Mille étoiles emploient 1400 gr. de matière.

Le kilog. de composition coûte 1 fr. 96 c.

Composition meilleure que la précédente, mais plutôt aurore que rouge, et bonne à employer surtout en chandelles romaines.

N° 49.

Composition de flamme rouge n° 79, non chloratée.	120 gr.
Chlorate de potasse.	25
Alcoolé de résine laque au 10°. .	16 millilit.

$= 145$

Les étoiles faites avec cette composition sont, si l'on se sert d'azotate de strontiane bien purifié, splendides de couleur, d'éclat et de reflet. Comme il est malaisé de les faire cubiques à la manière ordinaire, nous les mettons en pastilles cylindriques de 14 millimètres de diamètre et de $6^{mm},5$ de hauteur, avec un moule *ad hoc*.

Mille étoiles emploient 1700 gr. de matière.

On peut, pour en rendre l'inflammation plus assurée, les faire percées d'un trou central de $2^{mm},5$ à 3 millimètres, dans lequel on introduit à frottement un brin d'étoupille, sans préjudice de la couche de poussier dextriné sur laquelle on doit les laisser sécher.

Ces étoiles brûlent trop lentement pour pouvoir être employées en chandelles romaines, ce qui ne nous paraît pas utile, la composition n° 40 étant pour ainsi dire aussi belle et ayant l'avantage de n'être pas hygrométrique.

Cependant, si l'on désirait se servir de cette composition en étoiles de chandelles romaines, on emploierait 34 parties de chlorate de potasse au lieu des 25 parties que porte notre formnle.

§ 2. — Étoiles lilas.

N° 50.

Carbonate de strontiane naturel.	90 gr.	
Soufre.	70	
Oxychlorure de cuivre.	20	= 370
Chlorure de plomb.	10	
Dextrine.	10	
Chlorate de potasse.	170	
Alcool à 35 degrés	40 millilit.	

Mille étoiles emploient 1510 gr. de matière.

Le kilog. de composition coûte 1 fr. 85 c.

Lilas franc. — Teinte très fraîche.

Comme cette composition est vive, il conviendra, si l'on en fait des étoiles cubiques, de leur donner 11 à 12 millimètres de côté et d'humecter la matière avec la quantité d'alcool dilué nécessaire pour produire une pâte bien liée.

Lilas mauve.

N° 51..

Carbonate de chaux (craie). . .	60 gr.
Soufre.	70
Sulfure de cuivre.	70
Chlorure de plomb.	10
Dextrine.	10
Chlorate de potasse.	170
Alcool à 35 degrés	40 millilit.

$= 390$

Mille étoiles emploient 1650 gr. de matière.

Le kilog. de composition coûte 2 fr. 29 c.

Belle nuance. — Ce dosage est meilleur pour chandelles romaines que pour fusées.

N° 52.

Carbonate de strontiane naturel.	90 gr.
Oxychlorure de cuivre.	40
Soufre.	70
Chlorure de plomb.	10
Dextrine.	10
Chlorate de potasse.	170
Alcool à 35 degrés	40 millilit.

$= 390$

Mille étoiles emploient 1530 gr. de matière.

Le kilog. de composition coûte 1 fr. 90 c.

Belle nuance. — Teinte très fraîche.

Les étoiles cubiques faites avec cette composition doivent avoir de 11 à 12 millimètres de côté.

§ 3. — Étoiles violettes.

Nº 53.

Sulfate de strontiane. . . . . 16 gr.
Soufre. 20
Sulfate de cuivre quadribasique. . 8
Chlorure de plomb. . . . . 3 = 109
Charbon de peuplier nº 1 ou 2. . 3
Dextrine. 3
Chlorate de potasse. 56
Alcool à 35 degrés . . . . 11 millilit.

Mille étoiles emploient 1400 gr. de matière.
Le kilog. de composition coûte 2 fr.
Très beau. — Grand éclat.
Donner aux étoiles cubiques 11 à 12 millimètres de côté.

Nº 54.

Sulfate de strontiane.. . . . . . . 36 gr.
Soufre. 30
Sulfate de cuivre quadribasique. . 2 = 124
Dextrine. 2
Chlorate de potasse. 54
Alcool à 35 degrés . . . . 13 millilit.

Mille étoiles emploient 1550 gr. de matière.
Le kilog. de composition coûte 1 fr. 54 c.
Nuance plus foncée que la précédente.
Donner aux étoiles cubiques 11 mill. de côté, et humecter la matière avec 18 millilitres d'alcool.

N° 55.

Sulfate de strontiane,.	10 gr.	
Soufre.	20	
Sulfate de cuivre quadribasique. .	5	
Sulfate cuprico-calcique.	10	
Chlorure de plomb.	3	= 109
Charbon de peuplier n° 1 ou n° 2.	3	
Dextrine.	2	
Chlorate de potasse.	56	
Alcool à 35 degrés.	12 millilit.	

Mille étoiles emploient 1350 gr. de matière.

Le kilog. de composition coûte 1 fr. 90 c.

Ces étoiles ont un peu moins d'éclat que les précédentes, mais leur nuance est plus foncée.

N° 56.

Sulfate cuprico - calcique.	12 gr.	
Sulfate de strontiane.	8	
Sulfure de cuivre.	4	
Soufre.	20	= 109
Protochlorure de mercure. . . .	4	
Charbon de peuplier n° 1 ou n° 2.	3	
Dextrine.	2	
Chlorate de potasse.	56	
Alcool à 35 degrés	12 millilit.	

Mille étoiles emploient 1620 gr. de matière.

Le kilog. de composition coûte 2 fr. 05 c.

Fort belle nuance.

Donner aux étoiles cubiques 11 à 12 millimètres de côté, et, pour lier la composition, employer 17 à 18 millilitres d'alcool dilué.

§ 4. — Étoiles bleues.

N° 57.

Sulfate de cuivre quadribasique. .	12 gr.
Soufre.	8
Chlorure de plomb.	2 = 47
Dextrine. . . . . ,	1
Chlorate de potasse. . , ...	24
Alcool à 35 degrés . . . . . , . . .	5 millilit.

Mille étoiles emploient 1550 gr. de matière.

Le kilog. de composition coûte 2 fr. 80 c.

Très beau bleu. — Teinte fraîche. — Vif éclat.

En remplaçant dans cette composition le sulfate quadribasique par l'oxychlorure de cuivre, l'effet est le même.

Pour étoiles cubiques, on humectera la composition avec 6 ou 7 millilitres d'alcool à 35°, afin de pouvoir la lier suffisamment. On donnera à ces étoiles, qui sont vives, 11 à 12 mill. de côté.

N° 58.

Oxychlorure de cuivre

ou

Sulfate de cuivre quadribasique. .	30 gr.
Soufre.	14
Protochlorure de mercure.	16
Stéarine.	4
Dextrine.	3
Chlorate de potasse.	66
Alcool à 35 degrés.	13 millilit.

$= 133$

Mille étoiles emploient 1520 gr. de matière.

Le kilog. de composition coûte 3 fr. 47 c.

Il suffit de comprimer très modérément la composition en la moulant, faute de quoi l'étoile deviendrait trop
dure et brûlerait trop lentement.

Bleu admirable de fraîcheur.

Ces étoiles brûlent plus lentement que les précédentes,
et font très bel effet en bombes et en fusées.

Donner aux étoiles cubiques 9 à 10 mill. de côté seulement, et humecter la composition avec 16 millilitres
d'alcool à 30 degrés.

§ 5. — Étoiles vertes.

Nº 59.

Azotate de baryte. . . . . 80 gr.
Soufre. 26
Chlorure de plomb. 10
Résine laque. . . . . 2 = 171
Noir de fumée. 2
Dextrine. 3
Chlorate de potasse. 48
Alcool à 35 degrés . . . . . . : 12 millilit.

Mille étoiles emploient 1720 gr. de matière.

Le kilog. de composition coûte 1 fr. 77 c.

Ce vert n'est pas bien foncé, mais il a beaucoup d'éclat.

Nº 60.

Azotate de baryte. . . . . 640 gr.
Soufre. 240
Résine laque. 40
Stéarine. 20
Chlorure de plomb. . . . . . 25 = 1477
Charbon léger impalpable. . . . 10
Dextrine. 23
Chlorate de potasse. 480
Alcool à 35 degrés . . . . 9 centilitres.

Mille étoiles emploient 1553 gr. de matière.

Le kilog. de composition coûte 1 fr. 77 c.

Il ne faut pas trop fortement comprimer la composition en moulant.

Ce vert est fort beau de nuance et d'éclat.

On peut avec cette composition former des étoiles cubiques; dans ce cas, on doit l'humecter avec une quantité d'alcool double de celle indiquée.

Ces étoiles étant vives, on leur donnera 11 millimètres de côté. Elles sont resplendissantes en fusées et en bombes.

N° 61.

Azotate de baryte. . . . . 64 gr.
Soufre. 24
Résine laque. 4
Protochlorure de mercure. . . . 4
Stéarine. . . . . 2 $= 149$
Charbon de peuplier impalpable. 1
Dextrine. 2
Chlorate de potasse. 48
Alcool à 35 degrés . . . . 4 millilit.

Le kilog. de composition coûte 1 fr. 92 c.

Vert un peu plus foncé que le précédent, mais moins éclatant.

Cette composition brûle un peu lentement. Si on la moule en étoiles de chandelles romaines, il faut peu comprimer la matière, afin que les étoiles aient le temps de se consumer avant d'atteindre le sol.

Pour étoiles cubiques, on humectera avec 18 à 19 millilitres de liquide au lieu de 9.

Cette composition façonnée en cubes de 8 à 9 mill. de côté donne de belles garnitures de fusées et de bombes, la matière brûlant lentement avec une belle nuance et suffisamment d'éclat.

N° 62.

Azotate de baryte. . . . . 60 gr.
Soufre. 16
Résine laque. 4
Chlorure de plomb. . . . . 4 = 97
Dextrine. 1
Chlorate de potasse. 12
Alcool à 35 degrés . . . . . . 14 à 15 millilit.

Très beau vert. — Beaucoup d'éclat.

Le kilog. de composition coûte 1 fr. 66 c.

Nous n'employons cette composition qu'en étoiles cubiques, qui doivent être de petite dimension, afin de n'avoir pas trop de durée. — 9 millimètres de côté environ suffisent.

Grâce à leur petit volume, ces étoiles, ainsi que celles du numéro précédent, ont l'avantage de donner des garnitures très fournies.

N° 63.

Azotate de baryte. . . . . 64 gr.
Soufre. 30
Charbon de peuplier n° 3. . . . . 1 = 146
Dextrine 3
Chlorate de potasse. 48
Alcool à 35 degrés . . . . 19 millilit.

Le kilog. de composition coûte 1 fr. 60 c.

Vert moins foncé que les précédents, mais assez éclatant. A employer seulement en étoiles cubiques de 10 millimètres de côté.

N° 64.

Azotate de baryte.	640 gr.
Soufre.	240
Résine laque.	40
Stéarine.	20
Chlorure de plomb.	30
Charbon léger impalpable. . . .	10
Dextrine.	25
Chlorate de baryte.	590
Alcool à 50 degrés	11 centilit.

= 1595

Mille étoiles emploient 1670 gr. de matière.

Le kilog. de composition coûte 3 fr. 13 c.

Ces étoiles sont admirables comme éclat et comme intensité de couleur. — Ne pas trop comprimer la matière en moulant.

§ 6. — Étoiles pers.

N° 65.

Résine laque.	60 gr.
Sulfate de cuivre quadribasique.	30
Dextrine.	10
Chlorate de baryte.	360
Alcool à 50 degrés	45 millilit.

= 460

Mille étoiles emploient 1586 gr. de matière.

Le kilog. de composition coûte 5 fr. 62 c.

Ces étoiles sont splendides comme nuance et éclat.

N° 66.

Paraffine.	8 gr.
Soufre.	4
Sulfate de cuivre quadribasique. .	7 $=$ 93
Dextrine.	2
Chlorate de baryte.	72
Alcool à 50 degrés	13 millilit.

Le kilog. de composition coûte 5 fr. 32 c.

Les étoiles faites avec ce dosage ne peuvent s'employer en chandelles romaines, parce qu'elles brûlent trop lentement. Leur nuance est des plus remarquables, ni bleue, ni verte, mais exactement pers. Elles possèdent un très vif éclat. Il faut, en les façonnant, humecter et comprimer le moins possible la matière et ne leur donner que 9 millimètres de côté.

§ 7. — Étoiles jaunes.

N° 67.

Azotate de potasse.	15 gr.
Soufre.	16
Kryolithe.	8
Charbon léger impalpable	2 $=$ 84
Colophane.	1
Dextrine.	2
Chlorate de potasse.	40
Alcool à 35 degrés.	8 millilit.

Mille étoiles emploient 1300 grammes de matière.
Le kilog. de composition coûte 1 fr. 59 c.

Beau jaune franc. — Bonne durée. — Éclat splendide.

Employer pour étoiles cubiques 14 à 15 millilitres d'alcool à 35 degrés et donner à ces étoiles de 10 à 11 millimètres de côté.

N° 68.

Carbonate de chaux (craie). . . .	27 gr.
Soufre.	18
Pollen de pin ou lycopode. . . .	8
Kryolithe.	4
Dextrine.	6
Chlorate de potasse.	85
Alcool à 34 degrés	20 millilit.

$$8 \atop 4 = 148$$

Mille étoiles emploient 1300 gr. de matière.
Le kilog. de composition coûte 1 fr. 92 c.
Jaune franc. — Très bon en chandelles romaines.

N° 69.

Sulfate de strontiane.	16 gr.
Soufre.	20
Charbon léger n° 1.	3
Kryolithe.	3
Dextrine.	3
Chlorate de potasse.	56
Alcool à 35 degrés	10 millilit.

$$= 101$$

Mille étoiles emploient 1500 gr. de matière.
Le kilog. de composition coûte 1 fr. 70 c.
Jaune moins éclatant que les deux précédents : bon pour chandelles romaines seulement.

N° 70.

Azotate de potasse.	70 gr.
Soufre.	20
Sulfure d'antimoine.	6
Kryolithe.	10 = 118
Carbonate de chaux (craie). . . .	5
Charbon léger n° 1.	4
Dextrine.	3
Alcool à 35 degrés	11 millilit.

Mille étoiles emploient 1326 gr. de matière.

Le kilog. de composition coûte 0 fr. 85 centimes.

Jaune un peu pâle, mais assez éclatant, surtout en chandelles romaines. Essayée en bombes, cette composition a produit un assez bel effet. Si l'on en forme des étoiles cubiques, on l'humectera avec 16 millilitres d'alcool au moins.

Ce n'est pas sans de nombreux tâtonnements que nous sommes arrivé à obtenir la formule ci-dessus, qui ne comprend pas, on le voit, le chlorate de potasse au nombre de ses éléments.

§ 8. — Étoiles aurore.

N° 71.

Carbonate de strontiane sodique.	30 gr.
Soufre.	36
Kryolithe.	6
Colophane.	3 = 207
Charbon léger impalpable. . . .	2
Dextrine	6
Chlorate de potasse.	124

Alcool à 35 degrés . . . . 22 millilit.

Mille étoiles emploient 1465 gr. de matière.
Le kilog. de composition coûte 2 fr. 15 c.
Fort bonne composition. — Nuance curaçao.
Pour lier suffisamment la composition destinée à être convertie en étoiles cubiques, il faut employer 31 millilitres d'alcool au lieu de 22.

N° 72.

Carbonate de strontiane sodique. . 30 gr.
Soufre. 35
Kryolithe. . . . . 4 $=$ 164
Dextrine 5
Chlorate de potasse. 90

Alcool à 35 degrés . . . . 17 millilit.

Mille étoiles emploient 1426 gr. de matière.
Le kilog. de composition coûte 2 fr. 16 c.
Ces étoiles possèdent, comme les précédentes, beaucoup d'éclat et sont remarquables tant en bombes qu'en chandelles romaines.
Pour leur donner la forme cubique, il faut employer 25 millilitres d'alcool à 35 degrés.

Nota. — On peut remplacer dans cette composition le carbonate de strontiane par une égale quantité de craie. Avec cette modification, les étoiles ont la même nuance, mais moins d'éclat; malgré cela, elles sont fort belles en chandelles romaines.

§ 9. — Étoiles blanches.

N° 73.

Azotate de potasse. . . . .   70 gr.
Soufre.   20
Sulfure d'antimoine. . . . .   20 $= 113$
Dextrine.   3

Alcool à 35 degrés . . . .   9 millilit.

Mille étoiles emploient 1395 gr. de matière.
Le kilog. de composition coûte 0 fr. 95 centimes.
Blanc pur. — Bonne durée.

N° 74.

Azotate de potasse. . . . .   180 gr.
Soufre.   50
Antimoine n° 1.   40
Sulfure d'antimoine. . . . . . .   10 $= 289$
Charbon léger impalpable. . . .   3
Dextrine.   6

Alcool à 35 degrés . . . .   19 millilit.

Mille étoiles emploient 1315 gr. de matière.
Le kilog. de composition coûte 1 fr. 10 c.
Blanc pur, légèrement bleuâtre, bien éclatant.

Il faut peu comprimer la matière en moulant pour obtenir le plus bel effet.

N° 75.

Azotate de potasse. . . . . 70 gr.
Soufre 28
Sulfure d'antimoine. . . . . 10 = 113
Charbon de peuplier n° 2. 2
Dextrine. 3

Le kilog. de composition coûte 0 fr. 85 centimes.

Cette composition donne un blanc pur comme les précédentes. Nous ne l'employons qu'en fusées et en bombes. Comme les étoiles brûlent vivement, il faut leur donner environ 11 millimètres de côté. On humecte la matière avec 20 millilitres d'alcool à 35 degrés.

N° 76.

Azotate de potasse. . . . . 76 gr.
Soufre. 34
Charbon léger n° 2. . . . . 4 = 117
Dextrine. 3

Alcool à 35 degrés. . . . . 12 millilit.

Mille étoiles emploient 1140 gr. de matière.

Le kilog. de composition coûte 0 fr. 79 centimes.

Cette composition, quoique belle, ne vaut pas les précédentes ; le blanc n'en est pas aussi pur. Si l'on en fait des étoiles cubiques, on leur donnera de 10 à 11 millimètres de côté.

N° 77.

Azotate de potasse. . . . . 160 gr.
Soufre. 80
Poussier ordinaire. . . . . 50 $=$ 309
Sulfure d'antimoine. 10
Dextrine. 9

Alcool à 35 degrés. . . . . 50 millilit.

Le kilog. de composition coûte 0 fr. 91 centimes.

Nous n'employons ce dosage qu'en étoiles cubiques de 10 millimètres de côté environ.

On peut donner plus de vivacité à cette composition en y ajoutant 3 parties de charbon léger n° 2. Dans ce cas, on portera la dose d'alcool à 55 millilitres.

§ 10. — Étoiles comètes.

N° 78.

Azotate de potasse n° 2. . . . . . 136 gr.
Soufre n° 2. 31
Charbon de chêne n° 1. 6
Charbon de chêne n° 7 à n° 6. . . 25 $=$ 226
Charbon de pin n° 7 à n° 6. . . . 18
Dextrine. 10

Alcool à 35 degrés. . . . . 45 millilit.

Le kilog. de composition coûte 0 fr. 77 centimes.

Ces étoiles, pendant toute la durée de leur ascension, sont accompagnées d'une queue persistante. Il faut, en les moulant, comprimer fortement la matière, de manière à obtenir de petits cylindres très durs.

Il est bon d'ailleurs, pour que cet artifice produise son plus bel effet, que l'étoile ne puisse pénétrer dans le tube où on la charge qu'à frottement bien sensible.

On emploie en général les étoiles-comètes en tubes de plus forts diamètres que ceux des chandelles romaines ordinaires. Ceux de 14 millimètres sont très convenables.

Mille étoiles de 14 millimètres de diamètre et de 12 millimètres de hauteur emploient 2112 gr. de matière.

Mille étoiles de 11 millimètres de diamètre et 10 millimètres de hauteur n'en emploient que 1050 gr. seulement.

CHAPITRE V.

Flammes de Bengale.

Il existe une foule de formules de feux de Bengale. Les blancs et les rouges ont été les premiers étudiés, et surtout ceux de ces feux dont les compositions pulvérulentes s'emploient sans compression ou tassées très légèrement dans des vases peu profonds. Il n'est pas question ici de ces artifices : ils sont assez connus aujourd'hui, — du moins ceux qui se préparent avec les substances jusqu'à ce jour employées par l'artificier, — et nous ne pourrions guère que répéter ce qui a déjà été écrit à ce sujet. Les compositions dont les dosages suivent sont toutes destinées à la garniture des pièces d'artifice fixes et mobiles ; pour en faire usage, on les charge dans des enveloppes cylindriques de carton et on les y comprime assez fortement au moyen d'une masse et d'un mandrin de bois dur. Afin de ne pas donner trop d'extension à ce chapitre, nous nous sommes borné à appliquer ces compositions à un seul calibre ; nous en avons même pris un de faible dimension pour base, — 24 millimètres de diamètre intérieur, — ce calibre étant suffisant pour la garniture des pièces d'artifice ordinaires.

Comme à égales quantités la déflagration de ces diverses compositions s'accomplit dans des espaces de temps inégaux, il est nécessaire de leur donner différents degrés de hauteur dans les cartouches, afin, si l'on fait brûler plusieurs flammes simultanément, que leur durée soit la même. Cette durée a été à peu près rapportée à celle d'un jet de feu brillant de 16 centimètres de longueur et de 12 millimètres de diamètre intérieur. On trouvera, à chaque dosage, la hauteur qu'il convient de donner à la composition comprimée, ainsi que toutes les autres indications utiles.

On se servira, pour charger ces compositions, d'une masse de fer ou de cuivre d'un poids de 300 gr. environ, le manche compris.

Cependant, quelques-uns de nos dosages pourraient être utilisés dans de plus forts calibres, et employés avec succès dans des cartouches de 27 à 35 millimètres de diamètre intérieur, comme artifices d'illumination des parcs et jardins ; il faudrait alors les comprimer plus fortement, ou, ce qui serait préférable, diminuer proportionnellement les doses de chlorate de potasse indiquées, tout en donnant aux cartouches les longueurs nécessaires pour obtenir des déflagrations d'une durée convenable.

A la suite de la formule de flamme rouge n° 79, nous

donnons quelques explications qui pourront servir de bases pour modifier d'autres compositions.

Confection des cartouches.

Les cartons les plus propres à façonner les enveloppes cylindriques des flammes de Bengale sont les sortes communes, lourdes, compactes et lisses, qui contiennent beaucoup de matières terreuses. Ces matières rendent le carton à peu près incombustible, effet nécessaire pour que les flammes jaillissent des cartouches avec toute leur pureté.

On en taille des bandelettes de **26** à **27** millimètres de largeur et d'une longueur telle que la petite cartouche puisse avoir un diamètre extérieur de 30 à **31** millimètres.

On enduit entièrement de colle de farine une des surfaces des bandelettes et on forme le cylindre sur le bout d'un mandrin de **24** millimètres de diamètre. Il n'est pas nécessaire de varloper les cartouches ; on les roule simplement à la main sur une table bien unie, mais en serrant fortement les révolutions du carton les unes sur les autres. On enduit aussi de colle des bandes de papier beaucoup plus larges que les bandelettes de carton, et on en enveloppe les cartouches de manière que tout l'excédent de papier dépasse l'extrémité du rouleau. On replie cet excédent, on l'aplatit en le frappant sur la table, et on ferme ainsi complètement les petits cylindres à ce bout-là. Lorsqu'ils sont secs, on les terre avec de l'argile bien sèche pulvérisée que l'on comprime fortement à l'aide de la masse et du mandrin. Cette opération doit être faite de telle sorte que la partie non terrée du cylindre ait exactement la hauteur indiquée au dosage de la composition qu'on se propose d'y introduire.

Chargement des cartouches.

Pour charger un cylindre, on le remplit de composition, *on tasse cette dernière avec le mandrin*, puis on la comprime au moyen de dix coups de masse. On remplit de nouveau le cylindre, et on continue à comprimer la composition par dix coups de masse, jusqu'à ce qu'elle affleure l'orifice de la cartouche.

Quoique chloratées pour la plupart, ces compositions subissent parfaitement les chocs réitérés de la masse sans s'enflammer, et un tel chargement n'offre aucun danger, à la condition, toutefois, d'éviter un brusque frottement entre le mandrin et les parois du cylindre. Il suffira pour cela, avant de se servir de la masse, de presser la composition avec la baguette à charger, comme nous venons de le recommander.

Les flammes de Bengale s'amorcent de la manière suivante. Lorsqu'un cylindre est chargé, on prend un brin de forte étoupille, on le pose à plat sur le bout de la cartouche, en le laissant déborder d'environ 25 millimètres de chaque côté ; puis on colle sur le tout une rondelle de papier de soie dont on fixe les bords en les rabattant à l'extérieur de la cartouche. Quand ce papier est sec, on relève les bouts de l'étoupille en ayant soin de ne pas le déchirer. On n'a plus alors qu'à rouler le cylindre dans une chemise de papier qu'on laisse déborder suffisamment pour qu'elle renferme entièrement l'étoupille, et pour qu'on puisse y insérer le bout de porte-feu de communication destiné à enflammer cet artifice. Le papier formant cette chemise doit être de bonne qualité et faire ordinairement deux tours sur le cylindre de carton. On l'enduit de colle de farine sur les parties nécessaires pour le bien maintenir en place.

On fixe les cylindres sur les pièces d'artifice, en entourant la partie terrée de deux brins de fil de fer mince dont on fait rejoindre les bouts en sens contraire. Au moyen d'une pince, on serre fortement, et en tournant, ces brins de fil de fer sur la cartouche. On les fait assez longs pour qu'ils puissent servir ensuite à attacher le cylindre sur les rais des pièces.

§ 1er. — Rouge.

Nº 79.

Azotate de strontiane desséché. .   18
Soufre. . . . .   5 = 24
Noir de fumée léger.   1

Cette composition, qu'on additionne de chlorate de potasse en proportion variable selon l'emploi auquel on la destine, est due à M. *Varinot*, qui l'a formulée il y a plus de quarante ans. Depuis lors, beaucoup de dosages, plus compliqués et plus coûteux, ont été indiqués, puis essayés par divers praticiens, sans que les résultats obtenus nous aient semblé meilleurs, du moins dans nos différentes applications. Aussi avons-nous conservé telle quelle cette composition en la caractérisant du nom de *flamme rouge sans chlorate*.

Pour qu'elle brûle parfaitement, il est indispensable de mélanger intimement les trois matières. La trituration au tonneau donne le meilleur résultat : elle rend la

flamme plus belle, plus pure, en fournissant une coloration plus intense, accompagnée de plus de reflet.

Comme les flammes rouges sont généralement plus
employées que les autres à cause de leur splendide couleur, on a l'habitude, dans les ateliers d'artifices, de
préparer d'avance, et de conserver pour l'usage, des
quantités assez considérables du mélange ci-dessus,
auquel on ajoute au moment de s'en servir la quantité
utile de chlorate de potasse. Cette quantité, pour les
petits cylindres de 24 millimètres de diamètre intérieur
employés en garniture de pièces fixes ou rotatives, est
de 12 p. 100.

Hauteur de la composition comprimée dans la cartouche, 10 millimètres.

Cent flammes cylindriques emploient 780 gr. de matière.

Le kilog. de composition coûte 1 fr. 37 c.

En cartouches de 25 millimètres de diamètre intérieur,
pour flammes à parachute, on donnera à la composition
comprimée une hauteur de 15 millimètres.

Il est à remarquer que les flammes de Bengale rouges,
à base d'azotate de strontiane, sont d'autant plus belles
qu'elles brûlent plus lentement, contiennent moins de
chlorate de potasse, et sont moins comprimées. Ainsi,
celles qui pourront être placées verticalement sur une
pièce, — comme, par exemple, pour accompagner le
dernier coup de feu d'une girandole, — devront recevoir quelques modifications ; c'est-à-dire qu'on se servira
de cartouches de plus forts diamètres dans lesquelles on
comprimera faiblement la composition dosée, non à 12
p. 100 de chlorate de potasse, mais à 11, 10 et même

9 pour 100 seulement, suivant les dimensions intérieures de ces cartouches.

Cent cartouches de 27 millimètres de diamètre intérieur, contenant 15 millimètres de hauteur de composition, dosés à 11 p. 100 de chlorate de potasse, emploient 1390 grammes de matière.

Pour des cartouches de 30 millimètres de diamètre intérieur, 10 p. 100 de chlorate de potasse suffisent.

Cent cartouches de 30 millimètres de diamètre intérieur, contenant 29 millimètres de hauteur de composition comprimée, emploient 4100 grammes de matière.

Dans de plus forts diamètres, 9 p. 100 de chlorate de potasse sont suffisants.

Les feux de Bengale, à partir de 30 millimètres de diamètre intérieur, se tirent isolément, comme artifices d'illumination.

L'azotate de strontiane formant la base du rouge qui vient d'être formulé, la composition est hygrométrique et ne peut servir comme garniture de pièces que dans des cas restreints. On pourra lui substituer pour cet emploi le dosage suivant, lequel se conserve indéfiniment, et qui est d'un très joli effet, en garniture de pièces tournantes surtout.

N° 80.

Carbonate de strontiane précipité . . . 10
Paraffine. 1
Colophane. . . . . 4 $\left.\begin{array}{}\end{array}\right\} = 45$
Chlorate de potasse. 30

Hauteur de la composition comprimée, 16 millimètres.
Cent flammes emploient 1150 gr. de matière.

Le kilog. de composition coûte **2 fr. 90 c.**

Comprimer fortement la matière.

Ce rouge est un peu carminé ; il ne possède point le splendide reflet de la composition précédente, mais il est très bon comme garniture de pièces d'artifice, et même pour fusées à parachute.

En cartouches de **25** millimètres de diamètre intérieur pour flammes à parachute, donner à la composition comprimée une hauteur de **21** millimètres.

§ 2. — Rose.

N° 81.

Composition de flamme rouge n° 79, sans chlorate..	48	
Azotate de potasse..	20	
Soufre n° 2.	14	
Sulfate de potasse..	3	$=$ 108
Sulfate de cuivre quadribasique..	3	
Sulfure d'antimoine.	4	
Chlorate de potasse.	48	

Hauteur de la composition comprimée, **12** millimètres.

Cent cartouches emploient **1030** gr. de matière.

Le kilog. de composition coûte **2 fr. 18 c.**

Belle nuance ; beaucoup d'éclat et de reflet.

En cartouches de **25** millimètres de diamètre intérieur pour flammes à parachute, donner à la composition comprimée une hauteur de **19** millimètres.

N° 82.

Composition de flamme rouge
n° 79, sans chlorate. 100
Azotate de potasse. . . . . 11 $= 111$

Le kilog. de composition coûte 1 fr. 33 c.

La nuance de ce dosage est moins rose que la précédente, mais elle possède beaucoup plus d'éclat et de reflet ; elle se rapproche du rouge.

En gros calibres, cette composition peut avec avantage être utilisée comme artifice d'illumination.

En cartouches de **25** millimètres de diamètre intérieur pour flammes à parachute, donner à la composition comprimée une hauteur de **20** millimètres.

N° 83.

Carbonate de strontiane précipité. 6
Colophane.. 3
Azotate de potasse. . . . . 2 $= 27$
Chlorate de potasse. 16

Hauteur de la composition comprimée, 15 millimètres.
Cent cartouches emploient 1000 gr. de matière.
Le kilog. de composition coûte 2 fr. 72 c.

Rose foncé. — Presque rouge. — Bien de l'éclat et même du reflet. — Très bon dosage.

Nous avons essayé il y a peu de temps cette composition en lances de 7 millimètres de diamètre. La déflagration s'est accomplie parfaitement. Pour une durée égale à celle des lances précédemment formulées, il faudrait à celles-ci une longueur de 58 millimètres, amorce comprise.

En cartouches de 25 millimètres de diamètre intérieur, pour flammes à parachute, on donnera à la composition comprimée une hauteur de 21 millimètres.

§ 3. — Lilas.

N° 84.

Azotate de potasse	2
Azotate de baryte	2
Oxychlorure de cuivre	2
Sulfate de potasse	2
Résine laque	2
Carbonate de strontiane précipité .	3
Soufre	3
Chlorate de potasse	17

$= 33$

Hauteur de la composition comprimée, 13 millimètres.
Cent cartouches emploient 900 gr. de matière.
Le kilog. de composition coûte 2 fr. 60 c.
Joli lilas ; assez brillant.
Comprimer fortement la matière.

N° 85.

Carbonate de strontiane précipité .	16
Sulfate de cuivre quadribasique .	6
Protochlorure de mercure	10
Colophane	8
Stéarine	2
Soufre	1
Chlorate de potasse	63

$= 106$

Hauteur de la composition comprimée, 18 millimètres.

Cent cartouches emploient 1350 gr. de matière.

Le kilog. de composition coûte 3 fr. 38 c.

Ce lilas est supérieur au précédent parce qu'il a plus de reflet.

Comprimer fortement la matière.

§ 4. — Violet.

N° 86.

Composition de flamme rouge
n° 79, sans chlorate. 48
Oxychlorure de cuivre. 8
Sulfate de potasse . . . . 10 = 108
Soufre. 18
Chlorate de potasse. 24

Hauteur de la composition comprimée, 16 millimètres.

Cent cartouches emploient 1330 gr. de matière.

Le kilog. de composition coûte 1 fr. 76 c.

Ce dosage donne une belle nuance lilas foncé, à peu près violette. Bien qu'hygrométrique, comme tous ceux qui contiennent l'azotate de strontiane au nombre de leurs éléments, il faudrait l'influence d'une humidité longtemps prolongée pour l'empêcher de brûler. Nous avons donc jugé à propos de la faire figurer ici, et nous en conseillons surtout l'emploi en garniture de pièces fixes ou mobiles concurremment avec d'autres flammes de diverses nuances.

§ 3. — Bleu.

Nᵒ 87.

Azotate de baryte. 20
Soufre. 33
Oxychlorure de cuivre. 18
Sulfate de potasse. . . . . 17 $= 154$
Chlorure de plomb. 2
Chlorate de potasse. 64

Hauteur de la composition comprimée, 14 millimètres.
Cent cartouches emploient 1020 gr. de matière.
Le kilog. de composition coûte 2 fr. 14 c.
Beau bleu. — Flamme éblouissante. — Comprimer fortement la matière.

Nᵒ 88.

Sulfate de cuivre quadribasique. . 12
Protochlorure de mercure. 20
Stéarine. 4
Soufre. . . . . 2 $= 69$
Résine laque. 1
Chlorate de potasse. 30

Hauteur de la composition comprimée, 16 millimètres.
Cent cartouches emploient 1280 gr. de matière.
Le kilog. de composition coûte 4 fr. 50 c.
Bleu pur; nuance très fraîche; déflagration parfaite.
Nous considérons cette composition comme supérieure à toutes celles que nous avons expérimentées. Nous jugeons donc inutile de donner d'autres formules.

En cartouches de 25 mill. de diamètre intérieur, pour flammes à parachute, on donnera à la matière comprimée une hauteur de 22 à 23 millimètres.

§ 6. — Vert.

N° 89.

Azotate de baryte. 27
Soufre. 8
Résine laque. . . . . 2 $=$ 48
Chlorure de plomb. 2
Chlorate de potasse. 9

Hauteur de la composition comprimée, 11 millimètres.
Cent cartouches emploient 850 gr. de matière.
Le kilog. de composition coûte 1 fr. 72 c.
Vert un peu clair, mais flamme très éclatante, éblouissante, avec beaucoup de reflet.

La trituration au tonneau est la meilleure ; cependant de petites quantités de matière se préparent aisément dans un mortier.

Comprimer fortement la composition.

En cartouches de 25 millimètres de diamètre intérieur, pour flammes à parachute, on donnera à la matière comprimée une hauteur de 17 millimètres.

N° 90.

Azotate de baryte. 27
Soufre. 8
Résine laque. . . . . 2 $=$ 50
Protochlorure de mercure. . . . 4
Chlorate de potasse. 9

Hauteur de la composition comprimée, 11 millimètres.

Cent cartouches emploient 870 gr. de matière.

Le kilog. de composition coûte 2 fr. 16 c.

Vert un peu plus foncé que le précédent, mais moins éclatant.

N° 91.

Azotate de baryte.	48
Soufre.	20 = 93
Chlorate de potasse.	25

Hauteur de la composition comprimée, 11 millimètres.

Cent cartouches emploient 800 gr. de matière.

Le kilog. de composition coûte 1 fr. 57 c.

Ce dosage a beaucoup d'éclat et de reflet, en même temps qu'il est d'une belle nuance si l'azotate est pur.

Il est indispensable que la cartouche soit entièrement collée et bien dure, faute de quoi le carton, en brûlant, nuit à la déflagration. Cette observation est d'ailleurs applicable à toutes les flammes de Bengale cartonnées.

Cette composition est très propre à être employée dans les artifices d'illumination, bien que le vert qu'elle produit ne soit pas intense, à cause de son vif éclat.

Cent cartouches de 27 millimètres de diamètre intérieur, contenant 14 millimètres de hauteur de composition, emploient 1450 gr. de matière.

Cent cartouches de 30 millimètres de diamètre intérieur, contenant 29 millimètres de composition, emploient 3,600 à 3,700 gr. de matière.

Pour ce dernier calibre, comme pour des calibres supérieurs, on peut diminuer d'une partie la proportion de chlorate de potasse de la formule ci-dessus.

Nous n'avons pas besoin d'ajouter que si l'on avait à préparer de grandes quantités de composition, il serait à propos, pour en obtenir le plus bel effet, de triturer les deux premières matières au tonneau, avant d'y ajouter le chlorate de potasse.

N° 92.

Protochlorure de mercure. . . .   5
Résine laque. . . . .   2 = 19
Chlorate de baryte.   12

Hauteur de la composition comprimée, 10 millimètres.
Cent cartouches emploient 945 gr. de matière.
Le kilog. de composition coûte 6 fr. 37 c.
Vert intense. — Flamme très pure.
Bien que cette composition ait de l'éclat et du reflet, elle en possède moins que les flammes azotées; mais elle est précieuse comme garniture de pièces.

N° 93.

Azotate de baryte.   15
Protochlorure de mercure. . . .   8
Soufre. . . . .   6 = 50
Résine laque.   1
Chlorate de baryte.   20

Hauteur de la composition comprimée, 10 millimètres.
Cent cartouches emploient 840 gr. de matière.
Le kilog. de composition coûte 4 fr. 28 c.
Ce vert est un peu moins foncé que le précédent, mais il est encore fort beau.

§ 7. — Jaune.

N° 94.

Azotate de baryte.	48
Soufre.	16
Colophane.	4
Carbonate de chaux (craie). . . .	2
Kryolithe.	7
Chlorate de potasse.	24

$= 101$

Hauteur de la composition comprimée, 10 millimètres.

Cent cartouches emploient 700 gr. de matière.

Le kilog. de composition coûte 1 fr. 48 c.

Jaune clair, assez éclatant.

Ce dosage est meilleur comme garniture qu'employé en feux de Bengale proprement dits.

N° 95.

Azotate de baryte.	48
Soufre.	16
Colophane.	8
Carbonate de strontiane sodique. .	6
Kryolithe.	10
Chlorate de potasse.	40

$= 128$

Hauteur de la composition comprimée, 11 millimètres.

Cent cartouches emploient 880 gr. de matière.

Le kilog. de composition coûte 1 fr. 67 c.

Jaune un peu moins clair que le précédent, avec reflet et éclat.

Ce dosage est à employer plutôt en garniture que comme artifice d'illumination.

N° 96.

Azotate de baryte. 22
Soufre n° 1. 5
Noir de fumée léger. . . . . . . 1 = 33
Kryolithe. 2
Chlorate de potasse. 3

Hauteur de la composition comprimée, 12 millimètres.
Cent cartouches emploient 1200 gr. de matière.
Le kilog. de composition coûte 1 fr. 40 c.
Jaune clair et franc. — Très grand éclat et reflet remarquable.

On peut se contenter, si l'on opère en petit, de triturer la matière au mortier de porcelaine avant d'y ajouter le chlorate de potasse : on obtient ainsi de très belles flammes de Bengale ; mais si la trituration se fait au tonneau, le résultat est bien meilleur : la matière, réduite à un plus grand état de ténuité, brûle avec une splendeur incomparable.

Pour des flammes de gros calibres, on pourra, afin d'avoir des durées convenables, diminuer un peu la dose de chlorate de potasse, qui, dans cette composition, est de 10 p. 100, ou bien élever la proportion de kryolithe et la porter à 2,5 au lieu de 2 parties.

§ 8. — **Aurore.**

N° 97.

Azotate de baryte.   24
Soufre.   8
Carbonate de strontiane précipité.   5 $=$ 47
Colophane.   2
Chlorate de potasse.   8

Hauteur de la composition comprimée, 11 millimètres.
Cent cartouches emploient 840 gr. de matière.
Le kilog. de composition coûte 1 fr. 85 c.
Aurore clair. — Flamme très brillante.
Comprimer fortement la matière.

N° 98.

Carbonate de strontiane sodique. .   8
Colophane.   4
Kryolithe. . . . .   1 $=$ 37
Chlorate de potasse.   24

Hauteur de la composition comprimée, 14 millimètres.
Cent cartouches emploient 970 gr. de matière.
Le kilog. de composition coûte 2 fr. 48 c.

La nuance fournie par cette composition n'est pas foncée, mais elle est belle et possède de l'éclat et du reflet. Cependant ce dosage, de même que le précédent, convient mieux comme garniture de pièces que comme flamme de Bengale proprement dite.

N° 99.

Composition de flamme rouge
n° 79, sans chlorate. 30
Bicarbonate de soude . . . . . . 1 = 35.
Chlorate de potasse. 4

Hauteur de la composition comprimée, 11 millimètres.
Cent cartouches emploient 935 gr. de matière.
Le kilog. de composition coûte 1 fr. 48 c.
Déflagration parfaite. — Admirable d'éclat, de couleur et de reflet.

Bien que ce dosage soit hygrométrique, nous n'avons pu nous empêcher de le faire figurer dans notre livre, tant il est remarquable.

Si on l'emploie comme artifice d'illumination, en gros calibres, on pourra diminuer la dose de chlorate de potasse.

Nota. La kryolithe, que nous avons pu employer si heureusement dans toutes nos précédentes compositions de feux jaunes, ne saurait être substituée au bicarbonate de soude dans celle-ci, sans nuire singulièrement à sa déflagration et à ses effets : tel est du moins le résultat auquel nous ont fait aboutir nos essais.

§ 9. — Blanc.

N° 100.

Azotate de potasse. 5
Soufre. . . . . 2 = 8
Sulfure d'antimoine. , ... 1

Hauteur de la composition comprimée, 12 millimètres.
Cent cartouches emploient 800 gr. de matière.
Le kilog. de composition coûte 0 fr. 90 centimes.
Beaucoup d'éclat et de reflet.

N° 101.

Azotate de potasse. 40
Soufre. . . . . 15 = 62
Sulfure d'antimoine. 7

Hauteur de la composition comprimée, 11 millimètres.
Cent cartouches emploient 760 gr. de matière.
Le kilog. de composition coûte 0 fr. 87 centimes.
Même effet que la précédente composition.

Ce dosage pourrait être employé, comprimé dans des cartouches de 30 millimètres, 35 millimètres et au delà, comme artifice d'illumination. Il vaudrait cependant mieux, afin d'avoir plus de durée, diminuer un peu la proportion du sulfure d'antimoine et la réduire à 6,25 au lieu de 7, ce qui donnerait, en nombres ronds, les proportions suivantes :

N° 102.

Azotate de potasse. 32
Soufre. . . . . 12 = 49
Sulfure d'antimoine. 5

Cent cartouches de 30 millimètres de diamètre intérieur, contenant 28 millimètres de hauteur de composition comprimée, emploient 3 kilog. de matière.

N° 103.

Azotate de potasse.   32
Soufre.   15
Antimoine . . . .   12 = 70
Minium.   10
Dextrine.   1

Hauteur de la composition comprimée, 12 millimètres.
Cent cartouches emploient 900 gr. de matière.
Le kilog. de composition coûte 1 fr. 12 c.
Beau blanc ; grand reflet.

On peut se dispenser de triturer au tonneau. — Humecter la composition avec de l'alcool à 50 degrés, avant de l'introduire dans les cartouches, et bien la comprimer.

N° 104.

Azotate de potasse.   70
Soufre.   20
Sulfure d'antimoine. . . . .   5 = 100
Noir de fumée léger.   2
Dextrine.   3

Ce dosage serait beaucoup trop vif pour être employé isolément. Il sert exclusivement à recouvrir d'une couche de 2 millimètres environ les flammes blanches cylindriques placées horizontalement sur les pièces d'artifice, les compositions de ces flammes ayant peu de consistance malgré la compression qu'on leur fait subir. Avant de s'en servir, on l'humecte avec un dixième de son poids d'alcool à 50 degrés, et on la comprime au-dessus de la matière que contient déjà la cartouche.

CHAPITRE VI.

Feux de Bengale picratés.

Nous ne reviendrons pas sur ce que nous avons écrit précédemment, à propos du picrate d'ammoniaque, sur l'emploi qui peut être fait de ce sel en pyrotechnie : emploi qui nous paraît certainement moins dangereux que celui du chlorate de potasse dans toutes ses applications, ou, pour mieux dire, qui nous semble n'offrir aucun danger au manipulateur. Nous nous bornons à enregistrer ci-dessous les meilleures formules dues à nos essais multipliés.

La plupart de ces compositions, à cause du prix actuellement assez élevé du picrate d'ammoniaque, qui en est la base essentielle, sont plus coûteuses que celles des feux de Bengale préparés avec les ingrédients déjà connus ; mais, en revanche, elles possèdent de précieuses qualités : celles, — nous l'avons déjà dit, — d'être dépourvues des odeurs désagréables et souvent infectes qui accompagnent les déflagrations des feux de Bengale ordinaires, et de ne produire, pour ainsi dire, pas de fumée. De tels avantages nous semblent devoir assurer l'emploi des flammes picratées dans les espaces qui, bien qu'à l'air libre, ont peu d'étendue, et surtout dans les locaux fermés, tels que les salles de spectacles. Au surplus, il est présumable que si cet emploi se généralisait, le prix du picrate d'ammoniaque pourrait être abaissé, comme l'ont été successivement ceux du chlorate de potasse et du chlorate de baryte.

Quelques-unes des compositions ci-dessous formulées brûlent peut-être un peu plus vivement qu'il ne conviendrait ; mais si on les dose de manière à ralentir leur déflagration, c'est aux dépens de leur éclat. Nous avons donc mentionné seulement les formules intermédiaires entre celles produisant des effets si opposés.

D'un autre côté, il nous a paru à peu près impossible de produire des colorations bien tranchées avec le concours du picrate d'ammoniaque. Malgré tous nos efforts, nous n'avons obtenu que des rouges un peu orangés, ainsi que des verts très pâles. On serait tenté de croire que la couleur jaune si remarquable et si intense de l'acide picrique se manifeste encore dans les flammes à la production desquelles prend part cet acide à l'état de picrate d'ammoniaque. Ce ne sont donc pas des colorations vertes bien accentuées qu'il faut demander aux feux de Bengale picratés, mais l'éclat, la splendeur, le reflet, et surtout les autres qualités que nous avons signalées.

Quant à des colorations bleues, malgré notre persuasion de ne pouvoir en obtenir avec des compositions contenant du picrate d'ammoniaque, et surtout dépourvues de l'élément nécessaire à leur production, c'est-à-dire un corps chloraté, nous avons fait plusieurs essais uniquement pour satisfaire quelques praticiens que ne convainquaient pas suffisamment nos raisonnements. Il est inutile d'ajouter que ces essais ont été vains.

Nous divisons en deux catégories nos feux de Bengale picratés. La première comprend les compositions à employer à l'état pulvérulent et sans compression, déposées en traînées sur des tablettes de grès, de tôle ou de simples pierres plates. Dans la deuxième catégorie figurent seulement les dosages destinés à être comprimés dans des enveloppes cylindriques de carton, comme les compositions des flammes de Bengale dont il a été question dans le chapitre précédent et dont celui-ci n'est en quelque sorte que le complément.

PREMIÈRE CATÉGORIE.

Compositions à employer sans compression.

§ 1ᵉʳ. — Rouge.

Nᵒ 105.

Azotate de strontiane.	25	
Picrate d'ammoniaque.	5	= 32
Noir de fumée léger	1	
Paraffine.	1	

Le kilog. de composition coûte 2 fr. 64 c.

Ce rouge est beau, bien que légèrement orangé. Il est éblouissant à ce point de fatiguer l'œil qui se dirigerait directement sur la flamme. Il a aussi beaucoup de reflet. La déflagration s'accomplit assez lentement.

Nᵒ 106.

Azotate de strontiane.	100	
Picrate d'ammoniaque.	20	= 127
Noir de fumée léger.	4	
Paraffine.	3	

Le kilog. de composition coûte 2 fr. 64 c.

A peu près comme le précédent pour la nuance et le reflet. Cependant cette composition brûle plus lentement et possède néanmoins bien de l'éclat.

Point d'odeur. — *Très légère* fumée blanche teintée de rose.

N° 107.

Azotate de strontiane.	40	
Picrate d'ammoniaque.	10	
Noir de fumée léger.	2	= 53
Paraffine.	1	

Le kilog. de composition coûte 2 fr. 85 c.

Admirable d'éclat et de reflet; mais déflagration un peu plus vive que celle de la composition n° 105.

§ 2. — Vert.

N° 108.

Azotate de baryte.	32	
Picrate d'ammoniaque.	8	
Noir de fumée léger.	1	= 42
Paraffine.	1	

Le kilog. de composition coûte 2 fr. 78 c.
Belle flamme, mais à peine verte.

N° 109.

Azotate de baryte.	64	
Picrate d'ammoniaque.	16	
Noir de fumée léger.	1	= 83
Paraffine.	2	

Le kilog. de composition coûte **2 fr. 79** c.

Toujours même vert pâle possédant de l'éclat et du reflet. Un peu plus lent que le précédent.

N° 110.

Azotate de baryte. 25
Picrate d'ammoniaque . . . . . . 5 $=$ 31
Paraffine. 1

Le kilog. de composition coûte **2 fr. 60** c.

Assez lent. — Belle flamme vert pâle et qui semble un peu moins jaunâtre que les précédentes.

N° 111.

Azotate de baryte 125
Picrate d'ammoniaque. 25
Noir de fumée léger. . . . . . . 1 $\Big\} = 155$
Paraffine. 4

Le kilog. de composition coûte **2 fr. 57** c.

A peu près comme le n° 110. — Déflagration lente.

Ces quatre compositions donnent des flammes bien éclairantes, de nuances pâles, mais dépourvues d'odeur et accompagnées seulement de *légères* vapeurs blanchâtres.

§ 3. — **Aurore**.

N° 112.

Azotate de strontiane. 31
Picrate d'ammoniaque. 10
Noir de fumée léger. . . . . . . 2 $=$ 47
Paraffine. 1
Kryolithe. 3

Le kilog. de composition coûte **2 fr. 94** c.

Belle flamme. — Déflagration facile et lente. — Grand éclat et bien du reflet.

§ 4. — Jaune.

N° 113.

Azotate de baryte.	58
Azotate de strontiane.	12
Kryolithe.	7
Noir de fumée léger.	4
Paraffine.	2
Picrate d'ammoniaque	20

$= 103$

Le kilog. de composition coûte **2 fr. 76** c.

Jaune franc. — Beaucoup d'éclat et de reflet.

Flamme volumineuse, peut-être un peu vive. On pourra faire brûler cette composition plus lentement en doublant tous les nombres de la formule à l'exception de celui du noir de fumée qu'on porterait à 7 parties seulement.

§ 5. — Blanc.

N° 114.

Azotate de baryte.	30
Picrate d'ammmoniaque.	5
Antimoine n° 1.	5
Paraffine.	1
Noir de fumée léger.	1

$= 42$

Le kilog. de composition coûte **2 fr. 44** c.

Déflagration assez lente. — Bel éclat.

DEUXIÈME CATÉGORIE.

Compositions à comprimer en cartouches de 25 à 30 millimètres de diamètre intérieur.

Sur les dix compositions que comprend cette catégorie, quatre demandent à être brûlées dans une position horizontale, afin que le résidu de la déflagration n'obstrue pas les cartouches, et ne puisse s'opposer à l'expansion de la flamme. On devra même, dans ce but, les comprimer toutes modérément.

On parvient aisément à disposer ces feux de Bengale dans la position indiquée, au moyen d'une entaillure en forme de V très allongé, pratiquée à l'extrémité d'une planche, et dans laquelle on place successivement les cartouches au moment de les brûler, en ayant soin de laisser saillir convenablement leurs orifices.

§ 1er. — Rouge.

N° 115.

Azotate de strontiane. 1
Picrate d'ammoniaque. . . . . 1 $= 2$

Le kilog. de composition coûte 4 fr. 80 c.

Rouge un peu orangé. — Beaucoup d'éclat et de reflet.

Position horizontale facultative.

Nº 116.

Azotate de strontiane. 60
Picrate d'ammoniaque 20
Noir de fumée léger. . . . . 4 = 93
Paraffine. 2
Fluorure de calcium. 7

Le kilog. de composition coûte 2 fr. 95 c.

Fort beau. — Flamme longue ; grand éclat ; grand reflet.

Position horizontale.

Cette composition va très bien aussi sans compression. Elle brûle lentement.

§ 2. — **Vert.**

Nº 117.

Azotate de baryte. 6
Picrate d'ammoniaque. 5   = 11

Le kilog. de composition coûte 4 fr. 50 c.

Vert clair. — Flamme allongée et bien éclatante.
Position horizontale facultative.

Nº 118.

Azotate de baryte. 28
Picrate d'ammoniaque. 5
Noir de fumée léger. 1   = 35
Paraffine. 1

Le kilog. de composition coûte 2 fr. 47 c.

Vert clair avec un bel éclat et bien du reflet.
Position horizontale.

N° 119.

Azotate de baryte. 36
Picrate d'ammoniaque. 11
Noir de fumée léger. . . . . . . 1 = 49
Paraffine. 1

Le kilog. de composition coûte 3 francs.

Vert pâle. — Beaucoup d'éclat et de reflet. — Plus vif que le numéro précédent.

Position horizontale facultative.

§ 3. — **Aurore.**

N° 120.

Azotate de strontiane. 60
Picrate d'ammoniaque. 20
Noir de fumée léger. . . . . 4 = 93
Paraffine. 2
Kryolithe. 7

Le kilog. de composition coûte 2 fr. 95 c.

Déflagration parfaite. — Splendide de couleur, d'éclat et de reflet.

Position horizontale.

§ 4. — **Jaune.**

N° 121.

Azotate de baryte. 60
Azotate de strontiane. 10
Picrate d'ammoniaque. . . . . . 20 = 103
Noir de fumée léger. 4
Paraffine. 2
Kryolithe. 7

Le kilog. de composition coûte 2 fr. 75 c.

Jaune clair, mais franc. — Déflagration facile et lente. — Bel éclat et grand reflet.

Position horizontale facultative, mais meilleure que toute autre.

Nº 122.

Azotate de baryte. 20
Picrate d'ammoniaque. 24
Kryolithe. 4
Azotate de strontiane. 3

$= 51$

Le kilog. de composition coûte 4 fr. 50 c.

Beau jaune. — Bonne durée. — Beaucoup d'éclat et de reflet.

Position horizontale facultative.

§ 5. — Blanc.

Nº 123.

Azotate de baryte. 4
Picrate d'ammoniaque. 6
Sulfure d'antimoine. 3

$= 13$

Le kilog. de composition coûte 4 fr. 50 c.

Flamme allongée. — Déflagration silencieuse. — Comprimer fortement la matière pour avoir une durée convenable.

Position horizontale facultative.

Nº 124.

Azotate de baryte. 30
Picrate d'ammoniaque. 5
Antimoine. 4
Sulfure d'antimoine. . . . . . . 1 $= 42$
Noir de fumée léger. 1
Paraffine. 1

Le kilog. de composition coûte **2 fr. 42.**
Bonne durée et belle flamme.
Position horizontale.

Note essentielle au sujet des compositions à base de picrate d'ammoniaque.

Quelques-uns de nos lecteurs pourraient être tentés de faire de nouveaux essais sur le picrate d'ammoniaque. Nous croyons nécessaire de prémunir ceux d'entre eux qui ne posséderaient aucunes connaissances chimiques, ou qui n'en auraient que de rudimentaires, contre le danger qui résulterait d'un mélange de ce sel avec les chlorates et notamment avec le chlorate de potasse.

Si le chlorate de potasse, bien que pouvant détoner par le choc lorsqu'il est mélangé avec la plupart des corps combustibles, est journellement employé sans trop d'inconvénients dans les ateliers d'artifices, il ne saurait en être de même de ce sel additionné de picrate d'ammoniaque.

En voici le motif :

Sous l'action de la seule humidité atmosphérique, les deux sels se décomposeraient partiellement. Il se produirait ainsi un mélange de chlorate de potasse, de chlorate d'ammoniaque, de picrate de potasse et de picrate d'ammoniaque, et il est certain qu'un tel mélange serait explosible au plus haut degré, soit par de faibles chocs ou frottements, soit même spontanément par des temps secs et électriques.

LIVRE TROISIÈME.

Pastilles.

On a donné, en pyrotechnie, le nom de pastille à un petit soleil tournant, formé d'un tube de papier chargé de compositions variées, roulé sur lui-même et fixé sur une rondelle ou bouton de bois. Ce bouton est percé d'un trou central servant à recevoir l'axe sur lequel la pastille doit tourner.

Les pastilles faisaient autrefois partie des artifices qu'on appelait *feux de table*, dont l'usage est tout à fait tombé depuis qu'ont disparu les immenses appartements qui, seuls, pouvaient permettre qu'on y fît brûler, sans trop d'inconvénients, ces petites pièces de pyrotechnie.

La destination de ces pastilles n'exigeait que de très faibles calibres: aussi leur petites dimensions permettant de les débiter à très bas prix, les artificiers ont toujours continué à en faire l'objet d'une fabrication courante. Mais ce qu'ils ont négligé, ce qu'ils négligent encore, c'est de chercher à les perfectionner. Celles qu'ils se bornent à fabriquer servent uniquement à l'amusement des enfants.

Cependant, les pastilles peuvent devenir de charmantes pièces d'artifices, dignes de récréer tous les yeux. On peut leur faire produire des effets vraiment merveilleux eu égard à l'exiguïté de leurs proportions, effets toujours remarquables, car, à raison même de cette exiguïté, les pastilles n'ont pas besoin d'un vaste théâtre pour être tirées : le moindre petit jardin leur suffit ; elles brûlent sous l'œil même du spectateur, qui ne perd rien de leur splendeur, tandis qu'en général, on ne peut jouir que de loin du tir des grandes pièces d'artifice. Elles ont enfin, sur ces dernières, l'avantage de leur bas prix, et celui de pouvoir être transportées sans embarras et mises en place au moment d'être tirées.

De nos jours, la découverte des feux colorés et leur application aux diverses branches de la pyrotechnie ayant fait entrevoir le charme qui pouvait être ajouté aux pastilles et les avantages qu'il y aurait à les modifier, soit pour les tirer isolément, soit pour les faire servir de garniture à de plus grands artifices, ces petites pièces ont été soumises à de nouvelles études, nous les avons notablement perfectionnées, et il nous a paru intéressant de préciser exactement les conditions nécessaires pour donner à ces artifices le plus d'éclat possible et toute certitude de succès.

Nous divisons les pastilles en trois classes : les pastilles ordinaires, les pastilles *diamant* simples, et les pastilles *diamant* à feux colorés.

Les deux premières sortes de ces pastilles peuvent se confectionner avec des tubes de 5, 6 et 7 millimètres de diamètre intérieur, mais les pastilles diamant à feux colorés exigent exclusivement des tubes de 7 millimètres pour qu'il y ait harmonie entre la déflagration du tube tournant et celle du tube de couleur dont il sera question en temps et lieu.

Quels que soient leur calibre et leur catégorie, les

pastilles se fabriquent à l'aide d'un outillage spécial et avec les moyens que nous allons successivement indiquer.

CHAPITRE PREMIER.

Outillage. — Baguettes à rouler et à charger. — Entonnoirs. — Papier à pastilles. — Confection des tubes. — Chargement des tubes. — Instrument pour canneler les tubes. — Confection des pastilles. — Dimensions des boutons ou rondelles pour les différents calibres.

---

§ 1er. — OUTILLAGE. — BAGUETTES A ROULER ET A CHARGER.

L'outillage nécessaire à la fabrication des pastilles se compose de baguettes à rouler, de baguettes à charger, et d'entonnoirs.

Les baguettes à rouler sont ordinairement en fer ou en acier. Elles doivent être très droites, très polies, cylindriques, et légèrement coniques, afin qu'elles puissent être extraites des tubes sans difficulté. Voici leurs dimensions pour chaque calibre :

	PASTILLES		
	de 5 mill.	de 6 mill.	de 7 mill.
Longueur.,............	66 cent.	66 cent.	66 cent.
Diamètre au petit bout. ,	$4^{mm},4$	$5^{mm},4$	$6^{mm},5$
Id. au gros bout. .	5^{mm}	6^{mm}	7^{mm}

§ 2. — ENTONNOIRS.

Les entonnoirs se font en fer-blanc ou en laiton, ce qui vaut mieux. A l'exception de leurs douilles, qui doivent être proportionnées à chaque calibre, les dimensions de leurs autres parties sont les mêmes. Le diamètre extérieur de la douille doit être tel que celle-ci entre exactement et à frottement dans le tube, de manière à le fermer complètement lors du chargement.

Longueur de la douille, pour tous calibres...	34 mill.
Diamètre de l'entonnoir à son orifice, *id*.....	60 mill.
Longueur de l'entonnoir, de la douille à l'orifice, *id*.........................	105 mill.

Ces proportions donnent un entonnoir façonné en cône assez aigu ; ce qui est nécessaire pour que les compositions puissent aisément s'introduire dans les tubes.

Les baguettes à charger ne sont point de forme cylindrique comme les mandrins ordinaires; elles sont carrées, cette forme étant utile pour permettre à l'air contenu dans les tubes d'en sortir à mesure qu'ils se remplissent de matière. Il serait beaucoup plus difficile de charger ces tubes avec une baguette cylindrique. Pour les faire, on se sert de fil de fer qu'on lime avec soin dans le sens de sa longueur sur quatre faces rectangulaires bien égales, et on leur donne un diamètre approprié à chaque calibre. Il faut que ces baguettes se meuvent très librement dans les douilles, afin de laisser aux compositions un espace suffisant pour pénétrer dans les tubes. On leur donne une longueur d'environ 78 centimètres.

§ 3. — Papier a pastilles.

Le choix du papier pour confectionner les tubes des pastilles demande à être fait avec beaucoup de soin. Ce papier doit être mince et souple en même temps. Il faut que sa nature soit telle qu'il puisse, sans se rompre, résister à la torsion qu'on lui fait subir, lorsque, après avoir chargé les tubes, on les enroule sur les rondelles de bois dont il a été été question précédemment.

Les renseignements suivants pourront servir à faire reconnaître une sorte de papier qui convient parfaitement, et que nous avons toujours employée avec succès.

Une rame de ce papier (c'est-à-dire 500 feuilles) pèse de $10^{kgr},500$ à 12 kilogrammes. Le poids de chaque feuille varie donc entre 21 et 24 grammes.

Ces feuilles ont les dimensions ci-après :

Longueur. . . . . 90 centimètres.
Largeur. 56   id.

§ 4. — Confection des tubes.

On peut donner une longueur quelconque aux tubes des pastilles. Les artificiers, suivant leur mode de débit, font jusqu'à quatre sortes de pastilles simples, ne différant entre elles que par les dimensions des boutons et la longueur des tubes. Nous ne nous occuperons ici que des deux sortes de pastilles les plus usitées : celles formées par des tubes de 56 et de 45 centimètres de longueur.

Quel que soit leur calibre, nous appellerons les pastilles faites avec ces deux sortes de tubes : *pastilles* n° 1 et *pastilles* n° 2.

Les largeurs à donner au papier varient :

Pour tubes de 5 mill. de diam. int[r], de 89 à 93 mill.
    —   6 mill.   —   de 120 à 133 mill.
    —   7 mill.   —   de 160 à 180 mill.

On remarquera toutefois que ces largeurs dépendent de la nature du papier qu'on emploie. Il faut que les tubes soient assez fermes pour résister, sans éclater, à la déflagration de la matière dont on les charge ; mais, en même temps, il ne faut pas qu'ils soient épais de façon à nuire aux effets dont cette déflagration doit être accompagnée.

Pour s'aider à remplir cette dernière condition, on fera attention de n'enduire que de très peu de colle les bords du papier avant de rouler les tubes. On n'encollera que l'extrême bord de chaque bande, et, à cet effet, on disposera ces bandes les unes sur les autres, en ne les laissant déborder chacune que de 3 millimètres à peu près. La colle s'étend sur ces bords réunis : une règle plate, qu'on placera sur la bande supérieure, servira à empêcher le pinceau de s'égarer sur le reste de sa surface.

Pour rouler les tubes, on pose la baguette sur la bande de papier de façon à laisser un vide au petit bout de chacun de ces tubes. C'est par cette extrémité qu'on les ferme, en repliant et en aplatissant sur la baguette le papier excédant.

§ 5. — CHARGEMENT DES TUBES.

Les pastilles se chargent en mettant successivement dans l'entonnoir différentes compositions pour en varier les effets. Il ne faut pas trop comprimer ces compositions, afin que les tubes ne se cassent pas lorsqu'on les contourne sur les boutons de bois. L'habitude seule indique le degré de compression à donner à la matière. Les dosages à l'azotate de plomb, contenant une grande quantité de matière impalpable, se chargent difficilement. Il ne suffit pas, comme pour les autres compositions, de soulever et d'abaisser alternativement la baguette dans l'entonnoir pour faire glisser les compositions entre cette baguette et les parois de la douille : presque continuellement, il faut retirer la tringle métallique de la douille, et s'en servir pour refouler la matière.

§ 6. — INSTRUMENT A CANNELER LES TUBES.

Quand on a fini de charger un tube, on le ferme en tordant la partie vide laissée par la douille de l'entonnoir. Il s'agit alors de le soumettre à la pression de la molette. Cette molette, en bois de buis, ou mieux en fonte de fer, est cylindrique, cannelée et percée d'un trou central dans lequel on a introduit un axe mobile muni d'une poignée à chaque bout. Les arêtes formées par les cannelures sont légèrement arrondies et distantes entre elles de 3 à 4 millimètres. Elles servent à imprimer de petits sillons transversaux sur les tubes, ce qui permet d'enrouler ceux-ci autour des boutons.

Un tel instrument ne peut guère servir qu'au calibre de 5 millimètres ; ceux de 6 et surtout de 7 millimètres, étant beaucoup plus résistants, ne s'aplatiraient pas suffisamment, se placeraient par conséquent sur les boutons avec difficulté, et ne pourraient d'ailleurs brûler sans explosion, faute d'une compression suffisante de la molette. Il est donc nécessaire, pour ces calibres, de faire usage d'une petite machine beaucoup plus compliquée. Nous ne la décrivons pas en détail, parce qu'elle est connue et se trouve chez tous les artificiers de profession. Elle consiste en deux cylindres superposés, tournant sur des axes faisant corps avec eux et emboîtés dans des montants. Le cylindre inférieur peut être en bois dur, bien poli; le supérieur se fait en fonte de fer; il est cannelé comme la molette dont il vient d'être question. Un mécanisme permet de rapprocher et d'éloigner à volonté le cylindre supérieur de l'inférieur, selon le diamètre des tubes à canneler et le degré de compression auquel ils doivent être soumis. Une manivelle, fixée à l'une des extrémités de l'axe du cylindre supérieur, sert à faire tourner celui-ci. Il suffit de mettre entre les deux cylindres le bout d'un tube, et de faire mouvoir la manivelle, pour que ce tube, attiré par les dents de la molette supérieure, subisse en un instant la préparation qui lui est nécessaire.

§ 7. — CONFECTION DES PASTILLES.

Pour confectionner une pastille, on dépose de distance en distance (à 3 centimètres d'intervalle), sur la partie cannelée du tube, de petites portions d'une dissolution très épaisse de gomme arabique, et on enroule la cartouche sur le bouton de bois, en commençant par l'extrémité qu'occupait la douille de l'entonnoir. Cette méthode est excellente pour fixer les unes sur les autres les révolutions des cartouches. Celles-ci, n'étant collées que par quelques points, conservent une certaine élasticité qui les fait se redresser un peu en brûlant, et qui, empêchant ainsi un contact permanent des parties juxtaposées, ne permet pas au feu de se communiquer intempestivement à la portion du tube au-dessous de laquelle il jaillit. On empêche la pastille de se dérouler, en la maintenant avec de la ficelle qu'on n'enlève que lorsque la gomme est sèche.

On peut amorcer les pastilles en pratiquant un petit trou au bout par lequel elles doivent être enflammées, et en y introduisant un brin d'étoupille trempé dans de la pâte d'amorce. Quelquefois on né les amorce pas : il faut alors en couper l'extrémité en biseau pour y mettre le feu.

§ 8. — DIMENSIONS DES BOUTONS POUR LES DIFFÉRENTS CALIBRES.

Afin de donner aux pastilles une forme régulière, il est bon d'avoir des rondelles de bois appropriées à chaque calibre et à chaque numéro. Les proportions convenables sont consignées dans le tableau ci-dessous :

	PASTILLES					
	de 5 mill.		de 6 mill.		de 7 mill.	
	N° 1.	N° 2.	N° 1.	N° 2	N° 1.	N° 2.
Diamètre des boutons. .	41 mill.	32 mill.	39 mill.	55 mill.	72 mill.	53 mill.

Quant à l'épaisseur à donner aux rondelles, elle varie entre $1^{mm},5$ pour le plus petit calibre, et 3 millimètres pour le plus fort.

CHAPITRE II.

Pastilles ordinaires. — Compositions pour pastilles ordinaires.— Pastilles diamant. Compositions pour pastilles diamant. — Distribution des compositions dans les pastilles diamant simples.

PREMIÈRE CLASSE.

Pastilles ordinaires.

Les pastilles ordinaires se chargent avec les cinq premières compositions suivantes, dont les éléments constitutifs assurent à ces petits artifices une conservation pour ainsi dire indéfinie. Aussi, à cause de telles qualités, les artificiers se bornent-ils à employer ces compositions telles quelles ou légèrement modifiées. Ils ne s'en servent même qu'en tubes de 4 millimètres, $4^{mm},5$ et 5 millimètres de diamètre. Celles que nous avons ajoutées à leur suite, et qui sont également inaltérables, pourront contribuer à donner quelque variété aux pastilles ordinaires.

Compositions pour pastilles ordinaires.

N° 125.

Poussier de tonneau. . . . . 16 } $= 17$
Litharge n° 1. . . . . 1 }

On ajoute la litharge au poussier, et on agite le mélange pendant un instant dans un flacon.

Quoique composée de ces deux seuls éléments, la composition produit plusieurs feux pendant la durée de sa déflagration, mais particulièrement des rayons et des étincelles rougeâtres.

Comme cette composition est très vive, et que, employée en pastilles de 7 millimètres, elle pourrait les faire détoner, nous nous servons, pour ce dernier calibre, de la composition suivante, qui est plus lente :

N° 126.

Poussier de tonneau. 16
Azotate de potasse. . . . . 1 = 19
Litharge n° 2 ou 3. 2

N° 127.

Poussier de tonneau. 9
Azotate de potasse n° 1. . . . . . 4 = 14
Soufre n° 2. 1

On triture ensemble le soufre et l'azotate de potasse, et l'on incorpore à peu près le poussier à la masse.

A l'orifice du tube paraît une flamme blanche formant une couronne plus ou moins dentelée, d'où jaillissent des rayons et des étincelles un peu différents de ceux de la composition précédente.

Cette composition n'a pas beaucoup de force ; seule, elle serait impuissante à faire tourner une pastille avec la rapidité nécessaire. On aura donc soin, en la chargeant, d'en introduire une petite quantité seulement dans le tube.

N° 128.

Poussier de tonneau. 16
Azotate de potasse n° 2. . . . . . 1 ⸗ 19
Mica n° 1. 2

Préparer cette composition comme la précédente.

Effet entièrement différent de ceux des deux premières compositions. Rayons rougeâtres, très droits et très nombreux.

Pour pastilles de 7 millimètres de diamètre, il est préférable de se servir de mica n° 2 ou n° 3.

N° 129.

Poussier de tonneau. 32
Azotate de potasse n° 2. . . . . . 4 = 41
Sulfure d'antimoine n° 2. 5

On triture l'azotate avec une faible portion du poussier. On ajoute peu à peu ce dernier, puis ensuite le sulfure qu'on mélange avec le reste en agitant le tout dans un flacon.

Effet supérieur à ceux des précédentes compositions. Flamme blanche autour du disque ; étincelles nombreuses et persistantes qui retombent en formant une espèce de cascade de chaque côté de la pastille.

N° 130.

Poussier de tonneau. 9
Azotate de potasse n° 1. 4
Soufre n° 2. 1   = 15
Limaille de laiton 1

Flamme blanche, assez développée, entourant le disque. Rayons légers et très courts.

N° 131.

Poussier de tonneau. 16
Azotate de potasse. . . . . 2 = 21
Sulfure de plomb. 3

Belles étincelles s'étendant loin du centre et retombant jusqu'à terre en formant cascade.

N° 132.

Poussier de tonneau. 32
Azotate de potasse. . . . . 4 = 41
Protosulfure d'étain. 5

Couronne blanche. — Au delà, rayons fournis, très droits.

N° 133.

Poussier de tonneau. 32
Azotate de potasse. 4
Antimoine n° 2. 4   = 41
Soufre. 1

Large couronne blanche d'où partent de légers rayons.

N° 134.

Poussier de tonneau. 32
Azotate de potasse. 4
Étain en poudre. 4   = 41
Soufre. 1

Flamme blanche formant une large couronne. Au delà, des rayons droits, très fournis, presque blancs.

N° 135.

Poussier plombique n° 1. 17
Sulfure d'antimoine. . . . . 3 $= 20$

Très large auréole ou couronne blanc bleuâtre. — Presque pas de rayons au delà.

N° 136.

Poussier plombique n° 1. 17
Sulfure de plomb n° 2. . . . . . 3 $= 20$

Rayons courts, très épais, formant auréole. — Au delà, de belles étincelles, dont quelques-unes très brillantes, produisant une petite cascade.

N° 137.

Poussier de tonneau. 8
Limaille de laiton n° 1. . . . . . . 1 $= 15$
Zinc verni n° 2. 6

Couronne bleue. — Étincelles rougeâtres.
Cette composition ne s'emploie qu'en pastilles de 7 millimètres.

N° 138.

Poussier de tonneau 8
Limaille de laiton n° 1. . . . . . 1 $= 15$
Zinc verni n° 5 à n° 2. 6

Point de couronne. — Perles bleues assez nombreuses au milieu des étincelles ordinaires.

A employer en pastilles de 7 millimètres seulement, ainsi que la suivante.

N° 139.

$$\left.\begin{array}{l}\text{Poussier plombique n° 1} \dots \dots \quad 2 \\ \text{Zinc verni n° 3} \dots \dots \dots \dots \quad 1\end{array}\right\} = 3$$

Petites étincelles ordinaires entremêlées d'une assez grande quantité de perles bleues.

Cette composition ne produit pas d'une manière constante les effets spécifiés ci-dessus. Nous n'avons pu en comprendre la raison. Peut-être faut-il l'attribuer aux compressions inégales subies par les tubes sous la molette.

N° 140.

$$\left.\begin{array}{l}\text{Poussier sodique} \dots \dots \dots \quad 18 \\ \text{Azotate de potasse n° 1} \dots \dots \quad 9 \\ \text{Soufre n° 1} \dots \dots \dots \dots \quad 2 \\ \text{Charbon léger n° 1} \dots \dots \dots \quad 1\end{array}\right\} = 30$$

Très joli effet. — La flamme qui entoure le disque et qui forme la couronne est d'un beau jaune d'où jaillissent des rayons très légers, nombreux et très courts.

N° 141.

$$\begin{array}{l}\text{Poussier sodique} \dots \dots \dots \quad 18 \\ \text{Azotate de potasse n° 1} \dots \dots \quad 9 \\ \text{Soufre n° 1} \dots \dots \dots \dots \quad 2 \\ \text{Charbon léger n° 1} \dots \dots \dots \quad 1 \\ \text{Filière vernie n° 1} \dots \dots \dots \quad 2\end{array} = 32$$

Effet délicieux. — La couronne est d'un beau jaune.

Au delà, paraissent des rayons rougeâtres entremêlés de paillettes et de fleurettes blanches s'étendant assez loin.

Nous n'avons pas besoin d'ajouter que les deux dernières compositions, contenant du poussier sodique, attirent l'humidité atmosphérique et doivent être conservées dans un lieu sec.

Observation sur les compositions précédentes.

De tous les dosages qui viennent d'être formulés, la composition n° 125 est celle qui doit commencer à brûler, du moins pour les diamètres de 5 et 6 millimètres ; puis les n°s 127 et 128 dans l'ordre qu'ils occupent. Les autres pourront être disposées comme on l'entendra, mais il sera bon que les pastilles se terminent par les n°s 129 ou 131, qui sont les plus beaux.

Quant aux pastilles de 7 millimètres, pour être assuré de n'avoir pas de détonation à craindre au moment où on y met le feu, on substituera à la composition n° 126 la suivante, qui a moins de force et nous a constamment donné toute satisfaction à cet égard. La composition n° 126 pourra être chargée immédiatement après celle-ci :

N° 142.

Poussier de tonneau. 16
Azotate de potasse n° 2. . . . . 1 $=$ 18
Charbon de chêne n° 1. 1

Étincelles nombreuses formant une faible auréole.

Comme cette composition n'est pas vive et qu'elle ne saurait faire tourner convenablement les pastilles, on aura soin de n'en mettre qu'une hauteur maximum de 15 millimètres dans le tube.

DEUXIÈME CLASSE.

Pastilles diamant simples.

La splendeur qui accompagne la déflagration des pastilles chargées avec les compositions suivantes nous a engagé à donner à ces délicieux petits artifices, quel que soit leur calibre, le nom de pastilles diamant.

La seule différence qui existe entre les pastilles ordinaires et celles-ci ne consiste donc que dans leurs compositions. Mais si les premières ont l'avantage d'être inaltérables, il n'en est pas de même des secondes. Contenant des parcelles métalliques, l'espace de temps pendant lequel elles peuvent se conserver varie selon les degrés de ténuité du métal, et aussi selon la méthode employée pour enduire ces parcelles d'huile de lin, c'est-à-dire avec ou sans le secours du feu. Le lecteur pourra consulter à cet égard les résultats de nos expériences relatés à l'article concernant la pluie d'argent.

Compositions pour pastilles diamant.

N° 143.

Poussier plombique n° 1. 17
Limaille d'acier porphyrisée. . . 2 $= 19$

Admirable. — Faisceaux de rayons blanc-d'argent, formés par des milliers d'étincelles qui, arrivées à une certaine distance du disque de la pastille, s'épanouissent en une splendide auréole.

Il est à regretter que cette composition ne se conserve pas longtemps; mais la limaille d'acier porphyrisée ne peut être vernie.

Nº 144.

Poussier plombique nº 1. 34
Limaille d'acier de limes, nº 1. .   5   = 39

Cette composition est fort remarquable. — Multitude d'étincelles blanches, formant une auréole très fournie et très brillante.

Nº 145.

Poussier plombique nº 1. 17
Limaille d'acier de limes, nº 2 à nº 1   3   = 20

Effet analogue à celui du numéro précédent : les étincelles sont plus grosses et lancées plus loin.

Nº 146.

Poussier plombique nº 1. 17
Limaille d'acier de limes, nº 3 à nº 2   3   = 20

Multitude de grosses étincelles d'un blanc d'argent, formant autour de la pastille une auréole brillante.

Nota. Ces quatre compositions brûlent avec plus de vivacité que les suivantes. Il est indispensable que les tubes qui les contiennent soient chargés bien également, et bien comprimés à l'aide de la molette, faute de quoi ils sont sujets à éclater.

Nº 147.

Poussier plombique nº 1. 17
Fonte de fer nº 1. 2   = 19

Délicieux effet. — Auréole formée par de petites étincelles très blanches, très nombreuses, très éclatantes.

Nᵒ 148.

Poussier plombique nᵒ 1 17
Fonte de fer nᵒ 2 à nᵒ 1 . . . . . . 3 $= 20$

Admirable. — Effet semblable à celui de la composition précédente, mais plus beau. — Étincelles plus volu-
mineuses, répandues plus loin.

Nᵒ 149.

Poussier plombique nᵒ 1 17
Fonte de fer nᵒ 4 à nᵒ 2 . . . . . 3 $= 20$

Splendide auréole de fleurs blanc-d'argent. — Ces
fleurs sont moins développées que celles produites par
la filière et font un autre effet que ces dernières.

Nᵒ 150.

Poussier plombique nᵒ 1 34
Filière nᵒ 2 . . . . 5 $= 39$

Auréole très fournie de fleurs d'un blanc éclatant.

Nᵒ 151.

Poussier plombique nᵒ 1 34
Filière nᵒ 2 à nᵒ 1 . . . . 5 $= 39$

Très bel effet. — Fleurs moins nombreuses que
celles de la composition précédente, mais plus développées et s'étendant plus loin.

Nᵒ 152.

Poussier plombique nᵒ 1 17
Filière nᵒ 4 à nᵒ 2 . . . . 3 $= 20$

Effet splendide. — Point de disque enflammé, point d'étincelles rougeâtres. — Fleurs de jasmin nombreuses, de toutes dimensions, formant une vaste auréole d'un blanc éclatant.

N° 153.

Poussier plombique n° 1. 34
Filière n° 4 à n° 2. . . . . 5 $=$ 40
Limaille d'acier n° 1. 1

Effets des plus remarquables. — Auréole de petites étincelles blanchés, très brillantes, au delà de laquelle s'épanouissent de belles fleurs de jasmin.

Distribution des compositions précédentes dans les pastilles diamant simples.

Ces compositions étant en trop grand nombre pour pouvoir être toutes employées dans une seule pastille, nous les avons divisées, pour chaque calibre, en quatre catégories désignées par les lettres A, B, C et D. Chaque catégorie servira à charger une pastille; de sorte que, en faisant brûler successivement une pastille A, une pastille B, une pastille C et une pastille D, on obtiendra des effets variés et de plus en plus beaux.

C'est également afin de donner plus d'intérêt à la déflagration de ces charmants petits artifices, que nous avons compris dans la première partie de leur chargement quelques-unes des compositions servant aux pastilles ordinaires, le splendide effet des parcelles métalliques étant encore plus remarquable lorsqu'il succède à celui des compositions qui en sont dépourvues.

PASTILLES DT 5 MILLIMÈTRES DE DIAMÈTRE.

	A	B	C	D
	Numéros.	Numéros.	Numéros.	Numéros.
Compositions	125	125	125	125
Idem	127	127	127	127
Idem	128	128	128	140
Idem	129	132	133	129
Idem	144	150	147	144
Idem	144	150	153	150

PASTILLES DE 6 MILLIMÈTRES DE DIAMÈTRE.

	A	B	C	D
	Numéros.	Numéros.	Numéros.	Numéros.
Compositions	125	125	125	125
Idem	127	127	127	127
Idem	128	128	128	145
Idem	129	148	147	129
Idem	145	152	148	144
Idem	145	152	153	152

PASTILLES DE 7 MILLIMÈTRES DE DIAMÈTRE.

	A	B	C	D
	Numéros.	Numéros.	Numéros.	Numéros.
Compositions	126	126	126	126
Idem	127	127	127	127
Idem	128	137	138	131
Idem	129	133	132	128
Idem	146	151	148	148
Idem	148	152	153	152

TROISIÈME CLASSE.

Pastilles diamant à feux colorés.

Ces pastilles répandent un éclat extraordinaire, et leur centre est orné d'une couronne de feu dont la teinte varie pendant la durée de la déflagration. La vive scintillation de cette couronne qui fait briller successivement, aux yeux des spectateurs éblouis, toutes les couleurs du prisme et les vifs reflets des plus belles pierres précieuses, la magnifique auréole dont elle est entourée, la splendeur enfin de la petite pièce tout entière, font de la pastille diamant à feux colorés un des plus beaux artifices qui se puissent voir.

Pour rendre à chacun ce qui lui appartient, nous devons dire que c'est à M. *Chertier* que nous avons emprunté l'idée de la pastille diamant à feux colorés. On la trouve, en effet, indiquée chez cet auteur sous le nom de pastille Dahlia, mais dépourvue de renseignements précis pour sa confection, accompagnée, au contraire, d'une surabondance de détails futiles qui font naître une véritable confusion dans l'esprit du lecteur, manquant enfin des indications les plus nécessaires. Ce que M. Chertier semble avoir plus particulièrement affectionné dans sa pastille dahlia, c'est la couronne colorée de cet artifice ; quant aux compositions à charger dans le tube tournant, il n'en désigne aucunes, et l'on peut supposer, d'après cela, qu'elles sont toutes aptes à être employées. Il n'en est rien cependant, car le centre de la pastille répand un tel éclat, que les seules compositions qui puissent servir à ce tube, dès que se manifeste la déflagration de la couronne centrale, doivent être faites de poussier plombique mélangé de fonte ou de filière : toutes les autres sans exception seraient à peine visibles, et ne sauraient être employées sans s'opposer à l'harmonie de ce remarquable petit artifice.

Les pastilles diamant à feux colorés se composent de deux tubes, — un tube fusant, un tube de couleur, — disposés sur une charpente *ad hoc*.

Nos premières pastilles diamant comprenaient, comme celles-ci, un tube rotatif et un tube central. Dans ce dernier tube, nous chargions six compositions destinées à produire successivement six flammes de couleurs variées, et les deux tubes commençaient à brûler en même temps.

Dans le but de donner plus de relief à ces artifices, déjà pourtant si remarquables, nous avons jugé à propos de modifier de la manière suivante nos anciennes dispositions :

Nous chargeons un premier tube de couleur de trois sortes de compositions, puis un second tube de trois autres compositions. Ces deux tubes, appliqués sur des charpentes distinctes, forment, avec les tubes tournants dont le chargement ne varie pas, deux sortes de pastilles que nous désignons par les lettres *A* et *B*. En outre, dans ces nouvelles pastilles, le tube tournant commence à brûler seul et ne communique le feu qu'un instant après au tube central.

On pourrait évidemment les varier encore, et n'avoir dans le tube de couleur que deux compositions ou même qu'une seule. — Nous laissons aux amateurs le soin de faire ces modifications à leur gré, et nous nous bornons à décrire celle que nous avons spécifiées en premier lieu.

CHAPITRE III.

Charpentes des pastilles diamant à feux colorés. — Tube tournant. — Compositions pour tube tournant. — Chargement de tube tournant. — Tubes de couleur. — Compositions pour tubes de couleur. — Chargement des tubes de couleur. — Broche pour tirer les pastilles.

---

§ 1. — CHARPENTES DES PASTILLES DIAMANT A FEUX COLORÉS.

Avant d'entrer dans les détails concernant le tube tournant et les tubes de couleur, il est utile de fournir au lecteur les notions nécessaires pour la construction des charpentes des pastilles diamant.

Il faut d'abord se procurer des rondelles plates, en bois ou en carton dur, de deux dimensions différentes, les unes ayant 72 millimètres de diamètre et environ 3 millimètres d'épaisseur ; les autres, 41 millimètres de diamètre et 2 millimètres d'épaisseur. De préférence au carton, on se servira, si on le peut, de rondelles faites en bois durs, tels que le hêtre et le poirier.

Sur le bout d'un rouleau de 41 millimètres de diamètre, à l'extrémité plate duquel on applique une rondelle de même diamètre, on roule, en enveloppant avec soin cette rondelle, une bandelette de carton mince, ayant 38 millimètres de largeur et une longueur telle, — selon son épaisseur, — que le diamètre extérieur du cylindre qu'on forme ainsi atteigne 43 à 44 millimètres au plus. On prend alors une bande de papier d'une lon-

gueur suffisante et de 45 à 50 millimètres de largeur,
on l'enduit de colle de farine, et l'on en recouvre exactement le cylindre afin de maintenir le carton. L'excédent
de cette bande est ensuite replié et collé sur la rondelle,
de manière à la réunir au cylindre, lequel, alors, se
trouve clos par ce bout-là.

Lorsque cette sorte de boîte est sèche, on enduit de
colle-forte les bords de son ouverture, puis on la fixe au
milieu d'une rondelle de 72 millimètres de diamètre.
Pour se guider dans ce petit travail, on trace préalablement, avec un compas, au centre de la rondelle, un
cercle de 45 millimètres de diamètre, servant de limite
aux bords de la boîte cylindrique que ce cercle doit en-
tourer bien également. On réunit fortement les deux
pièces de l'appareil en les liant avec de la ficelle qu'on
n'enlève qu'après dessiccation de la colle-forte.

Avant de mettre les deux rondelles en place, on pratique au centre de chacune d'elles un trou destiné à recevoir le petit axe en fer sur lequel la pastille doit tourner. Le diamètre de ces trous doit être d'une dimension
suffisante pour que la broche métallique, en les traver-
sant, n'éprouve absolument aucune résistance ; on aura
ainsi la certitude que la pastille, une fois enflammée,
pourra se mouvoir très librement.

La figure *A* — planche 1re — représente la charpente qui vient d'être décrite.

Outre ces petites charpentes, bonnes surtout pour la
vente parce qu'elles se détériorent en partie pendant la
déflagration, nous en avons construit pour notre usage,
qui sont composées de pièces distinctes, et fort com-
modes. Leurs rondelles étant mobiles, et subissant seules

les atteintes du feu, peuvent être renouvelées, tandis que le reste de l'appareil reste intact et sert autant de fois qu'on le désire.

Nous pensons être agréable à nos lecteurs, aux amateurs surtout, en leur donnant la description de notre petit instrument, dont les diverses pièces sont figurées à la planche 2ᵉ.

A. Axe en bois dur sur lequel se montent les autres pièces de l'appareil, taraudé à l'un de ses bouts, et portant à l'autre une partie renforcée.

Cet axe, percé d'un trou longitudinal de 5 millimètres de diamètre, a une longueur totale de 47 millimètres. Son diamètre est de 10 millimètres, et sa partie renforcée, dont le diamètre est de 18 millimètres, est recouverte d'une calotte *F*, en laiton, percée d'un trou central de 3ᵐᵐ,5.

B. Rondelle en carton sur laquelle se fixe le tube tournant. Cette rondelle a 72 millimètres de diamètre, 3 mill. d'épaisseur, et est pourvue d'un trou central de 10 millimètres.

C. Manchon de bois, renflé à ses deux bouts, servant à séparer la rondelle *B* de la rondelle *D*. Ce manchon a 14 millimètres de diamètre à sa partie centrale et 20 millimètres à ses extrémités renflées. Il est percé d'un trou qui lui permet d'entrer à frottement doux sur l'axe *A*.

D. Rondelle de carton de 40 millimètres de diamètre et de 3 millimètres d'épaisseur, ayant un trou central de 10 millimètres. C'est sur cette rondelle que s'applique le tube de couleur.

E. Écrou de bois dur, revêtu, comme la base de axe *A*, d'une calotte en laiton *F*.

La figure *G* représente les diverses pièces ci-dessus réunies sur l'axe *A* et formant la charpente complète.

§ 2. — TUBE TOURNANT.

Nous donnons aux tubes tournants de nos pastilles diamant des dimensions invariables, soit 56 centimètres de longueur et 7 millimètres dc diamètre intérieur. Ces dimensions sont nécessaires : la longueur, pour obtenir une durée convenable ; lc diamètre, afin que le vif éclat qui accompagne la déflagration du tube de couleur ne nuise pas aux effets que doit produire le tube tournant. Il est même indispensable, ainsi que nous venons de l'expliquer tout à l'heure, que le tube tournant soit chargé en presque totalité de compositions à base d'azotate de plomb, lesquelles, seules, peuvent rivaliser de splendeur avec les divers feux colorés qui occupent le centre de la pastille.

§ 3. — COMPOSITIONS POUR TUBES TOURNANTS.

On commence à charger les tubes tournants sur une hauteur de 17 centimètres environ, avec les quatre compositions ci-après, dans l'ordre que nous indiquons : nᵒˢ 142, 126, 128 et 129. Le reste des tubes se charge entièrement, soit avec la composition nᵒ 149, soit avec celle qui porte le nᵒ 152, lesquelles produisent toutes deux d'étincelantes auréoles. Ou bien l'on se sert de la composition nᵒ 149 pour le tube tournant de la pastille *A*, et du nᵒ 152 pour celui de la pastille *B*, sans rien changer à l'ordre des quatre premières compositions par lesquelles doivent commencer à brûler les pastilles.

§ 4. — CHARGEMENT DES TUBES TOURNANTS.

Dans les tubes de 7 millimètres de diamètre intérieur, soit qu'on destine ces tubes aux pastilles diamant ou qu'on les fasse servir à confectionner des pastilles simples, il est utile de comprimer assez fortement les compositions en les chargeant, afin d'éviter les explosions qui, faute de cette précaution, pourraient avoir lieu à l'instant même de l'inflammation des pastilles. On aura soin aussi, dans le même but, de faire agir la molette avec force sur les tubes chargés. On obtiendra de la sorte un double résultat, car il sera alors plus facile de contourner les tubes sur les rondelles où ils doivent être fixés. D'ailleurs, la grande dimension de ces rondelles (72 millimètres de diamètre) permet d'accomplir cette petite opération sans difficulté.

§ 5. — TUBES DE COULEUR.

Le papier que nous employons pour confectionner les tubes tournants est aussi celui avec lequel se fabriquent les cartouches des tubes de couleur.

Ces derniers tubes se roulent sur une baguette de 7 millimètres de diamètre, avec des bandes de papier ayant les dimensions suivantes :

Longueur. . . . . 98 millimètres.
Largeur. 48   id.

Avec cette largeur, *qui est précise*, le papier fait deux tours sur la baguette, ce qui est suffisant, le tube de couleur devant être assez mince pour ne pas altérer, par sa combustion, la pureté des flammes colorées. Pour éviter également une autre autre cause d'altération, on aura soin de ne coller que l'extrême bord des bandes de papier avant de les rouler.

§ 6. — COMPOSITIONS POUR TUBES DE COULEUR.

Les compositions qui brûlent le plus vivement en lances sont les meilleures à employer pour les tubes de couleur, parce que si la molette, en les comprimant dans ces tubes, diminue un peu leur vivacité, elle n'altère pas leur éclat.

Parmi nos nombreux dosages, nous avons fait choix des suivants :

Rouge,	composition	n° 1
Bleu,	id.	n°^{os} 15 ou 19
Vert,	id.	n° 21 ou Pers n° 26
Lilas-mauve,	id.	n° 13
Rose,	id.	n° 8
Jaune,	id.	n° 34 modifié.

La modification de cette dernière composition consiste dans la substitution du carbonate de strontiane *sodique* au carbonate de strontiane précipité par le carbonate d'ammoniaque. La flamme possède alors une nuance d'un beau jaune franc, au lieu d'être légèrement rosée.

§ 7. — CHARGEMENT DES TUBES DE COULEUR.

Le chargement de ces tubes doit être exécuté avec beaucoup de soin et de précision, car il est nécessaire que ces tubes finissent de brûler en même temps que ceux qui font mouvoir les pastilles. En outre, comme il pourrait arriver que le premier jet de flamme des tubes de couleur communiquât intempestivement le feu à leur partie postérieure, il est utile de commencer à les charger de sciure de bois, de manière à remplir l'espace qui ne doit pas être occupé par les compositions. Ce n'est même pas dans ce seul but que nous avons donné aux tubes de couleur une longueur beaucoup plus considérable que celle nécessitée par les compositions, mais aussi afin d'éviter tout ce qu'aurait de disgracieux un simple petit bout de tube fixé sur un disque de 40 millimètres de diamètre.

On aura donc soin, avant tout, au moyen de traits transversaux tracés à l'encre, d'indiquer sur chaque tube les limites des diverses matières, puis, à l'aide d'un entonnoir et d'un refouloir, on commencera le chargement par la sciure de bois, qui devra, tassée, affleurer le premier trait, et l'on continuera par les diverses compositions en suivant l'ordre indiqué par les numéros placés à côté de chacune d'elles.

A chaque changement de matière, on renversera le tube, on le frappera de quelques coups de baguette bien légers pour en faire tomber les parties qui pourraient être restées le long de ses parois intérieures, et, avant d'y mettre de nouvelle composition, on essuiera soigneusement l'entonnoir, ainsi que la baguette à charger.

On devra comprimer modérément les compositions, parce que, sans cette précaution, il serait impossible de contourner le tube pour le mettre en place, et aussi parce que sa combustion, s'effectuant alors trop lentement, aurait plus de durée que celle du tube tournant.

Le chargement d'un seul tube de couleur est très minutieux, on le voit, et demande beaucoup de temps : aussi est-il préférable de préparer ensemble un certain nombre de tubes. Le travail est ainsi considérablement simplifié, et l'habitude apprend à l'exécuter avec célérité. Au surplus, la beauté des pastilles diamant à feux colorés compense amplement tous les soins qu'exige leur fabrication.

Le chargement terminé, on n'a plus qu'à rabattre la partie vide des tubes, afin de les fermer.

Pour avoir la possibilité de mettre les tubes en place, on les passe à la molette, qui les assouplit et commence à les courber. Avec de la gomme arabique en dissolution épaisse on en enduit les côtés cannelés, de place en place, et on les contourne, soit sur les rondelles des charpentes articulées, soit sur l'extrême bord des boîtes cylindriques des charpentes ordinaires, en les laissant saillir de moitié. On a soin d'ailleurs de disposer dans le même sens le tube tournant et le tube de couleur, ainsi que de faire correspondre, en les mettant sur le même plan, le bout du tube de couleur avec la partie du tube tournant où doit être insérée l'étoupille de communication des deux artifices.

Le tube de couleur ayant été aplati par l'action de la molette, on parvient aisément à le fixer à la place qu'il doit occuper en l'enveloppant de quelques tours de gros fil qu'on serre fortement, et qu'on n'enlève que lorsque la gomme est sèche. On peut rendre cette petite opération encore plus facile en enveloppant le tube avec une bande de papier fort avant de le lier.

Tube de couleur des pastilles A.

	Compositions	Hauteur des compositions dans le tube.
1	Rose n° 8.	16 millimètres.
2	Bleu n° 15.	17 id.
	ou	
	Bleu n° 19.	16 id.
3	Jaune n° 34 modifié. . .	12 id.

Tube de couleur des pastilles B.

1	Rouge n° 1.	15 millimètres.
2	Vert n° 21.	12 id.
	ou	
	Pers n° 26.	14 id.
3	Lilas-mauve n° 13. . . .	15 id.

§ 8. — ACHÈVEMENT DES PASTILLES.

Le tube tournant et le tube de couleur étant fixés sur l'une ou l'autre des charpentes dont nous avons donné la description, on fait un trou sur le côté du tube tournant à 14 centimètres du bout par lequel il commence à brûler ; on en fait un également au centre de l'extrémité du tube de couleur; puis, avec une étoupille enveloppée successivement de deux bandes de papier mince, roulées en spirale, et dont l'extrême bord aura été enduit de colle de farine, on assure la communication des deux tubes. Une seule goutte d'une dissolution épaisse de gomme arabique appliquée au point de jonction de l'étoupille avec les tubes suffit pour maintenir cette étoupille en place.

Au surplus, il est bon de préparer d'avance une certaine quantité d'étoupilles ainsi enrobées, afin de n'avoir pas à exécuter ce petit travail chaque fois que l'on montera des pastilles.

Nous amorcions autrefois nos pastilles de 7 millimètres avec une pâte spéciale, afin d'empêcher les détonations qui se produisaient de temps à autre au moment où nous y mettions le feu. L'emploi de la composition n° 142 dispense de ce surcroît de travail. Quel que soit le calibre de nos pastilles, nous nous contentons d'en couper le bout en biseau à l'instant de les tirer.

Les figures B, planche 1re, et II, planche 2e, représentent des pastilles diamant à feux colorés avec les deux sortes de charpentes décrites.

§ 9. — BROCHE POUR TIRER LES PASTILLES.

Lorsqu'on aura à tirer successivement plusieurs pastilles diamant, ou même des pastilles simples, il sera bien, au lieu des pointes de fer qu'on emploie ordinairement pour les faire servir d'axes à ces artifices, d'être muni d'une petite broche de même métal, se terminant en vis à bois à l'un de ses bouts, et, à l'autre, portant un écrou mobile. A la naissance de la vis à bois, sur le corps de la broche et formant un angle droit avec elle, doit se trouver un renflement à arêtes arrondies, — une sorte d'écrou fixe, — destiné à empêcher la pastille de s'engager sur cette vis en tournant. Au moyen de ce petit instrument, qui est extrêmement commode, on s'évitera l'inconvénient de clouer et de déclouer les pointes autant de fois que l'on aura de pastilles à faire brûler.

Nous recommandons expressément de frotter cette broche avec du suif ou avec du savon, au moment de s'en servir, afin qu'aucun obstacle ne puisse s'opposer à la rotation des pastilles et détruire intempestivement tout le charme qu'elles doivent produire (*).

(*) Cette observation et quelques autres, qui pourront paraître trop minutieuses, ne devront pas être négligées; elles sont toutes le résultat de l'expérience, et le lecteur voudra bien se rappeler que ce livre n'a pas été écrit seulement pour les artificiers de profession.

LIVRE QUATRIÈME.

Feux Japonais.

Voilà des artifices minuscules qui, de temps à autre, ont le don d'éveiller l'attention des amateurs de pyrotechnie, grands et petits. Nous ajoutons même qu'on est tenté de se passionner à leur égard, tant on désire sonder, comprendre les effets mystérieux qui succèdent à leur première déflagration et ne se manifestent, en somme, que par des résidus.

Quelques jets de flamme, un globule incandescent de matière en fusion, qui bouillonne un moment et d'où finit par jaillir une auréole de fleurettes souvent suivies de faisceaux de rayons, tel est le spectacle qu'offrent à l'œil surpris et charmé les feux dits Japonais.

Ce qui pour l'investigateur rend réellement intéressant ce petit spectacle pyrotechnique, c'est surtout la connaissance des matériaux constitutifs de la composition qui sert à le manifester. Ces matériaux, dans les analyses exécutées sur des feux Japonais de diverses origines, ont été trouvés ceux mêmes de la poudre à canon, et ils paraissent pouvoir suffire à produire les effets connus, bien que, dans d'autres produits similaires, on ait pu constater la présence du camphre, de l'albumine, de la gomme, de l'huile de lin, etc., etc. Aussi les recueils scientifiques les plus sérieux, tels que le *Bulletin de la Société chimique de Paris*, le *Journal de pharmacie*, etc., n'ont-ils pas dédaigné de s'occuper de ce singulier artifice, sans pouvoir, toutefois, parvenir à en pénétrer le mystère.

Ce n'est pas seulement au Japon, dont ils sont originaires, à en juger par leur nom, que nous devons ces curieux artifices. La Chine en envoie également dans nos bazars, ainsi que l'Italie et l'Allemagne. Seulement, tandis que les uns se présentent sous forme de cubes ou de tables rectangulaires découpés dans une pâte ferme, dans les autres, la matière pyrotechnique à l'état pulvérulent se trouve enfermée à l'extrémité d'une longue tige de papier contourné en spirale.

Sous l'un et l'autre de ces deux états, les effets de l'artifice sont à peu près les mêmes; ils varient d'ailleurs sans cesse, et telle est cette variabilité qu'elle se manifeste parmi les produits pris au hasard parmi ceux venant d'être préparés par le manipulateur avec les mêmes matériaux, tant il suffit, s'il s'agit de tiges en papier, par exemple, de légères différences dans la quantité de substance employée et dans la compression que subit celle-ci dans son enveloppe, pour déterminer des modifications dans les résultats de la déflagration. Ce qu'il y a peut-être de plus surprenant encore, c'est la différence qui se produit également chez ces artifices en cubes ou en tables rectangulaires disposés librement aux extrémités de brindilles de bois. Tantôt on voit les uns répandre des fleurs larges et abondantes, alors que d'autres laissent jaillir seulement de petites fleurs, parfois peu nombreuses, ou des rayons plus ou moins dentelés.

Quoi qu'il en soit, le feu Japonais, bien que minuscule

et malgré ses caprices, est un charmant artifice, et nous avons fait de notre mieux pour tâcher de le perfectionner.

Ce que nous désirions vivement, c'était en varier les manifestations, étendre son petit domaine. Un tel désir nous possédait et nous a porté à faire de nombreuses tentatives pour le réaliser. Quelle satisfaction pour nous si nous étions parvenu à produire des gerbes de feu multicolores ! Certes nous savions que la tâche était ardue ; nous ne nous en dissimulions pas les difficultés ; voici pourquoi :

On sait qu'à la suite de la première déflagration survient le globule en fusion, agité d'un curieux bouillonnement dans le cours duquel jaillissent les fleurettes et les rayons. Or, si nous ne pouvions songer aux composés du baryum, du strontium et du cuivre, pour produire des fleurs vertes, rouges et bleues, à cause de la fixité de leurs résidus pyrotechniques, il n'en était pas de même du sodium ni du lithium, si voisins du potassium par leurs propriétés dans l'échelle des corps simples. Avec l'azotate de potasse nous obtenons des fleurettes blanches ; nous était-il défendu d'espérer qu'au moyen de l'azotate de soude elles se manifesteraient avec une coloration jaune d'or, et, par le fait de l'azotate de lithine ou de son carbonate convenablement amalgamé, teintées d'un rouge plus ou moins intense (*) ?

(*) Il est bon de dire ici, pour ceux qui pourraient l'ignorer, que les sels de lithine donnent au chalumeau de belles colorations d'un rouge carminé que l'influence de la soude peut seule empêcher de se produire.

Le rouge, à vrai dire, nous n'osions que faiblement l'espérer; mais pour le jaune nous nous croyions à peu près assuré de réussir. Il faut pourtant bien avouer que nous avons complètement échoué, que notre insuccès a même été absolu. Nos multiples expérimentations nous ont fourni avec l'azotate de soude un résidu bouillonnant un instant sous forme d'un globule persistant, mais pas la moindre fleurette, pas le plus petit rayon. Quant au mélange contenant la lithine, il n'a même pas donné lieu à la production du globule ordinaire, mais à un simple résidu se détachant constamment de la tige au fur et à mesure de la déflagration.

Nous sommes donc contraint de nous borner à offrir à nos lecteurs des dosages à base d'azotate de potasse. Les uns ont été extraits de divers recueils scientifiques, les autres sont le fruit de nos propres investigations.

Cependant, comme il ne s'ensuit pas, de ce que le succès n'a pas couronné nos efforts, que le but que nous poursuivions soit impossible à atteindre, comme la science n'a pas dit et ne dira jamais son dernier mot, nous aimons à penser que les progrès de la chimie permettront à l'artificier de réaliser quelque jour le désir que nous avons caressé.

Tel est le motif qui nous a engagé à ne pas laisser ignorer nos toutes récentes et probablement dernières recherches dans le champ aujourd'hui trop restreint des feux Japonais.

Les compositions qui doivent être mises en pâte n'étant pas les mêmes que celles destinées à être enfermées dans du papier, nous divisons les feux Japonais en deux catégories.

§ 1. — FEUX JAPONAIS CUBIQUES.

Ces artifices, pour être tirés, doivent être fixés à l'extrémité fendue, — en deux ou en quatre, — d'une brindille de bois dur. Le genêt est assez propre à cet usage ; mais ce qui vaut beaucoup mieux, ce sont les tiges droites, minces et résistantes du *raphia*, qui servent communément, — à Paris principalement, — à lier les gerbes de fleurs. Ces tiges, pour l'usage, devront être coupées d'une longueur uniforme de 7 à 8 centimètres.

Comme il arrive souvent que le petit cube se maintient difficilement au bout de la tige ou qu'il s'en sépare aussitôt qu'on y a mis le feu, nous avons eu l'idée de déposer une goutte d'une dissolution épaisse de gomme arabique dans la fente avant d'y insérer ce cube. En disposant les tiges ainsi préparées debout dans un vase contenant du sable, la gomme sèche rapidement et fixe assez solidement la parcelle de pâte. On peut par ce moyen préparer d'avance autant d'artifices qu'on désire.

Compositions.

N° 1.

Ce dosage est emprunté au *Bulletin de la Société chimique de Paris*, année 1865. Il y figure sous le nom de *mèches fulminantes italiennes ou Pinks*.

Poudre de chasse.	26 à 30 parties.
Soufre.	11 id.
Noir de fumée.	5 id.

On mélange intimement ces trois substances et on les porphyrise. On y ajoute ensuite de l'alcool dilué pour en faire une pâte un peu consistante. Cette pâte est découpée en carrés de 5 à 6 millimètres de diamètre, qui doivent sécher à l'ombre très lentement (*textuel*).

Les fleurettes produites par cette composition ne sont pas nombreuses; il en jaillit plutôt des étincelles très allongées, formant une sorte de petit parasol assez fourni. Tel est du moins l'effet que nous avons observé. Il est, en général, utile de souffler légèrement sur le globule pour obtenir le résultat désiré.

N° 2.

Ce dosage nous est propre.

Salpêtre n° 1	238 grammes.	
Soufre n° 1	156	»
Charbon léger impalpable	31	»
Noir de fumée léger	20	»
Camphre	6	»
Huile de lin	15	»
Un blanc d'œuf.		

Triturer intimement les trois premières matières, puis y incorporer le noir de fumée.

Dissoudre le camphre dans un peu d'alcool dilué (eau-de-vie), et l'ajouter à la masse avec l'huile de lin et le blanc d'œuf battu au préalable avec très peu d'eau.

Quand le mélange est devenu homogène, ce qui nécessite assez souvent l'addition d'une petite quantité d'alcool dilué, il doit former une pâte ferme et bien liée qu'on étale sur une plaque de marbre en lui donnant une épaisseur d'environ 5 millimètres, et qu'on découpe en fragments cubiques comme on opère pour les étoiles.

On peut aussi aplatir davantage la pâte et la découper alors en tables rectangulaires de 5 à 6 millimètres environ. Il serait au surplus à peu près impossible, sans une machine spéciale, de découper la pâte exactement, ce qui est d'ailleurs tout à fait inutile. Sous l'une ou l'autre de ces formes, on laisse la pâte sécher à l'ombre.

Cette dessiccation est assez longue à se produire, en hiver surtout, et nous avons remarqué que l'artifice fournit ses plus beaux effets lorsqu'il est confectionné depuis longtemps, et conséquemment bien sec. Du globule incandescent jaillissent alors de très nombreuses fleurs, avec une durée vraiment étonnante eu égard à l'exiguïté du fragment de matière qui leur donne naissance.

Il est souvent utile de souffler légèrement sur le globule un instant après sa formation, pour déterminer plus sûrement la production des fleurettes, surtout lorsqu'on n'opère pas en plein air.

N° 3.

La formule ci-dessous est extraite de la pharmacopée de Dorvault, où elle porte le nom de *Bouquet magique, feu de salon.*

Salpêtre.	15	parties.
Soufre.	15	»
Huile de lin.	10	»
Poussier de poudre.	30	»
Alcool.	8	»
Camphre.	2	»
Gomme arabique pulvérisée.	4	»

Faire dissoudre le camphre dans de l'alcool et la gomme arabique dans un peu d'eau.

Triturer fortement le tout et en faire des plaques de 2 millimètres d'épaisseur, qu'on découpera en carrés de 6 à 8 millimètres.

N'ayant pas essayé cette formule, nous ne pouvons renseigner le lecteur sur ses effets.

§ 2. — FEUX JAPONAIS EN PAPIER.

Le choix de la sorte de papier nécessaire au bon épanouissement des feux japonais est des plus difficiles. Ce qu'il faut absolument, faute de quoi l'artifice manque totalement, c'est un papier excessivement mince et résistant, une sorte de papier pelure dépourvu de matières organiques. Nous avons essayé de nombreux échantillons : les blancs nous ont toujours mal réussi; tandis que nous avons eu toute satisfaction de certains papiers d'un roux fauve répandus dans le commerce.

Pour pouvoir aisément former avec du papier la tige destinée à contenir la matière pulvérulente de l'artifice, il est utile de se servir d'un instrument spécial.

Cet instrument se compose d'une tige d'acier munie à l'un de ses bouts d'une partie conique de même métal, ou bien à laquelle on a adapté un cône en boir dur. Voir figure C, planche 1re.

En voici les dimensions :

Tige. { Longueur. . . . . 20 centimètres.
       { Diamètre. . . . . 1 millimètre.

$$\text{Partie conique.} \begin{cases} \text{Longueur.} \dots \dots \text{32 millimètres.} \\ \text{Diamètre à la naissance de la tige} \dots \quad 3 \quad \text{id.} \\ \text{Diamètre au bout opposé.} \dots \dots \quad 7 \quad \text{id.} \end{cases}$$

Le papier étant divisé en bandelettes de 16 à 17 millimètres de long sur 24 ou 25 millimètres de large, on l'applique sur l'instrument de manière à le faire porter sur la moitié de la longueur de la partie conique, et on le roule sur lui-même en spirale très allongée. On retire l'instrument en le saisissant par la base du cône, et l'on a ainsi une tige en papier munie d'un godet dans lequel on introduit la matière pulvérulente, et que l'on clôt en en tordant le bout, de même qu'on a tordu l'extrémité opposée de la mèche afin d'empêcher le papier de se dérouler.

On peut cependant, à défaut de cet instrument, se servir d'une simple aiguille à tricoter. Dans ce cas, on dépose la composition près d'un des bouts de la bandelette, et, l'aiguille étant placée sur la matière pulvérulente, on roule le papier en spirale, à la manière des fleuristes, en commençant par la partie où est déposée la poudre.

La quantité de matière à employer par mèche varie entre 5 et 10 centigrammes, selon la nature du papier et la composition employée.

Les feux japonais pulvérulents ont l'avantage sur ceux en pâte d'être d'une préparation beaucoup plus rapide; mais il nous a toujours semblé que les derniers donnent naissance à des fleurs plus développées.

Nous avons en outre remarqué qu'il est préférable de

faire brûler la mèche en papier la partie chargée en bas: l'artifice réussit mieux ainsi et demande moins de matière. Il est même nécessaire de modérer la dose de composition pour que le globule ne se sépare pas du papier.

Les formules A et B ci-après sont le résultat de deux analyses de la matière pulvérulente de mèches en papier: la première consignée dans le Bulletin de la Société chimique de Paris, année 1864; l'autre exécutée par nous-même.

Il est probable, vu la légère différence donnée par ces analyses, que les mèches essayées avaient la même origine. Mais nous devons ajouter que c'est à simple titre de renseignement que nous consignons ici ces formules, car les effets des mèches analysées par nous ont été des plus médiocres.

	N° A.	N° B.
Salpêtre.	26,82	27,12
Soufre.	14.57	14,45
Carbone.	8,56	8,65

Chaque mèche du n° A contenait environ 4 centigrammes de composition.

Les mèches n° B pesaient 1 décigramme, papier compris, soit 6 centigrammes pour le poids de la matière pulvérulente et 4 centigr. pour celui du papier.

Voici maintenant des formules qui nous sont propres et dont nous garantissons les bons effets, ces dosages étant le résultat de nombreux essais.

N° 1.

Salpêtre n° 1.   42
Soufre n° 1.   29
Noir de fumée léger.   17

Ces substances doivent être triturées de manière à fournir un mélange bien homogène.

Après la première déflagration, il s'écoule un léger instant avant que la matière se rassemble, remonte et donne naissance au globule, d'où s'échappent bientôt après de larges fleurs, en général peu nombreuses, mais auxquelles succèdent d'abondantes fleurettes, puis des faisceaux d'étincelles filiformes et souvent radiées.

L'expérience apprend la quantité la plus convenable de matière à employer selon la nature du papier ; trop forte, elle produit un globule lourd qui se sépare de la tige, tandis qu'avec une trop faible proportion de composition l'effet attendu ne se manifeste qu'insuffisamment.

Avec les deux dosages suivants, le globule se maintient aisément à l'extrémité de son fragile support.

	N° 2.	N° 3.
Salpêtre n° 1.	42	42
Soufre n° 1.	29	29
Charbon léger n° 1.	8	6
Noir de fumée léger.	9	11

Il est nécessaire que les matières soient bien triturées et qu'elles forment une poudre homogène.

N° 2. La première déflagration s'effectue assez vivement. Un *très* léger souffle suffit pour faire liquéfier le résidu, qui remonte et forme un globule. Au bout d'un instant, production de fleurs suivies de nombreuses étincelles filiformes.

N° 3. La différence entre ce dosage et le précédent consiste dans l'augmentation de la proportion du noir de fumée aux dépens de celle du charbon. Dans ce dosage, la première déflagration est moins vive, et les fleurs nous ont semblé être généralement plus développées que celles fournies par la composition n° 2.

Nous possédons plusieurs autres formules fort intéressantes dues à nos expériences multipliées. Ne pouvant les détailler toutes, nous nous bornons à mentionner ici la suivante, un peu longue à préparer il est vrai, mais qui réussit avec bien des sortes de papier, ce qui est à considérer.

N° 4.

Salpêtre n° 1.	490	
Soufre pulv. n° 1.	308	
Charbon de peuplier impalpable.	78	
Charbon de chêne n° 1.	20	
Noir de fumée léger.	16	= 952
Huile de lin.	17	
Stéarine.	16	
Colle forte pulv. n° 1.	7	

Toutes ces matières réunies doivent être bien triturées et former un mélange intime.

Il est bon, pour obtenir le plus bel effet, d'employer pour chaque mèche 9 à 10 décigrammes de composition.

La première déflagration accomplie, le globule se forme immédiatement, bouillonne un instant avec vivacité ; puis la scintillation s'établit, produit une auréole très fournie, qui diminue d'intensité en changeant de nature, tandis que le globule dévore peu à peu, en remontant, la tige à laquelle il est suspendu.

Planche 1.
A
B
C

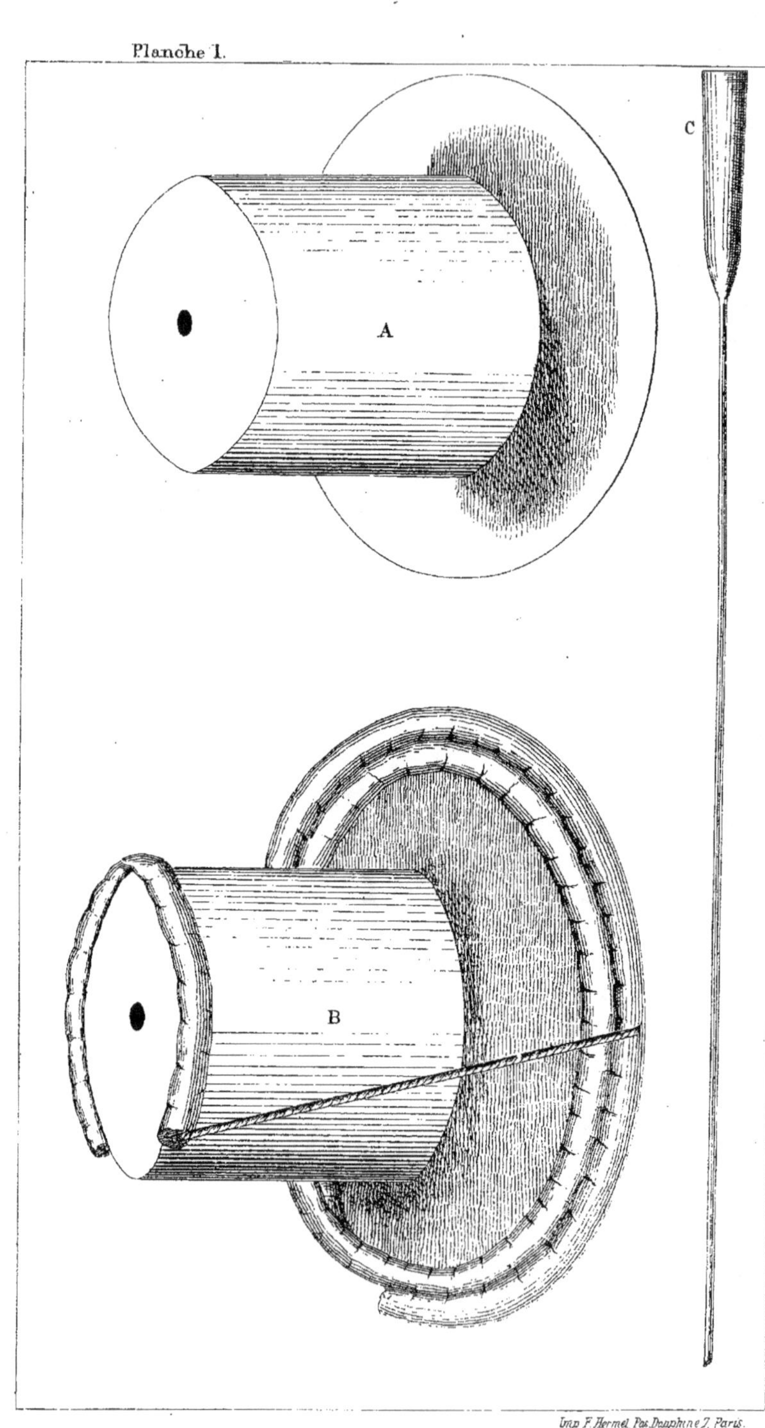

Imp. F. Hermet, Pas. Dauphine, 7, Paris.

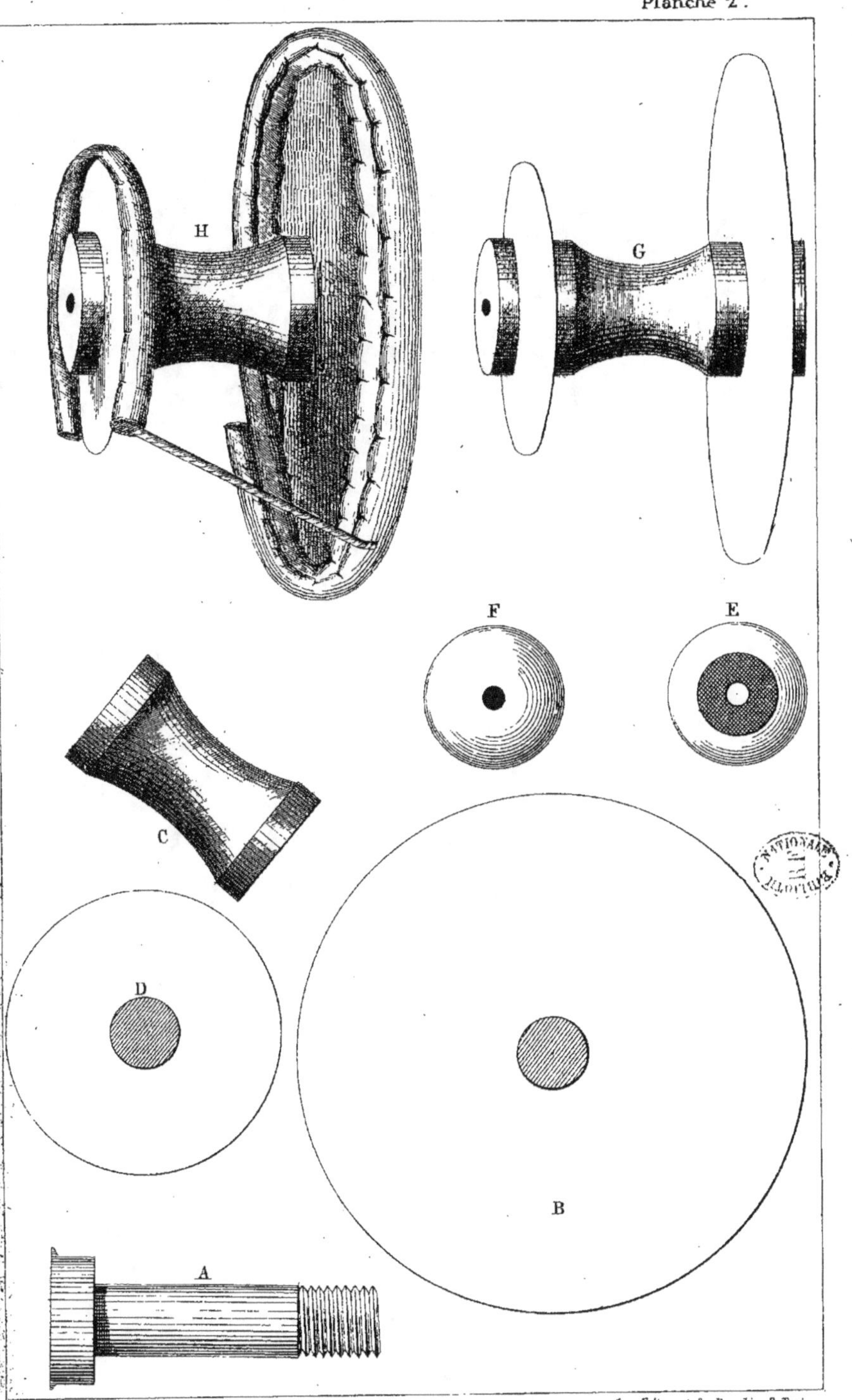

Imp. F. Hermet, Pas. Dauphine 7, Paris

APPENDICE.

—

L'impression de notre livre allait être terminée lorsque nous avons préparé la composition suivante ; c'est ce qui nous a empêché de la faire figurer à la place qu'elle devrait occuper. Comme elle est économique, nous n'avons pas voulu en priver nos lecteurs.

Étoiles bleues.

N° 57 *bis.*

Sulfato cuprico-calcique.	24 grammes.
Soufre.	16
Chlorure de plomb.	4 = 96
Dextrine.	2
Chlorate de potasse.	50
Alcool à 35 degrés.	13 millilitres.

Le kilog. de composition coûte 1 fr. 80 c.

Mille étoiles emploient 1372 gr. de matière.

Bleu un peu clair.

Comme garniture de fusées et de bombes, ces étoiles n'auraient *peut-être* pas assez d'éclat, — nous l'ignorons, n'en ayant pas fait l'essai, — mais elles font très bien en chandelles romaines.

En remplaçant les **24** parties de sulfate cuprico-calcique par **12** p. de ce même sel et **12** p. de sulfate de cuivre quadribasique, on obtient des étoiles qui sont pour ainsi dire aussi belles que celles produites par la composition n° 57.

Perles d'or.

En publiant au dernier moment la composition suivante, nous cédons aux instances de quelques praticiens auxquels nous avions jusqu'ici fait un secret de sa préparation.

Cet artifice produit des bombes fort remarquables. Comme la matière qui le constitue est à la fois légère et de petite dimension, elle donne une garniture volumineuse, formant un amas de grosses perles qui planent et ont une assez longue durée.

Composition.

Salpêtre n° 1.	122 gr.	
Soufre n° 2.	27	
Charbon de chêne n° 1.	20	
Charbon léger impalpable. . . .	7	
Suie n° 1 (*).	10	= 213
Noir de fumée léger.	10	
Colophane n° 1.	10	
Dextrine.	7	
Alcool à 35 degrés.	5 centilitres.	

On mélange bien uniformément la matière. On y ajoute l'alcool dilué, et on forme une pâte homogène qu'on divise en petits cubes de 5 millimètres de côté environ. Pendant qu'ils sont encore humides, on saupoudre ces cubes avec du poussier de tonneau dextriné, et on les laisse sécher à l'ombre. N'étant pas hygrométriques, ils se conservent indéfiniment.

(*) La suie à employer doit provenir exclusivement de la combustion du bois.

PRIX COURANT

**des substances mentionnées dans notre traité, pour servir
à établir les prix comparatifs des compositions (*).**

A la liste de ces matières nous avons cru devoir ajouter quelques produits chimiques intéressant ou pouvant,
à divers titres, intéresser l'artificier.

Nous nous sommes servi pour toutes les évaluations qui accompagnent nos formules du prix des matières à l'état pulvérisé.

	Fr. c.
Acétate de cuivre desséché, pulvérisé.................	4 00
Acide borique.......................	3 00
— picrique crist...........	6 00
— — pulv...............	4 50
Antimoine...........	2 20
— pulv..........	2 60
Azotate de baryte crist...............	1 20
— — pulv........................	1 50
— de potasse en neige	0 90
— de soude....................	0 75
— de strontiane crist.................	1 20
— desséché.........................	1 60
— de plomb crist.................	1 20
— — en neige.....	1 60

(*) Ces prix nous ont été communiqués par **M. Casthelaz**, l'habile fabricant de produits chimiques de Paris, qui, sur nos instantes recommandations, donne les plus grands soins à la préparation de toutes les matières pyrotechniques.

	Fr. c.
Carbonate (sesqui) d'ammoniaque	2 00
— de chaux pulvérisé (craie)	0 50
— — artificiel	1 60
— de soude crist.	0 30
Carbonate (bi) de soude pulv.	0 60
Carbonate de strontiane naturel	0 60
— — pulv.	0 90
— — précipité par le carbonate d'ammoniaque.	5 00
— — précipité par le carbonate de soude.	3 50
Cendres bleues anglaises.	5 50
— françaises	4 50
Charbon léger pulv. n° 1	1 00
Chlorate de potasse crist.	2 00
— pulv.	2 50
Chlorate de baryte cristallisé.	5 00
— — pulv.	6 00
— de strontiane	12 00
Chlorhydrate d'ammoniaque pulv.	2 00
Chlorure de cuivre.	5 00
Chlorure (oxy) de cuivre.	5 00
Chloramidure de mercure.	8 00
Chlorure (proto) de mercure (calomel)	8 00
Chlorure (bi) de mercure entier	7 00
— — pulv.	8 00
Chlorure de plomb pulv.	3 00
— de strontium.	2 00
Colophane pulv.	0 60
Coton azotique.	35 00
— en mèches	40 00
Dextrine.	0 90
Étain en baguettes	3 50
— pulv.	8 00
Filière de Lyon	1 00
Kryolithe entière.	0 60
— pulv.	0 80

	Fr. c.
Gomme du Sénégal entière	2 00
Limaille d'acier	0 70
— de fer	0 70
— de cuivre	3 50
— d'étain	5 00
Limaille de zinc	1 20
Litharge entière, anglaise	1 00
— française	0 80
Lycopode	4 75
Mica	0 80
Minium	0 90
Noir de fumée léger	1 50
— de Grenelle	2 00
Oliban en larmes	2 40
— en sorte	1 60
Oxyde cuivre (bi)	6 00
Paraffine	3 00
Picrate d'ammoniaque	8 00
Résine laque entière de 4 à	5 00
— pulv. 6 à	7 00
Stick lac pulv	4 50
Soufre en canon	0 35
— pulv	0 50
Sulfate de baryte entier	0 30
— pulv	0 40
— de cuivre crist	0 70
Sulfate de cuivre quadribasique (procédé Tessier)	5 00
Sulfate de potasse pulv	1 50
— de strontiane naturel	0 60
— — pulv	0 80
Stéarine du commerce	2 50
Sulfocyanure de mercure	12 00
Sulfure d'antimoine entier	1 20
— pulv	1 50
Sulfure d'arsenic (*réalgar*)	1 25
— de cuivre (*voie sèche*)	5 00

	Fr. c.
Sulfure (proto) d'étain	7 00
Sulfure de plomb naturel	0 60
— pulv	0 80
Zinc pulvérisé industriel	2 00
— pur	4 00

TABLE MÉTHODIQUE

DES MATIÈRES.

LIVRE Iᵉʳ.

Des matières servant à la préparation des feux d'artifice.

Iʳᵉ SECTION.

Matières minérales. — Poudres et limailles métalliques.

CHAPITRE Iᵉʳ.

CHAPITRE II.

CHAPITRE III.

IIᵉ SECTION.

Produits chimiques proprement dits.
Acides. — Bases. — Composés binaires. — Sels métalliques.

CHAPITRE Iᵉʳ.

CHAPITRE II.

COMPOSÉS BASIQUES.

CHAPITRE III.

CHLORURES ET CHLORHYDRATES. — FLUORURES.

CHAPITRE IV.

SULFURES.

CHAPITRE V.

AZOTATES.

CHAPITRE VI.

CHLORATES.

CHAPITRE IX.

ARSÉNIATES. — PHOSPHATES. — CHROMATES. — PLOMBATES.

CHAPITRE X.

ACÉTATES.

CHAPITRE XI.

OXALATES.

CHAPITRE XII.

PICRATES.

IIIᵉ SECTION.

Substances diverses tirées du règne végétal et du règne animal.

CHAPITRE Iᵉʳ.

CHAPITRE II.

CHAPITRE III.

IVᵉ SECTION.

Corps et mélanges explosibles.

CHAPITRE V.

FLAMMES DE BENGALE.

CHAPITRE VI.

FEUX DE BENGALE PICRATÉS.

Première catégorie.

LIVRE III.

Pastilles.

CHAPITRE Ier.

CHAPITRE II.

Pastilles ordinaires.— Compositions pour pastilles ordinaires. — Pastilles diamant. — Compositions pour pastilles diamant.—Distribution des compositions dans les pastilles diamant simples.

Iʳᵉ CLASSE.

PASTILLES ORDINAIRES.

IIᵉ CLASSE.

PASTILLES DIAMANT SIMPLES.

IIIᵉ CLASSE.

PASTILLES DIAMANT A FEUX COLORÉS.

LIVRE IV.

Feux japonais.

APPENDICE.

———

Paris — Imprimerie L. Baudoin et Cⁱᵉ, rue Christine, 2.

SOMMAIRE

DE CETTE DEUXIÈME ÉDITION

1° Examen chimique et description des matières pyrotechniques, et procédés de fabrication de quelques nouvelles substances introduites par l'auteur en pyrotechnie ;

2° Formules entièrement inédites et économiques pour la confection de tous les artifices colorés, étoiles, lances et feux de Bengale ;

3° Étude sur les picrates, accompagnée de formules de compositions picratées, spécialement à l'usage des théâtres, comme artifices éclairants multicolores pour ainsi dire dépourvus d'odeur et de fumée ;

4° Traité complet pour la confection des pastilles simples et des pastilles diamant de différents calibres ;

5° Chapitre spécial sur les feux japonais.

ERRATA

Pages 265, ligne 26. Au lieu de : *évidemment*, lire *probablement*.
— 306, ligne 21. Au lieu du mot : *resté*, lire *restée*.
— 312, ligne 4. Lire *stick* et non *stic*.
— 333, ligne 10. Au lieu de 2 *mill.* lire 2^{mm},6.
— 403, ligne 19. Au lieu de : *a peu près*, lire *peu à peu*.
Page 413. Au tableau concernant les pastilles de 5 millimètres,
remplacer le nombre 144, — *le dernier de la colonne A*,
— par le nombre 150, et le nombre 150, — *l'avant
dernier de la colonne B*, — par le nombre 144.
— Au tableau des pastilles de 6 millimètres, remplacer le
nombre 145, — *le dernier de la colonne A*, — par le
nombre 152, et le nombre 152, — *l'avant dernier de
la colonne B*, — par le nombre 145.
Pages 416, ligne 1re. Lire *celles*.
— 427, lignes 2e et 14e ; lire sans majuscule les mots « *japonais* »
— 428, ligne dernière ; dont une erreur typographique a
— 430, lignes 27e et 30e, fait dénaturer l'orthographe.
— 434, ligne 14. Au lieu de : *organiques*, lire *inorganiques*.